삶을 180° 바꾸는 구글의 마법

스마트 라이프 플래닝을 위한 시간관리 제안

삶을 180° 바꾸는 구글의 마법

스마트 라이프 플래닝을 위한 시간관리 제안

더글라스 메릴, 제임스 마틴 지음
문은주 옮김

i!i
에이콘

추천의 글

개인의 개성을 존중하는 해결책을 제시하는 한편, 과감히 고정관념을 깨고 새 지평을 열어주는 책이다. 일방적인 판단을 피하면서도, 똑똑하고 실용적인 조언으로 가득하다.

- 줄리 모건스턴 / 뉴욕타임스 베스트셀러
『Organizing from the Inside Out』와 『Never Check E-mail in the Morning』의 저자

더글라스 메릴은 기적에 가까운 책을 썼다. 정보는 넘쳐나는데 시간은 없는 세상에서, 활기와 자신감이 넘치는 삶으로 바꾸는 방법을 명료하게 보여준다. 이 책은 내가 쓰고 싶었던 책을 넘어, 소중한 주위 사람들에게 반드시 선물해야 하는 책이다.

- 퀸튼 하디 / 포브스 기자

이 책은 나처럼, 정신 없는 책상에서 많은 생각을 하느라 좀처럼 집중하지 못하는 사색가들에게 훌륭한 가이드가 되어준다. 강력한 검색 기능을 제공하는 디지털 도구를 소개해준 더글라스 메릴에게 감사하다. 이 책은 페이지마다 엄청난 아이디어를 담고 있는 놀라운 책이다.

한 권의 책으로, 프레데릭 윈슬로 테일러부터 체계적인 정리를 할 수 있는 클라우드 컴퓨팅까지 경험하게 해줄 사람은 아마 더글라스 메릴밖에 없을 것이다. 언제든지 정보에 접근해 유용하게 활용할 수 있도록 앞서나가는 방법을 알려준다.

목차

1부 헝클어진 내 삶, 무엇이 문제일까? 19

1장 뇌 속으로의 여행 21
2장 혼란스러운 세상을 극복하는 정리 방법 45
3장 제약 조건 인정하기 71
4장 분명한 목표 세우기 89

2부 새로운 정리 체계 105

5장 검색이 중요한 이유 107
6장 검색의 달인이 되는 방법 117
7장 정보 필터링 135
8장 문서의 효율성 155
9장 개인정보 관리실, 이메일 183
10장 클라우드 캘린더 서비스 209
11장 문서와 웹 컨텐츠 정리하기 221

3부 스마트 라이프 플래닝 239

12장 몰입, 몰입, 몰입 241
13장 살며 사랑하며 일하며 257
14장 예기치 못한 일 273
15장 체계적인 정보 정리를 위한 21가지 원칙 287

에필로그 293
추천 서비스 299
음악 리스트 323
출판사 서평 333
저자소개 335

감사의 글 336
옮긴이 소개 339
옮긴이의 말 340
참고자료 344
찾아보기 348

효율적인 관리 방법을 다룬 '또 다른 책'이 나온다? '별로'라고 생각할지 모르겠다. 세상은 정말, 효율적으로 관리하는 법을 담은 '또 다른 책'을 원하고 있을까?

나조차 이 책을 처음 쓸 때는 별로라고 생각했다. 당시 나는 구글의 CIO^Chief Information Officer로서 '세상의 정보를 체계적으로 정리'하는 프로젝트에 참여하고 있었다.[1]

어떤 사람들은 확실히, 내가 정보화 시대에 어울리는 정보 관리법을 만들 때 유용한 통찰력을 갖고 있다고 믿는 것 같다.

다 접어두고, 나는 동료이자 매우 훌륭한 공동 저자인 짐 마틴과 함께 체계적인 정리에 대해 허심탄회하게 이야기했고, 그 과정에서 책에 쓸 만한 수많은 새로운 아이디어를 떠올렸다.

일단 여담 하나를 들어보겠다.

아주 짧게 깎은 머리에 두꺼운 안경을 쓴, 작고 마른 소년이 엄마 옆에 앉아 있다. 길고 어두운 나무 테이블은 소년에게 너무 높아서 의자에 한껏

키를 높여 의자에 앉아도 두 발은 대롱대롱 매달려 있다. 70년대 어느 여름 오후, 아칸소 주에 있는 작고 전원적인 마을인 콘웨이의 모습이다. 뜨겁고 활기 없는 날씨 속에 모기들만이 윙윙거릴

두 번째 절은 처음과 같았네
- 허먼 허미츠, 〈I'm Henry VIII I AM〉

뿐이고, 집안은 주변에 퍼진 에어컨 숨소리에 시원하기만 하다.

이처럼 조용한 남부 마을의 늦여름 오후라는 나른한 분위기에도 불구하고 소년의 맥박은 빠르게 뛰었다.

엄마는 침착하게 아들에게 구구단을 알려주고 있다. 이 집에서는 전혀 낯선 광경이 아니다. 때때로 한 번에 몇 시간씩 덧셈과 뺄셈, 곱셈을 연습하기도 했다. 소년은 개학하기 전까지 여름 방학 내내 이런 지루한 시간을 피해갈 수 없었다.

그 소년의 가족을 아는 사람이라면 아이가 수학의 귀재가 되기를 기대해도 무리는 아니다. 아버지는 물리학 박사에 어머니는 학위 두 개를 갖고 있으며, 누나 하나는 아버지를 따라 물리학 대학원을 졸업했고 또 다른 누나는 중세 영국 문학을 공부했다. 거기다 형은 수학 분야 전 영역에 걸쳐 박사 학위를 취득했다.

하지만 막내는 여전히 곱셈과 같은 가장 기본적인 수학 지식을 익히려고 여름 내내 고군분투한다. 가족의 수준을 생각하면 상상이 안 되는 모습이다. 소년은 자신이 똑똑하지 않으며, 그렇다고 그럭저럭 중간 정도 수준도 아니라는 사실, 혹은 가족 모두에게 걱정거리라는 사실을 사람들이 알아볼까 항상 두려워했다.

추측했을지 모르지만 모두 내 이야기다. 물론 이야기를 하고 있는 지금은 머리가 길다. 하지만 마음을 쿵쿵 두드렸던 두려움을 어떻게 떨쳤는

지에 대한 비밀은 아직 간직하고 있다.

당시에는 몰랐지만, 나는 난독증을 앓고 있어서 수학 성적이 좋지 않았다. 난독증은 미국에서만 1,000만 명의 아이들이 앓고 있다고 알려져 있고, 숫자를 기억하는 뇌 부분에 발병하기 때문에 수학을 공부할 때 어려움이 굉장히 많다. 또 글 읽기에도 영향을 주기 때문에 독서도 쉬운 일이 아니다.

그 때만 해도 지금에 비해 난독증을 알아보거나 진단하는 일이 드물었고, 고등학교에 다닐 당시에도 나는 공부가 어려운 주된 이유가 그 병 때문이라는 사실을 깨닫지 못했다. 다행히도 우리 부모님은 그런 나를 참고 기다리셨고, 형제들은 내 숙제를 도왔다. 나는 더 열심히 공부했고 매우 합리적으로 학업 관리를 했으며, 마침내 박사학위를 땄다. 의외일지도 모르지만 인지과학 즉, 사람들이 어떻게 배우고 문제를 해결하는지 연구하는 분야를 전공했다. 책 읽는 일조차 어려웠던 나처럼 어려움을 겪는 다른 사람들이 배움에 대한 두려움과 슬픔, 걱정을 느끼지 않도록 돕고 싶었기 때문이다.

연구를 하면서 수학을 비롯한 다른 과목들을 가르치는 방법이 우리 뇌가 활동하는 방식과 비교할 때 적합하지 않다는 몇 가지 중요한 사실을 알아냈다. 난독증이든 아니든, 우리들 대부분이 수학을 배울 때 문제가 있었던 건 멍청하거나 게을러서가 아니라 잘못된 방법으로 배웠기 때문이다. 사실 나는, 엄청난 어려움을 정리하는 뇌의 역할에 비해 우리 세상의 구조화가 얼마나 잘못됐는지 진심으로 깨달았다(자세한 내용은 1장에서 자세히 설명하겠다).

난독증을 필두로 해서 배움에 대한 모든 장애에도 불구하고, 겁 많은 아이였던 내가 어떻게 박사학위를 따고 구글의 CIO가 될 수 있었을까? 핑크 클럽에서 많은 시간을 보냈다는 사실은 굳이 밝히지 않겠다. 농담이 아니라 난 이렇게 생각한다. 내게 있어 배움은 늘 투쟁이었고, 언제나 배움의 한계를 어떻게 극복할지 도전하고 고민하는 데 많은 시간을 쏟았기 때문에 이 자리까지 올 수 있었다. 나는 뇌에 주는 스트레스를 줄이고 스스로 정말 배워야 할 정보에만 집중하도록 하기 위해, 기술과 체계를 개발하는 데 매진했다. 어떤 일도 당연하다고 여기지 않았다.

이런 일련의 노력과, 정보를 정리하기 위해 만들었던 시스템 덕분에 마침내 나는 성공적으로 학업을 마칠 수 있었다. 몇 년 후에는 기대치 않게 내 이력에도 도움이 됐다. 대학교 1학년 때부터 인지과학과 관련된 분야면 아주 사소한 과제도 마다하지 않고 열심히 연구한 덕분에, 구글의 '세상의 정보를 체계적으로 정리하라'는 프로젝트에 부분적으로 참여할 수 있었기 때문이다.

어린 시절과 어른이 된 이후의 모든 삶을 정리 체계 개발에 쏟으면서 많은 깨달음을 얻었다. 적어도 우리 뇌의 한계를 헤아리지 못하기 때문에 요즘 대부분 사람들이 체계적이지 못하다는 사실은 분명하다. 또 우리는 그런 제약 조건 속에서 효과적으로 일하는 방법을 찾아내지도 않았다. 내 뇌의 단점은 난독 증세지만, 사실상 우리 모두의 뇌는 어떤 면에서 부분적으로 제약 조건을 동반한다.

기억력을 예를 들어보자. 단기 기억력은 한 번에 5개에서 9개까지 기억할 수 있다. 집중력과 싸우는 할 일이 끊임없이 쏟아지는 데다 하루 종일 셀 수 없이 많은 정보를 모으는 상황에서, 우리가 계속해서 뭔가 잊어버리는 것도 당연한 일이다. 우리 단기 기억력의 한계와 싸워 가면서, 할 일부터 시작해 다른 복잡한 일들까지 신경 쓰면 종잡을 수 없게 된다. 우리 뇌가 멀티태스킹을 간단히 조절할 수 없는 하나의 이유다.

슬프게도 우리 뇌는 결정을 잘 내리지도 못한다. 예를 들어, 우리는 뭔가를 얻기를 바라는대신 어떤 것을 잃을지도 모른다는 두려움을 안고 선택을 한다. 삶이 수많은 선택의 연속이라는 점만 생각해도, 인간이기 때문에 하루를 마감할 때 감정 소모에 지치기 십상이다.

그렇다고 우리가 체계적이지 못하고 스트레스를 받는 유일한 이유가 뇌는 아니다. 구조화된 요즘 세상에 너무 많은 방식이 혼재된 탓에 선택을 머뭇거리게 된다. 실감하지 않아도, 현재 우리는 스스로가 원하는 것과는 완전히 다른 낡은 사회 구조와 믿음 속에서 계속 살아가고 있다. 예를 들어, 요즘의 기업들은 여전히 공장 근로자들을 조직화하는 데 집중한 스케줄을 바탕으로 돌아간다. 정보와 서비스 관련 경제가 만연해 있고, 지금 그런 공장용 스케줄이 스트레스와 함께 많은 다른 문제를 야기한다는 게 기정사실인데도 불구하고 말이다. 아직도 우리 아이들은 오래 전에 고안된 시간표대로 운영되는 학교에 다니면서 자기 일을 한다. 물론 고된 노동을 뜻하는 건 아니다. 이렇듯 우리는 오래 전에 마련된 법칙에 따라 살고 있다. 삶이 컴퓨터에 집중되기 이전의, 맞벌이가 아닌 한 쪽 부모만이 일했던, 지식이 힘이었던 시대 말이다. 집과 회사를 오가는 길은 보통 간단했고 집과 회사라는 두 개의 영역은 분명히 나뉘어 있었다.

아, 그리운 옛날이여.

그러나 최근의 사회 구조는 우리가 지적 능력에 접근하는 방법에 달려 있다. 언제 아이들을 축구 연습이나 발레 강습에 데려다 줘야 하는지, 열쇠가 어디 있는지를 항상 기억할 수 있고, 매우 중요한 판매 프리젠테이션은 의무이자 누군가는 반드시 해야 하는 일이다. 우리가 생각하는 뇌와 사회 구조의 활동 방식과 실질적인 활동 방식 사이의 단절, 그리고 우리의 집중력과 경쟁하는 모든 정보의 혼합은 정리되지 않은 요즘 상황의 중심에 있다.

이 문제는 뭔가 잘못 굴러가고 있을 때 우리 스트레스 수준이 최고조에 달한다는 사실로도 증명된다. 아마 그 스트레스가 고맙게도 이 책을 집어 들도록 유도했으리라 생각한다. 그 스트레스로 우리는 절대 놓치지 않도록 하기 위한 할 일의 목록을 만든다. 아이들 공부를 도와줄 시간을 어떻게 만들지 걱정하면서, 또 내가 자주 그렇듯 뒤처져 있다고 느끼면서 말이다.

정리되지 않은 상태는 스트레스를 유발한다는 사실을 인정하자. 그 스트레스 때문에 우리는 허둥지둥하고 그런 상황에 더욱 스트레스를 받는다. 그러면서 허우적거림이 또 반복된다. 그야말로 추락의 소용돌이로 떨어지는 셈이다.

달려, 달려, 태양을 따라 잡아 / 하지만 태양은 가라앉고 있네
- 핑크 플로이드, 〈Time〉

나는 그 소용돌이를 이미 경험해봤다.

짐과 함께 이 책 작업을 시작했을 때, 나는 다른 도시에서 새 집을 찾으며 한창 이직 준비를 하고 있었다. 몇 손가락 안에 꼽히는 음악 브랜드인 EMI 뮤직의 디지털 비즈니스 파트장겸 COO^{Chief operating officer}가 되면서 막 구글을 떠난 참이었다. 디지털 음악으로 갈아타는 소비자들 때문에 고군분투하는 시장 상황에서, EMI는 복잡한 기술력과 체계적인 정리의 방향성을 잡으려고 날 채용했다.

음악과 기술쟁이로서는 진정한 도전이었지만 실리콘 밸리에서 로스엔

젤레스로 옮기면서 나는 수많은 도전을 해야 했다. 나는 회사가 운영되는 방식은커녕, 이 낯선 도시에 식료품 가게가 어디 있는지 절대 배우지 않을 것이라고 생각했다.더 이상 내가 스스로 구축한 체계와 구조를 따라가지 못했다. 업무에 고군분투하는 사람이 누구인지, 일을 효율적으로 처리할 새로운 방법을 찾기 위해 야근하는 사람이 누구인지 전혀 파악하지 못하는 유일한 사람이라고 느끼면서, 마치 아칸소 주의 까까머리 소년으로 돌아간 했다. 믿을 수 없을 정도로 스트레스를 받았지만 다행히도 그간 만들어낸 다양한 정리 기술을 활용해 스트레스를 다스리면서 내 방식대로 일하며 적응해 나갔다. 이 방법은 책에서 다시 설명하겠다.

결국 내 난독증으로 인해 우리가 어떻게 배워야 하는지 이해하는 데 흥미를 가졌다. 인지과학 연구로 나는 뇌 그리고 우리와 맞서 있는 사회구조를 볼 수 있었다. 이 지식과 관점을 통해, 분열을 만들어내는 원인을 밝히는 게 중요하다는 걸 알았다. 불행하게도, 이 정의는 체계적인 정리 방법을 다룬 많은 책에서 대충 얼버무리거나 부정했지만 이 책에서는 그냥 지나치지 않는다. 왜 지금까지 원하는 만큼 정리하지 못했는지 이해하는 데 도움을 주고 싶다. 절대 여러분의 잘못이 아니라, 계속 정신 없다고 느끼도록 영향을 준 요소들이 생각보다 주위에 널리 퍼져 있는 탓이다.

무력함에서 멀찌감치 떨어져 있다는 건 좋은 징조다. 그래서 일터와 개인적인 삶 속에서 비생산성과 스트레스를 유발하는 상황을 어떻게 극복하는지, 내가 세워서 활용한 전략을 함께 나눌 작정이다. 옷장 속 옷들을 정리하는 방법은 오히려 내가 배워야 하지만, 살아가면서 할 일과 정보를 정리하는 기술을 공유해서 우리 모두 크게 걱정하지 않고 좀 더 능률적이며 효과적으로 목표를 이룰 수 있도록 돕고 싶다.

한 번에 딱 맞아 떨어지는 정리 개념을 알려주지는 않겠다. 가령 이메일의 받은 편지함을 정기적으로 비우는지, 컴퓨터 파일을 폴더 별로 정리하는지, 혹은 금융 관련 입출금 내역서를 컴퓨터로 받고 있는지 따위를 평생 동안 해야 한다면 나는 영원히 그때그때 정리하지 않는 사람이 되겠다.

사실상 그런 개념이 이상적인 정리 원칙의 정신이라고 해도, 저 가운데 어떤 일도 하지 않을 셈이다. 할 수 없기 때문이 아니라, 우리가 오늘날 살고 일하는 세상에 잘 어울리는 방법을 내가 찾아냈기 때문이다.

가령 구글에서 일하는 동안 나는 매일 우리에게 쏟아지는 정보 때문에 압도 당하는 대신, 그 정보를 체계적으로 정리하기 위해 어떤 기술이 도움을 주는지 이해할 수 있었다. 그 기술이 좀 더 체계적이고 효과적으로 도와주면서 우리 삶을 얼마나 윤택하게 하는지, 기억의 한계를 최소화하고 뇌가 우리를 위해 움직이게 하면서 스트레스를 줄이는 데 얼마나 도움을 주는지 알아냈다.

뇌의 한계와 우리 사회구조 그리고 우리가 안고 있는 개인적인 제약 조건을 이해하기 위해, 유용한 방법도 있고 그렇지 않은 방법도 있겠지만 내가 개발한 방법을 사람들과 공유하고 싶다는 게 바로 이 책을 쓴 이유다. 나는좀 더 체계적이고 성공적으로 스트레스를 덜 받을 수 있도록 본인만의 맞춤형 체계를 개발할 수 있도록 돕고 싶다. 또 인식하지 못한다고 해도 시간과 에너지 낭비를 멈추고 뭘 하는 게 중요하고 중요하지 않은지 일의 우선 순위를 정하는 데 도움을 주겠다. 그러한 관심과 노력, 더 나은 정리 방법을 통해 상승 기류 안에 있는 여러분 자신을 찾을 수 있을 것이다. 매일 여러분은 스트레스보다 삶에 도움이 되는 재미있고 생산적이며 중요한 무언가로 채울 수 있는 명료함과 정신력을 얻을 수 있다. 그게 바로 내가 좋아하는 소용돌이다.

효율적인 정리를 다룬 책

그게 바로 이 책이다. 1부에서는 사람 이야기를 하겠다. 사람들이 어떻게 생각하고 어떻게 느끼며, 사회는 어떤 양상을 띠고 그 양상이 어떤 영향을 미치는지 이야기할 작정이다. 무엇이 사람들을 통제하고 사람들은 그 제약을 어떻게 뛰어넘는지, 여러분의 진짜 목표는 무엇이고 그 목표를 이루기 위해 어떻게 정리해야 할지 말이다.

삽입된 가사의 정체는?

저마다 다른 포맷과 목적, 독자층을 염두에 두면서 오랫동안 글을 써왔다. 하지만 몇 년 동안 글을 쓸 때 어떤 식으로든 꾸준히 음악을 넣어 왔다.

난 음악에 관심이 많다. 가능하면 언제든, 내 삶의 배경에는 가장 좋아하는 음악이 함께 했다. 이 글을 쓰는 지금도 핑크 플로이드의 〈Dark Side of the Moon〉을 듣고 있다.

적어도 내게 있어서 음악은 스트레스를 줄여준다고 믿는다. 그래서 효율적인 정리로 스트레스를 줄이는 방법을 다룬 이 책이 나름의 사운드 트랙을 갖는 것이 자연스럽다고 본다.

가사는 그 자체로 이야기를 담고 있다. 하지만 이 책에 나온 일부 가사는 내가 만들거나 표현한 상황을 단지 유머의 측면에서 삽입하고 싶어 골랐다. 때때로 가사는 글의 한 부분을 만들거나 확장해 주지만 어떻게 보면 노래 제목과 연주자, 혹은 그 음악이 나온 시대와 관련이 있다. 그럼에도 불구하고 대부분의 가사는 여러분이 읽고 있는 내 표현에 대한 감정의 언저리에서 감성적인 맥락을 강조한다. 그것과 상관없더라도, 노래 가사로 나는 언제나 열정적인 공간에서 뇌를 일깨울 때 색다른 경험을 한다. 여러분에게도 비슷한 감성을 떠올리게 할 수 있고 아닐 수도 있다. 어느 쪽이든, 어떤 기분을 갖게 할지 모르는 가사들을 만날 수 있는 휴식 공간으로 초대한다. 분명 놀랄 것이다.

2부에서는, 체계적인 정리 상태를 유지하기 위해 몇 년에 걸쳐 내가 개발한 팁과 기술, 전략을 공유하겠다. 어떻게 검색하고 어떻게 정보를 정리하며, 메일과 할 일의 목록, 서류, 캘린더의 영역을 어떻게 관리하는지 밝힐 예정이다. 또 몇 가지 놀라운 도구를 비롯해 스마트폰과 클라우드 컴퓨팅 같은 기술을 알려 주고 최상의 작업을 위해 이런 팁을 어떻게 활용하면 좋은지 짚고 넘어가겠다.

3부에서는, 21세기에 직면한 상황에서 크고 작은 모든 과제를 어떻게 정리할 것인지 다룬다. 집중을 흐트러뜨리는 요소들을 최소화하는 방법을 알려준 뒤에, '일과 삶의 균형'과 같은 개념이 왜 좀처럼 나오지 않았는지 설명하겠다. 그리고 언제나 직면할 수 있는 예기치 못한 상황을 다뤄야 할 때, 효율적인 정리 상태가 에너지와 지적 능력을 이용하도록 도와주는 방식을 증명하겠다. 그래서 이 책을 다 읽었을 때, 본인의 삶을 효율적으로 정리하기 위한 신선한 시작이 되기를 바란다.

그럼 이제 시작해볼까? 날씨도 좋고 모기들도 얌전한 데다 구구단을 외우라고 강요하지도 않을 테니 말이다.

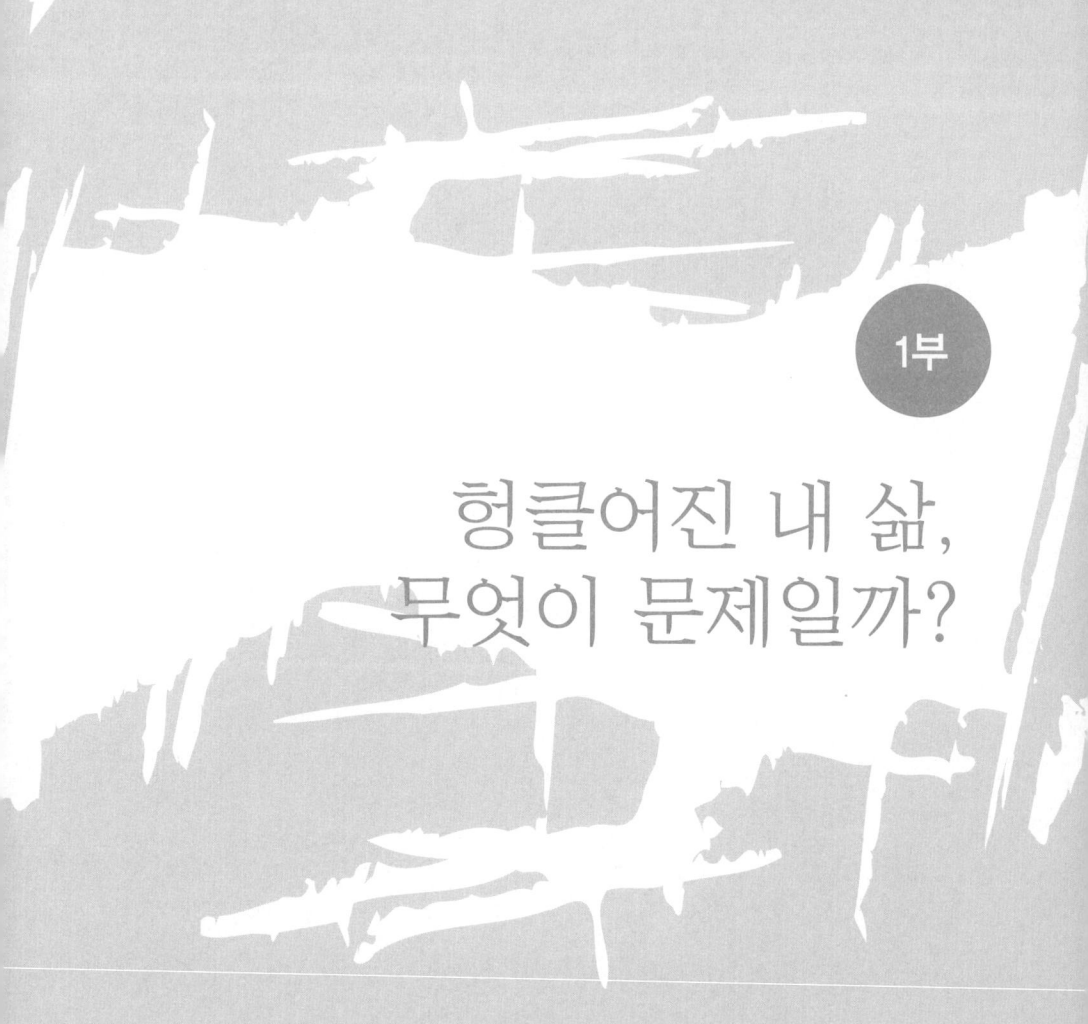

1부

헝클어진 내 삶,
무엇이 문제일까?

1장
뇌 속으로의 여행

나와 함께 효율적인 관리법의 세계를 탐험할 준비가 됐는가? 난 만반의 준비를 다했다. 그럼 본격적으로 시작하기 전에, 우선 이 책을 내려놓길 바란다.

책을 내려놓고 눈을 뜬 다음 주변을 돌아보자.

무엇이 보이나? 너무나 획일적인 모습에 주변이 지루할지도 모르겠다만, 이에 상관 없이 분명 여러분의 눈길을 이끄는 특별한 형태나 색, 패턴이 있으리라 생각한다. 자, 이제 다시 책을 보자.

지금 여러분의 눈은 안경보다 더 클지도 모를 작은 내부 렌즈를 통해 그림자와 형태, 색깔을 망막 속에 담으며 주위를 훑어봤다. 망막이 시각적인 특징을 정의하고 이 정보를 시신경에 보낼 때에는 몇 가지 화학 과정이 동반된다. 시각을 관장하는 대뇌 피질에 여러 형태의 특징이 떠도는 과정이 이어지면서 벽이나 바다 혹은 저 멀리 구름 등 여러분이 본 것을 정의할 수 있었다. '그냥 본다'는 행위로 여러분 주위의 사물이나 사건을 모두 생각할 수 있는 건 꽤 대단한 일이다.

그럼 이제 간단한 테스트를 해보겠다. 조금 전 돌아본 주변 모습 중에서 지금 여러분의 머릿속에 남아있는 사물이나 장면의 목록을 만들어 보자. 시간은 충분하니 커닝하지는 말자.

두세 개, 많으면 네 개 정도 기억했으리라. 지금 막 시각에 대한 단락을 읽었기 때문에 아마 그 이상을 기억하기엔 힘들었을 게다. 사실 그 단락은 여러분의 기억을 방해할 목적으로 내가 파 놓은 함정이었다. 이 이야기를 하지 않았다면 아마 지금보다는 더 많이 기억할 수 있었겠지. 어쨌든 무엇을 기억하려 하든지 간에, 계속해서 몇 번이고 머릿속에서 기억의 대상을 반복하지 않는 한 기억을 유지하기란 절대 쉬운 일이 아니다. 완벽하지는 않아도 연습만이 기억력을 개선해준다.

이 테스트의 핵심은 아주 찰나의 경험을 통해 우리 뇌가 어떻게 움직이는지 직접 느껴보는 데 있다. 왜 이런 테스트가 중요하냐고? 믿거나 말거나, 우리 뇌가 움직이는 원리는 효율적인 관리에 있어 가장 큰 과제 중 하나이기 때문이다.

박사 과정에서 인지 과학을 연구하면서, 나는 뇌가 발휘할 수 있는 엄청난 능력에 매일매일 놀랄 수밖에 없었다. 예를 들어, 여러분은 누군가의 코 사진을 보는 것만으로 성을 정의하고 나이를 알아 맞출 수 있다. 가사 일부만 들어도 어느 노래인지 알아차릴 수 있고 원반이 날아가는 모습을 보면서 1초 후에 어디에 떨어질지 추측할 수 있다. 여러분의 뇌는 믿기 어려울 정도로 엄청난 능력을 발휘하는 존재다.

하지만 뇌가 잘 하지 못하는 것에 대해서도 같은 매력을 느꼈다. 뇌는 특히 방에서 본 물건들처럼 정보의 일부분을 기억하는 데에 서툰데, 이 특성은 어찌 보면 축복이라고 할 수도 있다. 쓸모 없는 데이터를 포함한 모든 기억을 뇌 속에 저장한다면, 정작 중요한 무언가를 떠올리기가 더 어려워질지도 모르니 말이다.

또한 뇌는 어떤 사건을 정확하게 기억하지 못해 때로는 논리적인 결정을 내리는 데 큰 실수를 범하기도 한다. 사람은 누구나 자신이 내린 결정이 언제나 옳다고 생각하는 경향이 있다. 현실은 절대 그렇지 않다. 뉴스에서 비행기 충돌 사건 보도를 보고 나면, 마치 이런 대형 사건이 실제보다 훨씬 더 빈번하게 벌어진다는 착각을 일으키곤 한다. 그래서 비행기 난기류가 무서워 차라리 직접 운전해 여행하는 방법을 선택한다. 운전 중 사고로 인한 위험이 더 큰 데도 말이다. 자세한 이야기는 이번 장의 뒷부분에서 살펴보기로 하자.

뇌는 기억을 섞으려는 경향도 있다. 여러분이 '떠올리는' 기억은 아마도 다른 시간에 다른 사람들과 함께 한 사건이지만, 여러분의 뇌가 그 사건에 무언가 또 다른 사건을 덧붙여 한꺼번에 뭉뚱그려진 기억일지도 모른다. 이게 바로 실제로는 벌어지지 않았던 사건에 대한 기억이 존재하는 이유다. 예를 들어, 여러분은 네 살 때 일어났던 어떤 사건을 기억하고 있다고 생각할지 모르지만 사실은 그렇지 않다. 부모님이 그 나이 무렵에 대해 이야기해 준 일을 종종 여러분의 뇌가 기억하기로 결정한 것이다. 설사 그 기억이 사실을 이야기하고 있다 하더라도, 그 정도로 어릴 때의 기억을 지속적으로 갖고 있기란 매우 어려운 일이다.

아, 어떤 부분에서 여러분의 뇌는 생각처럼 놀랍지 않을지 모르지만,

심각하게 받아들일 필요는 없다. 뇌는 목록을 기억하거나 사실을 저장하기

위한 것이 아니라, 태초부터 기본적으로
육식 동물에게 잡아 먹히지 않기 위해 발
달했다. 우리 뇌는 겨우 약 1.36kg에 불과

하다.[1] 추수감사절에 식탁에 올라오는 칠면조도 이보다는 크지 않을까?

누군가 화살표로 '삶을 정리하는 부분'을 표시한 뇌의 다이어그램을 원한다면, 나는 알려주지 않을 것이다. 우리가 정보를 체계적으로 정리하는 방법, 혹은 정리하지 않는 방법에서 제 몫을 하는 정신적 과정이 많기 때문에, 알려주고 싶어도 그럴 수 없다.

하지만 뇌의 작용 방법을 이해하고, 뇌가 여러분에 맞서 움직이는 모든 방식과 그 방식을 피해서 일할 수 있는 방법들을 알아볼 수 있도록 도와줄 수는 있다. 믿기 힘들겠지만 그러한 이해는, 여러분이 삶 속 모든 정보를 체계적으로 정리하려고 시도할수록 굉장히 중요하다.

모든 것에 대한 정보가 필요한 것은 맞다. 일과 개인적인 삶 속에서 우리가 그날 그날 사용하는 정보는 종종 기억력에서 나온다. 예를 들어, 이메일 쓰기처럼 단순한 일을 할 때도, 이메일에 표현하는 사실이나 의견 같은 장기 기억에 저장돼 있는 정보를 단기 기억으로 옮겨야 한다. 그 과정 없이 어떻게 글을 쓸 수 있을까?

하지만 살면서 이리저리 옮겨 다니는 우리의 관심사에 따라 바뀌는 그 모든 정보를 어떻게 모두 기억하고 살아갈까? 1장 도입부에서 함께 한 기억력 테스트 결과만 봐도 결코 쉽지 않은 일이라는 걸 알 수 있다. 우리의 뇌는 한 번에 정말이지 엄청난 양의 정보를 처리한다. 하지만 뇌가 최소한의 능력만을 들여서 정보를 저장하고 처리하는 방법을 배울 수는 있다. 여

기서 뇌의 부담을 최소화해서 삶을 정리하자는 체계적인 정리에 대한 첫 번째 원칙이 나온다.

> ## 뇌의 부담을 최소화하자

체계적인 정리에 대한 '규칙'이 아닌 '원칙'이라고 표현한 걸 눈치챘나? 나는 여기서 제한한다는 의미가 있는 '규칙'을 알려주지 않겠다. 단지 나만의 '원칙'을 통해 새로운 아이디어와 선택 방법, 수단을 제안할 테니, 이를 활용해 여러분만을 위한 체계적인 정리 시스템을 디자인해보길 바란다.

칵테일 파티 효과

우리의 집중을 흐리며 매일 쏟아지는 엄청난 양의 정보 때문에 뇌가 갖는 긴장을 어떻게 최소화할 것인지 알아보기 전에, 뇌는 어떻게 '집중'하는지, 그 메커니즘을 먼저 살펴보자.

집중은 생존 메커니즘이다. 집중 없이는 끊임없이 쏟아지는 수많은 정보에 빠져 허우적대기 일쑤다. 집중은 감각들을 통해 연마되는데, 예를 들어 (내가 그랬듯이) 책상에 발가락을 부딪히면 그 즉시 알아차리고 고통에 집중한다. 혹은 창문 밖에서 들리는 차 사고 소리에 곧바로 정신을 빼앗겨 새로운 이 사건에 집중할지도 모른다(나 역시 그랬다).

시끄러운 소음과 날카롭게 다가오는 감정은 스스로 우리의 집중과 힘을 의식 속에 붙잡아 둔다. 감각들은 자각하지 않을 때도 지속적으로 깨어 있다. 호랑이가 우리에게 달려들 준비를 하고 수풀 속에 숨어 있을 때 목숨의 위협을 느끼며 촉각을 곤두세우는 생존 메커니즘의 일부라는 의미다. 하지만 이상하게도, 집중은 종종 꽤 미묘한 신호에 이끌린다. 소음이 가득한 시끄러운 칵테일 파티 한가운데 있을 때, 갑자기 여러분의 이름을 부르는 누군가의 목소리를 들어본 적이 있나? 그 사람이 여러분의 이름을 말하기 전에 같이 있던 사람들과 대화한 단어를 전혀 듣지 못했다 해도 말이다. 이를 '칵테일 파티 효과'라고 한다(1953년에 처음 만들어졌으며, 숙취와는 전혀 상관 없는 용어다).**2** 칵테일 파티 효과는 집중에 대한 놀라운 진실 하나를 강조한다. 바로, 뇌는 항상 우리가 인식하는 정도보다 훨씬 많은 정보를 받아들이고 있다는 사실이다. 즉 뇌가 인지하고 있다고 해서 여러분이 의식하고 있다는 뜻은 아니라는 말이다. 이런 본능 속에, 뇌는 여러분의 이름이라는 관련 정보를 기록했다가 의식적인 집중을 끌어내 '나를 부른 건가?'라며 귀를 번쩍 열게 한다.

예를 들어, 지금 이 순간 여러분의 오른쪽 엄지 발가락에 어떤 느낌이 드나? 특별한 느낌은 없겠지만, 내 질문을 보는 순간 여러분의 발을 덮고 있는 양말의 감촉을 느꼈으리라. '여러분의 발가락'을 읽은 눈에서 신호를 받은 뇌는 즉각 발가락과 관련된 정보를 모았고, 발가락에 신경을 집중하면서 양말의 감촉이 느껴진 것이다. 언제나 그렇듯 집중이 흐트러져 페디큐어를 다시 할 때까지는 발가락에 집중할 일이 크게 없을 테니 걱정할 필요는 없다.

살아가는 동안 수많은 정보가 우리를 비켜가지만, 정말 집중해야 한다고 느낀 정보만큼은 어떤 방법으로든 뇌에 저장해 처리한다는 게 '칵테일 파티 효과'의 핵심이다. 그 외의 정보는 그저 칵테일 파티에서 사람들과 나누는 의미 없는 수다에 불과할 뿐이다. 그렇다면 그 수많은 수다 중 우리에게 가치 있는 정보가 무엇인지 어떻게 결정하는 걸까? 바로 기억이 들어오는 지점이다.

우리가 뭔가를 알아차리면 단기 기억으로 간다. 일단 단기 기억으로 가고 나면, 이 기억이 자신에게 어떤 의미인지, 이 기억을 활용해 무엇을 할 수 있는지 결정할 수 있다. 단기 기억은 이름대로 수 초 혹은 수 분 동안 기억을 붙잡아둔다. 보통 단기 기억에 들어온 정보는 쉽게 잊기 때문에, 엄지 발가락을 덮고 있는 양말의 느낌처럼 그리 신경 쓰지 않고 지나간다.

잠시만 내가 더 기다리면 / 여기 왜
왔는지 잊어버릴지 몰라.
- 야즈, 〈Nobody's Diary〉

여러분은 전화번호나 사람 이름처럼 몇 분 이상 오래 무언가를 기억하고자 할 때 어려움을 겪기도 한다. 단기 기억은 한 번에 최대 5~9가지의 정보를 붙잡아둘 수 있다고 한다. 따라서 단기 기억 속에 10가지의 정보를 저장하려고 시도한다면, 양손 가득 장바구니를 들고 낑낑대며 계단을 오를 때처럼 무언가를 잃어버리기 쉽다. 그리고 방금 옮겨 놓고도 무엇을 옮겼는지 잊어버릴 수도 있다.

가능한 한 빨리 머릿속에서 버려라

한 번에 9가지 이상의 정보를 유지할 수 없는 단기 기억의 무능력 덕분에 나는 두 번째 원칙을 생각해냈다. 효율적 정리법을 다루는 여타 많은 책도 주장하는 바와 같이, '최대한 빨리 머릿속에서 불필요한 정보를 버려라'

는 원칙이다. 그렇지 않으면, 단기 기억에 부담이 가해져 기억하고 싶은 것조차 잊게 된다.

멀티태스킹을 하지 말아야 하는 이유

대부분 우리는 하나에 초점을 맞춰 집중한다. 혹시 지금 이 순간 저녁을 만들면서 TV 뉴스를 보고, 실내 자전거를 타면서 동시에 책을 읽으며 웃고 있지는 않은가?

앨버트 아인슈타인의 전화 번호

한 기자가 앨버트 아인슈타인과 걷다가 추가적인 질문이 생길 경우를 대비해 그의 전화번호를 물었다. 기꺼이 알려주기로 한 아인슈타인은 공중전화로 가서 전화번호부를 집어 들고 자신의 번호를 찾은 뒤에 기자에게 읽어주었다. 놀란 기자에게 아인슈타인은 다음과 같은 대답을 했다. "전화번호부에 있는데 왜 내 번호를 외워야 하나요?"
나 역시 이 이야기가 진실인지 알 길은 없다만 어쨌든 재미있게 들었다. 중요한 것에 집중하려면 상대적으로 불필요한 정보를 최대한 빨리 머릿속에서 내버려야 한다는 내 원칙을 정말 잘 설명해주는 일화다.

요즘은 멀티태스킹이 대세인 듯하다. 하지만 문제는 우리의 뇌가 이런 멀티태스킹을 하기에 적합하지 않다는 데 있다. 멀티태스킹을 할 경우, 처음부터 취약한 과정인 단기 기억에 정보를 담으려는 뇌의 노력을 방해한다. 정보가 단기 기억에 제대로 저장되지 않으면 나중에 다시 불러낼 수 없다.

그게 바로 멀티태스킹이 종종 우리를 방해하는 이유다. 여러분은 걸으면서 동시에 껌을 씹을 수 있고 친구와 전화 통화하면서 빨래를 갤 수도 있다. 어릿광대는 형형색색의 공을 저글링하면서 외바퀴 자전거를 탈 수 있다. 모두 지적 노력을 많이 필요로 하지 않는 기계적인 일들이다. 하지만 많은 경우, 특히 완전히 다른 분야의, 다른 수준의 집중을 요하는 일을 동시에 해야 하는 경우에는 정보를 장기 기억에 담아두기 어려워진다. 여기서 체계적인 정리에 대한 내 세 번째 원칙, '멀티태스킹은 효율적이지 않다'는 내용이 나온다.

멀티태스킹은 효율적이지 않다

예를 들어 구글에서는 보통 회의할 때 노트북을 열어두는 일을 허용했다. 회의를 신경 쓰지 않아서가 아니라 한 번에 여러 가지 작업을 수행하는 문화가 일반적이었기 때문에 허용되는 풍경이었지만, 실상은 전혀 효율적이지 않았다. 대부분 사람들이 회의에서 나온 중요한 아이디어를 놓치고 있는 게 분명했다. 멀티태스킹을 하면서 주변에서 일어나는 일(여기서는 회의)에 완전히 집중하기란 정말 어려운 일이기 때문이다. 이 말은 즉, 어떤 말이 나왔는지 듣지 못하거나 들어도 주의를 기울이지 않은 정보는 단기 기억에 담아두기 어렵다는 뜻이기도 하다.

아름다운 그대여, 돌아서서 떠나가나요
- 제임스 갱, 〈Walk Away〉

노트북을 켠 채 회의에 참석할 경우 생산성이 떨어진다는 사실이 밝혀지자, 일부 구글 회의에서 '회의시 노트북 소지 금지'가 선언됐다. 이같은 선언은 의도치 않은 결과를 낳았다. 사람들은 회의보다 더 중요한 일을 해야 할 경우, 바로 자리에서 일어나 본인의 업무에 몰두했다. 발표자에게는 그리 좋은 일이 아니지만, 적어도 본인의 업무로 돌아간 사람들은 자신의 일에 집중할 수 있었다. 사실 '회의시 노트북 소지 금지'의 본 목적은 직원들이 모두 회의에 참석해 집중하게 하는 데 있었다. 자세한 내용은 11장에서 이야기할 테니 조금 기다리길 바란다.

멀티태스킹은 비용도 많이 든다. 얼마 전 운전하면서 문자를 보냈던 나는 특히나 도로 위에서 하는 멀티태스킹이 얼마나 위험한 일인지 직접 깨달았다. 문자를 보내느라 운전에 집중하지 않은 채, 앞차의 브레이크등만 바라보고 가던 중, 순간 앞차와의 거리를 조절하지 못해 사고가 난 것이다. 다행히 다친 사람은 없었지만, 그 문자는 내가 지금까지 보낸 그 어떤 문자보다 값비싼 문자였던 셈이다. 그 날 이후로 운전 중에는 절대 문자를 보내지 않으니 걱정할 필요는 없다. 게다가 캘리포니아를 비롯한 다른 주에서도 이같은 행위는 불법으로 처벌된다.

단기에서 장기 기억으로 옮기기

매 순간 멀티태스킹을 하지 않고, 한 가지에만 집중해서 정보를 받아들인다고 가정해보자. 몇 분이 지난 후에도 정보를 기억하고 있는가? 여러분은 과학자들이 인코딩이라고 부르는 인지 과정을 통해 정보를 단기에서 장기 기억으로 옮겼다.

인코딩이라는 용어는 뭔가가 어떤 형태에서 또 다른 형태로 전환되는 것을 의미한다. 뇌에서 단기 기억에 있던 정보는 장기 기억으로 들어갈 때 또 다른 형태로 변한다. 전화번호를 예로 들어보자.

장기 기억을 살짝 건드려 첫사랑의 그녀(혹은 그)가 전화 번호를 건네주던 그때를 떠올려보자. 전화 번호를 받아 적을 필기구가 없었다면 그 번호를 기억하려 무진장 애썼을 것이다. 어떻게 기억하려 했을까? 아마도 몇 번이고 숫자 하나하나를 머릿속에서 되뇌었을 것이다. 인지 과학자들은 이를 리허설이라 부른다. 숫자들을 리허설하면서 여러분은 전화번호를 단기에서 장기 기억으로 인코딩했고, 정해진 프로세스에 따라 미래의 배우자에게 닿을 수 있는 전화번호가 떠오르는 것이다. 물론 요즘 사람들은 휴대폰 저장 장치에 저장하기 때문에 배우자의 전화 번호를 거의 외우지 않지만, 과거를 떠올려 여기서는 이 이야기에 동조해주길 바란다.

리키는 번호를 잊어버리지 않아…
편지에 담아 보낼 뿐
- 스틸리 댄, 〈Rikki Don't Lose That Number〉

기억을 불러내오는 모든 프로세스가 문제없이 처리돼 곧바로 이 사람을 생각해냈다면, 더 이상 숫자를 리허설할 필요가 없다. 지금은 장기 기억 속에 저장됐기 때문이다. 하지만 숫자를 외울 때 뭔가 이상한 점을 발견하지 못했는가? 아무런 문제 없이 전체 전화번호를 외울 수는 있지만, 그 번호를 이루는 각 숫자를 따로 떠올리기는 쉽지 않다. 예를 들어, 내가 여러분에게 배우자의 전화 번호 중 5번째 숫자를 묻는다면 곧바로 떠올리기가 힘들어, 먼저 처음으로 돌아가 5번째에 이를 때까지 마음 속으로 하나씩 숫자를 세 볼 것이다.

처음 번호를 인코딩했을 때 숫자를 떠올렸을 때와 나중에 떠올릴 때의 차이점에 주목하자. 전화 번호를 리허설할 때는 여러 개의 숫자로 이뤄진 덩어리로 떠오른다. 따라서 한 번 인코딩되면 숫자들은 더 이상 개별의 단위가 아닌 하나의 객체로 묶이는 셈이다.

누가 신경이나 쓸까? 즉 기억 속 전화 번호의 5번째 숫자를 정의할 필요는 없다. 하지만 이 예는 뭔가를 외워야 할 때 어떤 어려움이 있는지 매우 잘 보여준다. 즉 뇌는 처음에 인코딩된 정보 가운데 하나와 다른 형태, 혹은 상황의 정보 검색에 어려움을 겪는다. 곧 살펴 보겠지만 이런 어려움이 효율적인 정리에 커다란 장애물이 될 수 있다.

인코딩의 핵심은 나중에 필요할 때 그 데이터를 쉽게 떠올릴 수 있도록 어떤 정보를 장기 기억에 옮기는 일이 힘들다는 데 있다. 정보를 떠올리지 못하면 머릿속에서 공간은 차지하면서도 사용할 수는 없다는 의미다. 마치 장롱 속 뒤편에 놓아 둔 낡은 장화 한 켤레처럼 말이다. 하지만 집중하지 못하면, 아예 정보를 인코딩하는 단계에서 실패할 수밖에 없다. 이는 나중에 정보를 다시 떠올릴 기회가 전혀 없다는 걸 의미하며, 다른 말로 하면 시간만 버리는 셈이다.

효과적이지도 않을뿐더러 행여나 입 밖으로 소리를 내어 다른 사람들에게 어리석은 사람으로 보일 수도 있는 '정보를 반복해서 되뇌는 기억 방식'은, 정보를 장기 기억에 옮겨 나중에 이 정보를 다시 기억해내는 데 도움이 되긴 할까? 이야기와 함께 기억한다면 가능하다.

초밥 주문에 치킨을 가져온 웨이터

여러분은 스스로를 대단한 기억력의 소유자라 생각하고 있다는 사실을 안다. 물론 여러분을 믿는다. 하지만 적어도 가끔씩 불특정 정보의 조각들을 기억해내려 고군분투한다고 단언한다. 예를 들어, 몇 페이지 전에 내가 기억하라고 주문했던 주변의 모든 사물을 여전히 기억하고 있나? 몇 분 전에 리허설했기 때문에 좀 낫긴 하겠다만, 그래도 완벽하게 기억하지는 못하리라.

반면, 내가 여러분에게 주변 사물이 적힌 목록을 주고 기억하라고 한다면 훨씬 더 많은 사물을 기억할 것이다. 기억하는 일은 단순한 '떠올리기'가 아닌 '인식'과 관련 있기 때문이다. 우리 뇌가 정보를 인코딩하고 상기하는 방법을 고려하건대, 사물을 '인식'하는 일이 훨씬 쉽다. 하지만 불행하게도 실생활에서는 목록을 받아 외우고 선택하는 '객관식 시험' 방식으로 삶을 기억할 수 없다.

그럼 간단한 기억력 테스트를 다시 한 번 해보자. 여러분이 레스토랑에서 뭔가를 주문했는데 받은 음식은 잘못된 요리다? 내 질문에 대한 답으로 여러분은 아마 "음, 내가 음식을 주문한 곳에서 다른 요리가 나왔다? 우리말을 잘 못하는 곳이던가… 아 맞다, 일전에 밤에 일식집을 간 적이 있는데 말야…" 라고 생각할 것이다.

필시 주문과 다른 음식을 받은 기억이 이야기의 형태로 떠오른다. 여러분의 뇌는 주문과 다른 음식을 받은 (이전 경험에서 비롯된 기억을) 이야기를 찾았다. 그건 뇌 속에 쌓인 먼지투성이 파일을 뒤져 나온 사실이 아니라, 주문과 다른 음식을 받은 '사실'과 관련된 사람, 장소, 물건 등을 찾아 기억해낸 것이다. 그리고 이 이야기로부터 원래 주문한 음식과 잘못 받은 음식이 무엇인지, 레스토랑의 이름, 입고 있던 옷 등 관련된 '사실'을 떠올릴 수도 있다.

이야기라는 단어가 열쇠다. 우리는 사실을 단순한 사실이 아닌 이야기의 한 요소로 기억하는 경향이 있다. 사실은 건조하고 지루하다. 그 사실에 공감할 수 없기 때문에 우리의 마음은 그 내용을 쉽게 흡수하지 않는다. 이야기는 또 다른 문제다. 이야기는 사실에서는 부족한 색과 행동, 성격과 시각, 냄새, 소리 그리고 감정 등 우리가 관계할 수 있는 모든 것들을 담고 있다. 우리는 우리가 한 행동 하지 않은 행동, 혹은 이미 한 행동에 대한 결과 등 이야기가 묘사하는 상황을 스스로 그려볼 수 있다. 이야기는 특정 사실에 의미를 부여해 기억하기 쉬운 하나의 문맥으로 탄생시킨다.

정의상 체계적인 정리 상태는, 유용한 순서로 저장된 정보 조각들이 필요하다. 이 조각들을 정리정돈하기 위해서는 정보를 정확하게 인코딩하고 떠올리는 작업이 필요하다. 뇌는 정보를 조각과 덩어리가 아닌 이야기로 떠올리고 싶어 한다. 그래서 이야기에 사실을 집어 넣는 방식을 찾는 일은 좀 더 체계적인 정리 상태에 있어 필수적이다.

사실을 떠올리는 건, 그 상황을 처음 기억할 때 무엇을 하고 있었는지 애쓰는 과정이나 다름 없다. 다시 말해, 기억에 관한 이야기를 떠올리면 떠올리려 애쓰는 바로 그 사실이 생각난다는 말이다. 여러분이 그 당시에 무엇을 했는지 열거하는 이야기는 분명 기억하려 노력하는 바로 그 '사실'과 관련이 있다. 종종 나의 아내 소냐는 지갑을 어디에 두었는지 기억하지 못해 발을 동동 구르곤 한다. "내가 여기 있었고, 강아지를 봤고, 잡지를 손에 든 다음…. 아 립스틱은 화장실에서 가져왔구나!"라고 중얼거리며 집안을 서성이기도 한다. 지갑을 어디에 두었는지, 그 당시에 자신의 손에는 무엇이 들려있었고 또 무엇을 보고 있었는지, 하나의 이야기로 기억을 떠올리는 것이다. 이야기는 그녀가 원래 두던 자리에 놓지 않아 찾지 못하는 지갑의 행방을 알려주는 길잡이 역할을 한다. 물론, 항상 지갑을 같은 자리에 두면 고생할 일도 없겠지만, 소냐는 그런 스타일이 아니다.

뭔가를 기억하기 위해 항상 똑같은 방식으로 해결하는 전략은 누군가의 지갑을 찾을 때는 효과가 있지만, 우리가 만들고 행하는 다른 대부분의 작업에는 영향을 미치지 않는다. 바로 이런 경우에 이야기가 도움이 된다. 그리고 여기서 '이야기를 활용해 기억을 떠올리자'는 내 4번째 원칙이 나온다.

이야기를 활용해 기억을 떠올리자

EMI에서 근무하기 시작한 첫 달 동안, 나는 회사가 당면한 문제들, 특히 디지털 음악 권리에 관한 이슈를 해결하려 수많은 미디어 인터뷰를 진행했다. 인터뷰와 발표를 준비하기 위해, 판매 순위 200위까지의 앨범 판매율과 같이 내 마음대로 이용할 수 있는 몇 가지 사실이 필요했다.

이야기를 통해 사실을 설명하다 보면 상대에게 설명하고자 하는 요점을 좀 더 부각시킬 수 있다. 그런데 나는 기억력이 정말 나쁜 편에 속하는데다가, 특히나 숫자를 기억하는 데는 정말 소질이 없다. 하루는 기자에게 "저기, 인터넷으로 잠깐 뭘 좀 찾아본 다음 내가 말하는 게 뭔지 설명할 수 있을 것 같으니 잠시만 기다려주세요."라고 말하는 대신, 음악 팬들의 이야기를 생각해 내 수치를 기억해보자는 전략을 썼다. 그 이야기는 세상이 어떻게 변하고 있으며, 이런 세상의 변화가 구매 습관에 어떤 영향을 미치고, 또 이런 구매 습관은 판매 순위 200위까지의 앨범 판매에 어떤 영향을 미치는지에 대한 이야기였다.

나는 스스로 퍼센티지를 외우려고 노력하지 않는다. 그냥 이야기를 기억하는 데 초점을 맞춘다. 퍼센티지는 뒤뜰에서 딴 과일에 앉은 파리처럼 이야기와 함께 어울린다. 의미 있는 구체적인 정보의 파편을 주는 이야기는, 내가 좀 더 쉽게 떠올리도록 만드는 한편 바라건대 내가 이야기하려고 애쓰던 요점을 다른 사람들이 쉽게 이해할 수 있도록 해준다.

4번째 원칙을 다른 방법으로 정의할 수도 있다. 즉 이야기를 활용해 기억해내고자 하는 방식은, 데이터를 인코딩하기 전에 이 데이터를 나중에 어떻게 활용하고자 할지 미리 생각하도록 도움을 준다. 그러면 나중에 기억하기 쉬운 형태로 정보를 이야기에 잘 끼워 넣을 수 있다.

물론 쉽지는 않은 일이다. 심령술사가 아닌 바에야 미래를 예견할 수 없을 것이다. 하지만 왜 혹은 어떻게 정보의 조각을 기억할 필요가 있는지 그려볼 수 있다면, 좀 더 효과적으로 인코딩을 할 수 있다. 뒤에서는, 여러분이 미래를 예측하지 않아도 이야기를 활용해 기억하는 방법에는 무엇이 있는지 함께 살펴보겠다.

이야기에 대한 이야기

이야기에 대해 생각한다면, 거의 모든 이야기와 연관 지을 수 있다. 1953년 처음 만들어졌고 이야기가 결여된 것으로 유명한 연극 '고도를 기다리며 Waiting for Godot' 조차도 이야기를 담고 있다. 이 연극은 절대 모습을 드러내지 않는 누군가를 기다리며 앉아 있는 두 명의 부랑인에 대한 이야기다. 사실상, '고도를 기다리며'에는 숨겨진 이야기도 있다. 이 연극은 종종 감옥에서 공연되기도 했다.[3] 하염없이 기다린다는 주제는 수감자들에게 반향을 일으켰고, 극작가인 사무엘 베케트는 갇혀 있는 관객들 가운데 일부와 우정을 나누기 시작했다(샌 퀸틴 교도소에 수감됐던 사람에게 몇 년간 경제적 지원까지 해줬다고 한다). '고도를 기다리며'의 줄거리를 인코딩해 기억하고자 한다면, 방금 내가 이야기한 극작가와 감옥 수감자에 대한 이야기가 일을 조금은 쉽게 만들어줄 것이다.

체스 게임 되살리기

'사람들이 초보자에서 전문가로 발전하는 과정' 즉 '초보자가 전문가가 되기까지novice-expert shift'라 부르는 인지 과학자들의 연구 주제는 이야기가 어떻게 정보를 내포하고 있으며, 이 방식이 정보를 기억하는 데 어떤 도움을 주는지에 대한 매우 흥미로운 사실을 보여준다.

유명한 체스 게임 연구를 살펴보자. 연구자들은 체스판을 벌인 뒤 말을 몇 번 움직이며 게임을 했고, 이 게임이 중반부에 이르렀을 때쯤 게임을 중단했다. 그 다음 체스를 해보지 않은 초보자들을 한 명씩 데리고 와서 말들이 이동해 있는 체스판을 몇 분간 보여줬다. 시간이 흐른 뒤, 초보자들에게 완전히 새로운 체스판 위에 방금 본 말들의 위치를 기억하는 대로 놓아보라고 했더니, 한 명도 제대로 하지 못 했다.

비교 연구로, 이번에는 체스 전문가들을 데리고 와 똑같이 보게 한 뒤 새로운 판에 말을 놓아보라고 요청했다. 그러자 역시 전문가답게 본래의 위치와 거의 동일하게 말을 놓았다.

연구자들은 똑같은 실험을 다시 해보기로 했다. 하지만 이번에는 게임을 하는 게 아니라 말을 임의로 아무 위치에 갖다 놓았다. 이 경우에는 초보자든 전문가든 말의 위치를 기억해 새로운 체스판에 동일하게 놓는 데 모두 실패했다.

첫 연구에서 전문가들이 말의 위치를 기억할 수 있었던 이유는 말이 게임의 규칙에 따라 어떻게 움직였을지 머릿속에서 마치 하나의 이야기처럼 그려졌기 때문이다. 전문가들이 보기에는 단순한 나이트, 룩 체스말이 모인 체스판이 아니라, 이 말들의 움직임이 이야기처럼 얽힌 체스판으로 보인 것이다. 노련한 체스 플레이어라면 한 번쯤은 겪어본 이야기(체스 게임)였으므로, 이야기를 다시 '만들어 전달하는' 일이 가능했다.

하지만 체스 말을 아무렇게나 놓았을 때에는, 전문가라 할지라도 임의의 말을 보며 이야기를 기억해내지 못했다. 이야기가 없으니 말의 위치를 기억해내기도 더 어려웠던 셈이다. 결국 기억해낼 이야기가 없는 초보자와 다를 바 없었으니 초보자처럼 실험에 성공하지 못했다는 사실은 당연한 것이다.

결정하기

지금까지 이야기했지만 우리의 뇌는 생각만큼 기억을 잘 하지 못한다. 특히 멀티태스킹을 할 때에는 더더욱 그러하다. 이번 주제를 넘어가기 전에 한 가지만 더 이야기하고픈 주제가 있다. 바로 '결정'에 관한 이야기다. 우리의 뇌는 '결정'을 내리는 데에도 능하지 못하다.

우리 뇌가 결정하는 데 어려움을 겪는 이유는 매우 많다. 그 중에 하나는 '선택의 혼란'이라 불리는데, 다른 말로 "와, 이 식당은 항상 메뉴가 너무 길어. 그냥 평소에 먹던 거 먹을래."라고 표현할 수 있다. 사람은 대개 자기 앞에 너무나 많은 선택 사항이 펼쳐질 경우 그 중 가장 익숙한 것을 선택하는 경향이 있다. 바로 이 때문에 여러분이 자주 가는 식당이 내놓는 메뉴 중 75% 이상은 먹어보지도 못하는 것이다. 그런데 이런 우리 앞에 새로운 선택 사항이 또 놓여진다면? 가끔 우리 마음은 계속해서 변한다.

여러분을 내일 당장 시험을 봐야 하는 학생이라고 가정해보자. 몇몇 친구들과 함께 조용한 도서관에 가서 공부하려고 하는데, 근처 카페에서 동네 밴드가 공연을 한다는 광고가 눈에 들어왔다. 같이 가던 친구 중 일부는 계획대로 도서관으로 향하지만, 또 일부는 공연을 보러 간다고 한다. 그래, 음악이 공부만큼 중요할 때도 있는 거다.

카페로 향한 그룹은 또 다른 광고지를 본다. 유명한 작가가 동네 서점에서 '북 콘서트'를 한다는 소식이다. 또 일부는 갈라져 나와 서점으로 향한다. 그리고 카페로 향하던 그룹 중 몇 명은 다시 도서관으로 발길을 돌렸다.

몇몇 유명한 인지 과학자들은 이 현상에 대해 연구해 왔다. 그 결과, 사람은 이미 결정한 사항에 대한 새로운 선택을 만날 경우, 원래의 결정에 의문을 품는 경향이 있다고 한다. 물론 이런 의문이 합리적일 때도 있다. 원래의 결정이 잘못됐다는 정보를 입수하거나 강력하게 설득을 당할 수도 있다. 혹은 결정을 내린 이후에 환경이 변했는지도 모른다.

그런데 대개 새로운 선택이 눈 앞에 있으면 본래의 결정을 번복한다. 우리의 뇌가 모든 선택을 고려해야 한다는 부담을 느끼기 때문이다. 연구에 따르면, 도서관과 음악 공연, 작가 북 콘서트라는 선택 사항을 고려해야 하는 학생들은 원래 결정(도서관)으로 되돌아가기까지 학생들의 결심을 꺾어버린다.

그렇다면 우리의 뇌가 습관이나 편견이 아닌 내용을 근거로 결정을 내리도록 할 수 있을까? 내 아내 소냐에게는 전략이 있다. 그녀는 마음 속에서 선택사항에 따른 결과를 시각화함으로써 크기에 따라 선택한다. 최종 선택이 남을 때까지 모든 사항을 시각화하며 하나씩 옵션을 제해나가는 것 같다. 새로운 옵션이 생기면 이 같은 프로세스를 다시 반복한다. 이렇듯 선택사항에 다른 결과를 잠시 동안 마치 실제 상황처럼 머릿속에서 그리다 보면, 예상 결과를 마치 실제로 보고 있다는 듯한 느낌을 받을 수 있다고 한다. 그리고 최종적으로 '그래, 이게 맞는 거야.'라는 느낌이 올 때까지 반복해 결정을 내린다. 여러분 중에는 소냐와 같은 과정으로 결정을 내리는 사람도 있을 수 있다. 옵션을 한 가지씩 따져나가다 보면 모든 선택사항을 한 번에 고려해야 하는 뇌의 부담을 덜어줄 수 있다. 그리고 가장 합리적이라 느끼는 옵션을 선택할 수 있으리라 믿는다.

어쨌든 나는 다양한 지식과 기술, 인생 경험을 통해 저마다 다른 결정 방식을 갖고 있는 사람들이 주변에 많을수록 좋다고 생각한다. 다양성은 여러분과 여러분의 동료가 좀 더 효율적으로 목표를 달성하게끔 도와주는 원동력이다.

통곡물 시리얼을 집어 든 이유

확실히 크건 작건 너무 많은 선택은 우리 뇌를 빨리 압박한다. 예를 들면, 대형 슈퍼마켓에 가서 시리얼이 놓인 진열대를 걸어봐라. 단순하게 여러분의 입맛을 자극하거나 다이어트 식단에 맞는, 혹은 이상적으로 둘 다 갖춘 새로운 시리얼을 선택하려는 모습을 상상해보자. 다양한 디자인으로 포장된 박스들이 여러분의 뇌를 압도할 것이다. 결국 여러분은 스트레스를 느끼는 지경에까지 이르러 "젠장, 통곡물 시리얼을 집어야겠군."이라고 말할 것이다.

결정의 열쇠는 여러분의 목표가 무엇인지 이해하고 그 목표에 우선 순위를 매기는 것이다. 이번 사례에서, 맛에 우선 순위를 뒀다면, 여러분은 건강에 좋은 맛 없는 시리얼을 제외시켜야 한다. 영양에 우선 순위가 있다면, 아쉬움을 뒤로 하며 통곡물 시리얼의 앞에 가고 싶을 것이다. 요점은 여러분의 목표가 어떤 사실이 덜 중요한지 걸러내는 데 도움을 주고, 수월하게 결정을 내리도록 해준다는 점이다. 목표는 무엇이 중요한지 집중하도록 도와주고, 좀 더 체계적으로 정리하는 데도 도움을 주기 때문에 나는 이 책에서 목표의 중요성에 대해 많이 이야기할 것이다.

이미 봤듯이, 우리 뇌는 참으로 아름답지만 그 한계 또한 크다. 뇌의 한계를 보상하기 위해 체계적인 정리 시스템을 발전시키는 게 중요한 이유다.

이상적으로 우리의 체계화 시스템은 우리에게 맞서 움직이고 있는 사회적, 직업적 그리고 교육적 구조 같은 또 다른 제약 조건들도 고려해야 한다. 또한 우리의 목표를 이루는 데 유용한 자원이기도 해야 한다. 우리를 위해 개발하려는 체계화 방법은 무엇을, 왜 하는지에 대한 우리의 물음에 답을 줄 수 있어야 한다. 그러기 위해서는 중요하지 않은 것과 초점을 맞춰야 하는 것에 대한 필터링의 중요성을 강조하고, 요즘 세상에서 급변하는 수단과 가능성의 변화를 고려해 볼 때 종이든 디지털이든 각각의 작업을 위한 최상의 도구가 가진 이점을 이용해 본다. 예를 들어, 나는 전통적으로 뇌에 저장하려고 했던 수많은 정보들을 인터넷에 맡길 수 있다고 주장하고 싶다. 다음 장에서 위에서 이야기한 모든 내용을 배워 보겠다.

자, 한 가지 묻겠다. 내가 앞에서 이야기한 '고도를 기다리며'가 초연된 연도를 기억하는가? 나아질 수 있으니 걱정하지 말라.

요약

- 우리의 뇌는 체계적으로 정리하려고 할 때 만나게 되는 가장 큰 과제 가운데 하나다. 뇌는 일부 정보의 기억과 멀티태스킹, 결정 내리기에 서툴다. 하지만 뇌의 한계에 맞출 수 있는 방법들이 있다.

- 우리 뇌는 종종 우리에 맞서 움직이기 때문에 어떤 기능을 하는지 이해할 수 있도록 도와준다. 그 이해는 체계화 스킬을 개선하려는 노력을 이끌어 줄 수 있고, 뇌가 우리에 맞서기보다는 우리를 위해 움직이도록 하는 체계를 고안하도록 도와줄 수 있다.

- 뇌는 시도 때도 없이, 여러분이 실제로 깨닫는 것보다 더 많은 것을 인식하고 있다. 일반적으로 우리에게 관련 있는 정보만이 의식에 만들어진다.

- 뭔가를 주목하면, 단기 기억에 들어간다. 단기 기억에 있을 때, 우리는 그 내용이 뭔가를 의미하거나 그것으로 뭔가를 하고자 할 때 결정할 수 있다.

- 뭔가를 기억하려면, 단기에서 장기 기억으로 옮겨야 한다. 이 작업

을 인코딩이라 부른다.

- 뭔가를 인코딩할 때 가장 좋은 방법은 이야기를 함께 연상하는 것이다. 이야기는 사실보다 기억하기가 훨씬 더 쉽다.
- 다시 떠올리기 위해 이야기를 활용하려면, 인코딩하기 전에 데이터의 일부분을 이용해 하고 싶었던 것에 대해 생각한다.
- 무엇을 기억해야 할지 결정하지 못해 갈팡질팡하는 사이 지적 능력은 낭비될 수밖에 없다는 사실을 기억하자.

2장
혼란스러운 세상을 극복하는 정리 방법

뇌는 효율적으로 정리해야 할 정보를 기억하게 하면서도 종종 여러분에 맞서 작용한다. 하지만 그게 다가 아니다. 여러분에 맞서 작용하는 외면적인 힘들은 또 있다. 단도직입적으로 말하자면, 효율적인 정리의 관점에서 볼 때 세상에 있는 모든 것들은 잘못됐다. 업무 구조는 효율적인 정리 방법에서 잘못됐고, 교육적/사회적 구조, 그리고 공동체의 구조도 잘못됐다. 비즈니스에 대해 폭넓게 가정하고 있는 내용 중 일부도 잘못됐다.

그 결과 여러분은 매일 잘못된 일을 하고 산다. 대부분의 삶에서 잘못된 걸 해왔기 때문에 깨닫지 못할지도 모른다. 어쨌든 여러분의 잘못이 아니며 고칠 필요도 없다. 우리가 살아가는 이 세상이 그러하며, 이런 세상에 대응할 방법을 고안하고 조절하는 것이 우리가 해야 할 일이다.

이처럼 모든 것이 잘못된 세상에서 살아가다 보니, 현대인의 스트레스가 어마어마하다는 사실은 그리 놀랍지도 않다. 잘못된 상황에 맞서 싸울 시간조차 충분하지 않으니 말이다. 우리는 오른손잡이 위주의 세상에

우리는 언제 터질지 모르는 폭약을
안고 살고 있네요
- 보니 타일러, 〈Total Eclipse of the Heart〉

사는 왼손잡이처럼 뒤로 물러설 공간이 없는 벼랑 끝에 선 채 위태롭게 살아간다. 좋게 말하면 체계적이지 않다는 것이고 나쁘게 말하면 패배라는 뜻이다.

예를 하나 들어보자. 아침을 깨우는 요란한 알람 시계 소리에 우리는 마치 이제 막 레이스를 시작하려는 경주마처럼 반응한다. 학교 수업이 8시 반에 시작하니 아이들을 준비시켜 학교에 보내고 나서야 9시까지 출근할 수 있다. 모두가 초조한 상태로 집 안에서 서두른다. 이메일 몇 통을 재빨리 전송하고 그 날의 일정을 캘린더에서 체크해본다. 또 아이들이 옷을 잘 갖춰 입었는지 도시락은 잘 챙겼는지, 또 숙제는 다 했는지 확실히 해 둔다. 마지막에는 가족 모두 제각각 자신에게 어울리는 옷을 입은 채 책가방과 도시락, 서류 가방을 챙겨 차에 올라탄다. 여러분은 고속도로와 합쳐지는 진입로를 쌩 하고 벗어나지만 곧 교통난 속에 하릴없이 시간을 보낸다. 다른 모든 사람도 직장에 가기 전에 아이들을 학교에 보내려 하기 때문이다. 전세계적으로 매일 펼쳐지는 이 장면은 놀랍게도 그 사람들과 사회에게 최적의 상태는 아니다.

또 다른 예도 있다. 매일 여러분은 카페인이 듬뿍 담긴 커피와 할 일이 적힌 긴 목록을 챙겨서 직장에 도착한다. 도착하는 즉시 책상에 앉아 컴퓨터를 켜고 밤새 도착한 수십 통의 이메일을 읽기 시작한다. 갑자기 회의에 참석하라는 소리가 들리는데 그 와중에 휴대폰 벨까지 울려댄다. 나도 모르는 사이에 점심시간이 되고, 해야 할 일 목록에서 삭제한 것은 아직 단

한 개도 없다.

하나 더 보자. 치열했던 하루의 끝에 새로 음식을 만들 만한 시간과 에너지를 가진 사람이 있겠나? 늦은 밤 남은 음식을 다시 데워 먹으려는 찰나, 1980년대에 구입했던 전자레인지가 결국 수명을 다하고야 말았다. 결국 다음 날 새 제품을 사러 상점으로 향했다. 그러면 상점에서는 현재 여러분의 집에 전자레인지가 있는 바로 그 자리에 21세기에 탄생한 전자레인지를 배달해준 후, 전문 기사를 파견해 설치해줄 테니, 서비스 센터와 약속을 잡으라고 일러준다. 여러분은 하루 중 얼마 되지 않는 시간 중에 짬을 내 전자레인지를 배송 받으려 설치 서비스 센터에 전화하겠지만, 수화기 너머로 돌아오는 소리는 자동 응답기 소리일 뿐이다. 결국, 서비스 센터의 누군가가 집 전화기로 회신을 주지만 불행하게도 수요일 오후 3시라 여러분은 회사에 있다. 집에 와서 메시지를 들을 때면 서비스 회사는 문을 닫은 시간이라 또 다시 자동 응답기로 넘어간다. 이렇게 똑같이 반복되는 일상 속에, 여러분은 기사와 방문 약속을 잡지 못한 채 작동하지 않는 두 개의 전자레인지만 바라볼 수밖에 없다. 이 얼마나 속 쓰리고 안타까운 상황이란 말인가!

이 세 가지 이야기가 연관 없는 것처럼 보일 수도 있지만, 실제로는 9시부터 5시까지의 하루를 어떻게 보내는지에 대해 보여주는 수많은 사례 중 일부를 고른 것이다. 크건 작건 잘못된 우리 사회 구조에 깊이 뿌리 박힌 지루한 일상의 모습인 셈이다.

그렇다고 업무 구조가 항상 잘못된 것만은 아니다. 우리가 우리 사회와 문화, 그리고 요즘 세상의 현실에 맞는 업무 구조를 상당 부분 채택하지 않았기 때문에 업무 구조가 그런 방식으로 진화한 것이다. 실제로 우리가

원하는 방식과는 다른 형태로 세상이 구조화된 탓에(효율적으로 정리되지
않은 탓에) 우리의 뇌는 혹사당할 수밖에 없
다. 예기치 않았던 것을 다루는 심리적인 능
력을, 우리는 거의 넘어서지 못한다. 스트레
스를 받을수록 더욱 허둥댈 뿐이다.

9시부터 5시까지, 생계를 꾸리는 기발한 방법

어떻게 이런 상황에 처하게 된 것일까? 산업혁명에서 발달한 월요일부터
금요일까지, 9시부터 5시까지의 모습을 한 번 살펴보자.

혁명은 1700년대 말 영국에서 시작됐다. 1800년대에는 프랑스와 벨기
에, 독일, 미국 그리고 다른 번창한 나라들까지 퍼졌고 그 영향은 엄청났
다.[1] 새로운 산업이 발전하면서 새로운 물건이 거래되기 시작했고, 이전에
는 없던 사회 계층, 마을, 도시가 생겨나며 새로운 방법으로 이들 도시를
여행하고 도시 간 소통이 일기 시작했다.

산업혁명 초기 10년에는 대부분 오전 10시부터 오후 4시까지 근무했
고, 밤중 교대도 일상이었다.[2] 그 당시에는 24시간 내내 공장을 돌려 결
과물을 얻어내는 사업자가 최고로 성공한 사업자로 대우받았다. 그러던
1881년의 어느 날, 프레드릭 윈슬로 테일러Frederick Winslow Taylor라는 25살
의 청년이 나타난다.[3] 미드베일 철강 회사Midvale Steel Works의 노동자였던 테
일러는 처음으로 과학적인 관리 보고서를 작성했다. 테일러는 수시로 시간
을 확인하고 이를 메모해가며 공장 노동자들의 근무 시간과 이들의 노력

여하를 분석했다. 그러고는 근로자의 최소 동선을 기준으로 업무를 나눠봤다. 그리고 이 방식으로 근로자의 움직임을 줄여 좀 더 생산적인 방향으로 작업을 분배하고 경제 규모를 발전시킬 수 있다고 생각했다. 또 가능한 한 공장 내 다양성을 줄이고 작업을 획일화할 경우 생산성을 높일 수 있다고 결론지었다.

> 계속 움직여 / 지쳐 쓰러질 때까지
> - 파인 영 카니발스, 〈I'm Not Satisfied〉

테일러의 이론은 혁명적이었다. 효율성은 비즈니스 업계가 신봉하는 절대적인 종교로 부상했고, 테일러는 이 종교의 교주와 같은 인물이 됐다. 산업 내 다양화는 효율성의 천적과 같았으므로 모든 업계는 획일화돼 갔다. 테일러리즘이라 알려진 이 과학적인 관리 방식은 곧 전세계의 산업화 도시로 퍼져나갔다.[4]

결국, 테일러리즘의 영향 아래 있었던 생산자들은 조립 라인에서 첫 번째 운동을 내세웠다. 현재 생산 파트는 반대로 노동자들에게 옮겨졌고 공장들은 막대한 생산성을 얻을 수 있다는 사실을 깨닫기 시작했다. 자동차 회사 포드는 종전에 자동차 한 대당 728분의 제작 시간이 걸리던 것과 비교해, 1914년에는 T 섀시T Chassis 모델을 93분 만에 만들 수 있는 조립 라인을 개발했다.[5]

조립 라인에서 일하는 근로자들은 여러 명이 동시에 같은 장소에 모여 일을 해야 했다. 즉 엔진에 점화 플러그를 설치하는 근로자가 정오에 출근했다면, 그 날 아침에 조립된 자동차 중 시동을 켤 수 있는 차는 (점심 전까지) 한 대도 출고될 수 없다는 뜻이다. 모든 근로자를 같은 장소에 같은 시간에 출근해 근무하도록 함으로써 공장 내 다양성을 없앤 것이다. 후에 하루 8시간 이상 근무를 반대하는 노동 운동이 일어난 후에야 지금의 주 40

시간 근무 체제가 탄생했다.

자, 9시부터 5시까지 근무하는 현재에 이르기까지의 과정을 잘 이해했으리라 믿는다. 타당한 이유를 근거로 발전한 근무 체제다. 테일러가 주장한 대로 공장은 더 많은 결과물을 낼 수 있었으며 효율성은 증가했고, 더불어 기업은 더 높은 이윤을 얻을 수 있었다.

잔업과 9시부터 5시까지, 혹은 점심 시간을 포함해 8시부터 5시까지의 근무 시간은 비산업 분야의 많은 사업에서도 적용되고 있다. 테일러리즘은 교육에도 영향을 끼쳤다. 학생들은 조립 라인에서 근무하는 근무자와 같은 생활로 살아가고 있으며, 학교는 학생들이 이런 상황에 잘 적응할 수 있게 가르친다. 획일화된 수업 시간 동안 모두 똑같은 책과 과제를 받으며 공부하고 동일한 숙제를 받아온다. 조립 라인 시스템이 그대로 교육에 적용된 덕분에 창의적인 아이들을 모두 똑같은 모습을 한 일벌레 로봇으로 키우는 불상사를 낳은 것이다.

다시 떠올려 보자. 하루 9시부터 5시까지, 주당 40시간씩 일하는 근무 체제를 탄생시킨 조립 라인 시스템을 고안한 산업혁명 이후, 우리는 공장에서 일하지 않는 데다 원할 때면 언제 어디서든 일할 수 있는 새로운 기술이 있는데도, 주당 40시간 근무를 여전히 가장 효율적인 업무 방법으로 알고 살아간다. 정형화된 주당 40시간의 근로 시간에 대한 우리 의지가, 끝없는 교통체증과 아이 돌보기에 대한 제약 조건을 이끌고, 매일의 일상에 스트레스를 가져오지만 말이다. 제 발로 목을 죄고 있는데도 우리는 왜 여전히 9시부터 5시까지라는 똑같은 고전 가요에 맞춰 계속 춤을 추고 있을까?

"회의가 있기 때문에"라고 답하겠는가? 어느 정도는 사실이다. 일관적으로 겹치는 시간이 일부 필요하므로 함께 모여 기획과 문제 해결 방법, 결속력을 얻어내고, 불가피하게 사장에 맞서 역적모의를 할 수도 있다. 또 구글과 애플 같은 회사들처럼, 사람들은 그 자체로 그 곳에서 일하는 이유가 될 수 있는 독특한 문화를 회사에 제공하기도 한다.

　다른 논쟁거리도 있다. 적어도 전화 응답과 같은 고객 서비스는 종종 멀리 떨어진 외국에 위탁했다 해도, 비즈니스는 여전히 공급자와 클라이언트, 고객이 활용 가능한 표준 시간 안에서 협력 기능을 조절할 필요가 있다.

테일러와 선철을 다루는 과학

우리에게 체계적인 정리와 효율성에 대한 모든 것을 가르쳐준 프레데릭 윈슬로 테일러라는 청년은 누구일까?

프레데릭 윈슬로 테일러는 1856년, 변호사와 폐지론자의 아들로 필라델피아에서 태어났다.[6] 똑똑한 아이였던 테일러는 하버드에서 법률을 공부했지만 밤에 너무 많이 공부한 탓에 시력을 잃어 학교를 떠났다. 1875년 시력을 되찾은 테일러[7]는 펌프 제조 회사에서 모형 제작자의 견습생이 됐고, 3년 뒤 미드베일 철강 회사에 취직해 그 곳에서 정기적으로 승진했다.

테일러는 미드베일에 몸 담으면서 1881년, 공장 근로자들이 자기 일을 어떻게 해내는지 가까이에서 관찰해 첫 번째 과학적인 관리 보고서로 신뢰받는 내용을 완성했다. 그 연구 결과는 학교, 그리고 현존하는 다양한 체계적인 정리의 모든 형태에 대해, 테일러가 만들고 발전시킨 가이드 원칙의 기초가 되었다.

어쨌든 노동자들은 생각할 능력이 없었기 때문에, 관리자들은 모든 사고 방식을 담당하고 노동자들은 작업에만 매달려야 한다고 테일러는 믿었다. 예상하듯이 테일러는 동료들과 조직으로부터 사랑받지 못했다. 테일러는 청문회에서 다음과 같은 말을 했다.

"나는 주저하지 않고 말할 수 있다. 선철을 다루는 과학은 육체적으로 선철을 다룰 수 있는 사람에게 잘 맞고, 그 과학을 좀처럼 이해할 수 없는 위치에 있는 사람에게 적용하는 것은 굉장히 무기력하고 어리석다."[8]

테일러는 미드베일을 떠난 뒤, 후에 수석 경영 컨설턴트 가운데 하나가 된 매뉴팩처링 인베스트먼트(Manufacturing investment company, 1890-1893)에서 총괄 책임자가 되었다. 테일러는 1915년에 세상을 떠날 때까지, 지금도 발행되고 있는 『과학적 관리론』(The principles of Scientific Management, 1911)을 비롯한 몇 권의 성공적인 책을 쓰고 40개가 넘는 특허를 획득했다. 이 책은 여전히 아마존 킨들에서 내려받을 수 있다.[9] 이 얼마나 효율적인가?

경영과 인사부 역시 업무 수행 능력을 측정할 필요가 있다. 모두가 저마다 다른 시간에 일한다면 어떻게 업무 수행 능력을 측정할 수 있을까? 그리고 여러분 회사를 포함한 많은 사람은 단지 계속 집중하기 위해 공식적인 업무 구조를 원하지 않는 것일까? 첫 번째 질문에 대해 나는 근로자들이 작업일 내 실질적인 시간에서 따로 나온 결과물의 양과 품질을 통해서, 대부분의 직업들에 대한 업무 수행 능력을 비교적 쉽게 측정할 수 있다고 답하고 싶다. 그리고 두 번째 질문에 대한 답으로, 회사에서나 집에서나 본인만의 시간에 일하도록 할 때 더욱 집중하고 좀 더 생산적인 결과를 내는 사람들을 많이 알고 있다.

많은 고용주가 근로자들을 믿지 않는다는 사실처럼, 비즈니스 업계가 9시부터 5시까지를 고집하는 다른 이유들도 있다. 고용주들은 같은 시간에 모두가 회사 내에 있길 원하고, 아무도 빈둥거리지 않고 일만 하길 원한다. 도대체 이해할 수가 없다, 왜 못 믿는 사람을 고용한 것일까?

하지만 결국, 나는 그런 사고 방식이 우리 문화에 깊이 배어 있기 때문에 우리가 9시부터 5시까지의 일과에 집착한다고 생각한다. 근본적인 변화를 만들기보다는, 이상적이지는 않지만 그럭저럭 괜찮은 결과를 내는 데 안주하는 경향이 어떻게 나타나는지 보여주는 완벽한 사례다. 작은 일에 안주하기Satisfice는 만족하다satisfy와 충분하다suffice의 합성어다. 새로움을 위해 9시부터 5시까지의 일과를 집어 던져야 한다는 생각과 좀 더 유연한 모델을 개발하자는 생각만으로도 우리의 뇌는 압박을 느낀다. 변화 과정이라는 자체가 우리에게 스트레스를 주고 뇌에 부담이 될 수 있기 때문에 변화를 좋아하기보다는, 이미 알고 있는 9시부터 5시까지의 제약 조건에 우리 삶을 맞추기가 더 쉬워 보인다.

물론 9시부터 5시까지의 일과표를 깨기 위한 노력들도 있었다. 브로드밴드 인터넷과 저렴한 통신비, 컴퓨터 가격 등은 집에서도 일할 수 있는 환경을 만들었다. 하지만 재택 근무자들도 여전히 너무 자주 9시부터 5시까지의 제약 조건 내에서 조율한다. 중간중간 TV를 좀 시청하고, 개와의 산책으로 휴식을 취하면서, 단지 체육복을 입고 집에서 일할 뿐이다.

9시부터 5시까지로 굳어진 근무 시간 덕분에 세계 경제의 글로벌화도 어려움을 겪는다. 똑같이 9시부터 5시까지의 구조를 따르는 다른 시간대의 외국 회사들과 거래하기 때문에 글로벌화는 오히려 야근을 부추기는 상황이다.

어쨌든 나는 이 문제에 대한 분명한 해결책도 없을뿐더러, 지구 온난화나 세계적인 기아 문제에 대한 답안도 갖고 있지 않다. 9시부터 5시까지의 구조에서 완전히 자유롭고자 하는 바람을 가지기 전에 사회에 대해 극복해야 할 많은 장애물이 있다. 우리 가운데 누구도 세상이 움직이는 방식을 단독으로 바꿀 수는 없다 해도, 그 방식이 우리 삶에 다가오면 스스로 깨닫는 것보다 종종 더 많은 조절을 하게 된다. 다시 말해, 9시부터 5시까지의 덫에 갇힌 스스로를 발견하면 고용주나 간부에게 시간을 바꾸거나 일주일에 한두 번은 집에서 일할 수 있도록 해달라고 말할 수 있다. 또 통신회의와 화상회의, 혹은 재택근무 옵션도 요청할 수 있다.

여러분이 일해야 하는 시간을 말하고자 하는 것이 내 목표는 아니다. 오히려 업무 방식이 여러분을 위해 굴러가는 쪽으로 구조화 돼 있는지 살펴보고, 그렇지 않다면 뭔가를 요구하라고 용기를 주고 싶다. 이쯤에서 체계적인 정리에 대한 내 다섯 번째 원칙을 소개한다.

항상 같은 방식을 고수할 필요는 없다

원칙을 풀어 말하자면, 지금껏 그래 왔으니 계속 9시부터 5시까지라는 근무 체제를 따라야 한다는 주장은 근거가 약하다는 뜻이다. 사실 이 해석은 꽤 나쁜 생각이다. 좀 더 현명한 전략은 교통난을 줄이고 아이 돌보는 일을 좀 더 단순하게 만들며, 더욱 생산적으로 능력을 끌어올리는 방법이 될 것이다. 불행하게도, 이러한 목표들은 세계적으로 미리 결정된 스케줄 안에서는 찾기 어렵다. 그 이유를 설명하는 또 다른 사례가 있다.

아이들에게 여름 방학이 필요한가?

21세기에 체계적인 정리에 대한 책을 읽는 대부분의 사람들은, 밭에서 일하기 위해 휴가가 필요한 아이들을 키우지 않을 것이라고 장담한다. 하지만 미국에 있는 대부분의 학교들이 여름방학이라는 이름으로 매년 학생들에게 휴가를 주고 있다. 방학은 오늘날 우리 사회에 대한 잘못된 구조의 또 다른 사례다.

산업혁명 이전에는 경제의 대부분이 농업과 관련 있었다. 그런 분위기에서 미국 농사 공동체에 있는 학교들은 봄에 수업을 중단하고, 아이들이 부모의 농작물 경작을 도울 수 있게 했다. 학교는 가을로 접어드는 늦여름에 또 다시 학생들이 수확을 돕도록 했다.[10] 이런 휴식들은 점점 하나의 긴 여름 방학으로 합쳐졌다. 기술적인 진보가 우리의 경제를 농사에서 공장, 서비스와 정보 산업으로 바꿔놨음에도 불구하고 전통은 계속되고 있다.

아이들에게 방학으로 필요한가? 아이들에게는 핑크 플로이드의 노래 가사처럼 벽을 이루는 또 다른 벽돌이 되기보다는 아이들이 되기 위한 휴가가 필요하다. 방학 동안 가족 모두가 디즈니 월드에 갈 수 있도록, 여러분은 여름에 아이들과 떠나고 싶어 한다. 그리고 청소년들은 대학 등록금을 모으는가 하면, 잘 팔리는 기술을 발전시키고 책임감을 갖는 방법도 배우도록 여름 아르바이트가 필요하다.

여러분의 논쟁이 들린다. 여행을 떠나는 방학, 정말 좋다. 하지만 여름 방학이 길수록, 실질적으로 아이들과 부모의 스트레스는 쌓여만 가는 데다 비생산적이기까지 하다. 여름 방학 몇 달 동안 모두가 똑같은 때에 휴가를 가진다는 점에서, 9시부터 5시까지의 일과를 토대로 했던 똑같은 문제가 그런 상황을 유발한다. 매년 여름 주말마다 햄프턴Hamptons이나 케이프Cape로 향하는 가족들로 꽉 차 길게 늘어선 모든 형태의 교통 체증을 떠올려 보자. 어떻게 휴가에 스트레스가 더 심할 수 있나? 하지만 그게 현실이다.

게다가 여름 방학은 직장을 다니는 부모에게 낮 시간 동안 아이를 돌봐줘야 하고, 무엇인가 아이들에게 생산적인 일을 찾아줘야 한다는 압박감을 느끼게 하는 시간이다. 여름 내내 부모들은 아이들과 함께 하기 위해 퇴근을 일찍 하거나 휴가를 더 내야 한다는 스트레스를 받을 수 있다. 짧은 시간에 똑같은 분량의 일을 해야 하는 만큼 여유 시간이 없어져 일터에서의 시간이 더욱 힘들게 느껴지기도 한다.

재정적인 타격도 있다. 여름 내내 아이들의 스케줄에 맞추기 위해 더 긴 휴가를 쓰는 부모 가운데 특히 시급을 받거나 1인 고용자일 경우 수입이 줄어들 수 있다. 아이들을 여름 캠프에 보내는 비용 역시 만만치 않다.

그리고 여름방학이 끝나면, 내가 매년 수학을 붙잡고 살았던 것처럼 방학 이전에 배웠던 많은 내용을 잊었을지도 모르는 아이들을 때려주게 될지도 모른다. 결국 수년 동안 여름을 한가한 시간으로 보내는 데 익숙한 학생들은 졸업을 하자마자 노동자가 된다. 긴 여름의 시간을 체계적이지도 않고 생산적이지도 않게 보낸 몸에 박힌 생활 습관에서 벗어나기가 쉽지 않다.

다시 말하자면, 오래 전에 구식이 된 시스템을 사회적, 기술적인 진보를 통해 계속 따르고 있기 때문에, 우리는 삶에 있어 스트레스를 더해가고 있다. 볼 수 없어도 우리는 어디서 스트레스가 나오는지 알고 있다.

몇 년에 걸쳐 학교 여름방학을 바꾸기 위한 노력이 있어 왔다. 예를 들어, 미국의 몇몇 학교에서는 1년 내내 3주의 방학과 함께 변동 가능한 9주짜리 수업으로 구성된 학기를 운영하는 '40-5-15' 모델을 도입했다.[11] 이 모델에서 아이들에게는 언제라도 방학이 있다. 지지자들은 40-5-15 시간표를 따른다면, 교사와 교직원이 아이들에게 더 집중할 수 있다고 주장한다. 하지만 내가 언급했던 모든 단점에도 불구하고, 대부분의 부모는 여름 내내 아이들과 떠나고 싶어했기 때문에[12] 이 40-5-15 모델은 절대 실질적으로 제대로 시행되지 못했다.

여름방학 딜레마의 답변은 뭘까? 어떤 개인이 가질 수 있는 것보다 훨씬 광범위한 문제인 만큼 다시 한 번 미안하게도 내게는 방법이 없다. 하지만 스스로에게 몇 가지 중요한 질문을 던져서 해결책을 찾아볼 수 있다. 모든 학생이 정확히 같은 시기에 방학을 맞이해야 할까? 학교가 1년 내내 아무 때나 단기간의 방학을 함께 운영하면 어떨까? 여러분의 삶과 가족이 함께 하는 시간, 그리고 가장 중요한 아이들의 교육을 담고 있는 학교 시간표에 신선하게 접근할 수 있도록 영향력을 주는 건 무엇일까? 아니면 좀 더 솔깃하게 말해서 농사 때문에 학생들에게 방학이 필요하다는 낡은 가정 대신, 학습에 있어 우리가 원하는 방법에 맞춰 학교가 체계적으로 정리하도록 만드는 게 좋지 않을까?

그리고 체계적으로 정리된 교육 시스템 중 상당수가 요즘 시대에 맞지 않는다. 그럼에도 지금까지 우리는 이 시스템에 붙잡혀 있었다. 그저 단순히 '언젠가는 변하겠지'라는 헛된 기대만 하고 살아갈 뿐이다. 하지만 9시부터 5시까지의 근무시간과 마찬가지로, 여러분과 여러분 가족에 대한 부정적인 효과를 완화할 방법은 있다. 아이가 어리다면, 부모들이 돌아가며 감독 임무를 맡으면서 이웃들과 함께 아이들의 여름 놀이 그룹을 조직할 수 있다. 통근 시간도 줄이고 어린 아이를 계속 지켜볼 수 있도록 여름 동안 일주일의 며칠은 집에서 일하도록 조정할 수도 있다. 그리고 언제나 여름 학교가 있다. 분명 여름 학교는 나중에 아이들이 부모를 원망할 수도 있는 빌미를 제공한다 해도 말이다.

교통난에 발이 묶인 고성능 자동차

몇 가지 진보적인 기술은 자동차보다 우리 사회에 더 큰 영향력을 가져왔다. 그리고 뜻하지 않게 만들어진 차는 사회 구조와 더불어, 내가 만든 요즘 우리 세상에서 잘못된 것들의 리스트에서 상위를 차지한다.

자동차는 우리가 어디서 어떻게 살아가고 일하며 쇼핑하고, 즐기고 기도하는지에 대한 모든 것을 바꾸었다. 모든 것은 1885년에 첫 번째 실용 자동차를 발명한 칼 벤츠^{Karl Benz}라는 독일인으로부터 시작됐다.[13] 후반기에 메르세데스 벤츠^{Mercedes-Benz}라고 불린 벤츠가 처음 만든 자동차는 세 바퀴 모델이었다.

시간이 지나면서, 바퀴는 4개로 늘어났고 더욱 현대적인 모습으로 변해왔으며 가격도 조절됐다. 미국에 있는 대부분의 가족들은 얼마 지나지 않아 차 한 대씩을 보유했다. 전에 없이 장거리를 빠르고 더욱 편리하게 여행할 수 있게 되면서, 우리는 도심에서 더 멀리 떨어진 곳에서 살기 시작

> 당신에겐 성능 좋은 자동차가 있어 / 하지만 날아갈 수 있을 만큼 빠른가?
> – 트레이시 채프먼, 〈Fast Car〉

했다. 하지만 자동차를 제작한 회사들은 외국 원유에 대한 의존도와 지구 온난화, 그리고 교통 체증과 같이 이후에 발전하게 될 문제에 대해서는 고려하지 않았다. 그리고 지구를 해치고 우리 삶에 스트레스를 더한다고 해도, 우리는 여전히 옮겨갈 건물을 짓고 이러한 통근권 공동체에 살고 있다.

자동차는 기본적으로 이동 시간을 줄여 우리를 자유롭게 해주며 동시에 레저 시간을 늘려 삶을 즐길 수 있게 해주는 기계로서 세상에 나왔다.

하지만 의도치 않게 시내 중심에 모여있던 생활권을 교외로 넓혀주는 역할까지 하게 됐다.

자, 교외라면 여러분이 살고 있는 집과 비슷한 집에 살며 여러분과 라이프스타일 또한 비슷한 사람들이 서로 이웃으로 살아가는 마을이 아닌가? 그러나 현실은 아이러니하게도 서로 얼굴을 마주보고 이야기할 시간도 없이 바쁘며 서로의 집을 오가기엔 집이 너무 떨어져 있는 탓에 이웃이 누군지도 모르고 살아가는 모습이 바로 현실 속 '교외'의 모습이다.

자동차 때문에 아이젠하워Eisenhower 행정부가 1956년에 개통한 인터스테이트 고속도로 시스템Interstate Highway System이 만들어졌다.[14] 고속도로 덕분에 우리는 부모와 조부모, 고향 친구들, 사업 관계자와 같이 일반적으로 알고 지내는 사람들과 멀리 떨어져서도 살 수 있게 됐다.

나도 여러분만큼 내 차를 사랑하고 있으니 이상하게 보지 말아주길 바란다. 하지만 자동차가 수만 킬로미터의 고속도로와 거리를 넘어 우리 삶을 흩어지도록 한다는 점은 분명히 해두자. 여기에 9시부터 5시까지의 근무 시간과 학교, 그리고 낮 돌봄 시간표가 더해져 생산성을 엄청 잡아먹고 스트레스의 주요 원인인 정체 상태를 만든다. 우리가 출퇴근에 매일 평균 52분을 쓰는 방식을 생각해 보자.[15] 일주일 동안 하루 근무 시간인 8시간의 절반인 4시간이 훌쩍 넘는 시간을 차 안에서 버리고 있는 셈이다.

물론 발전은 있다. 가스 가격이 오를수록, 비즈니스와 가정, 상점, 학교, 그리고 교회 무리에 가까운 공동체에서는 스마트 성장 계획에 관심을 갖는다. 1960년대와 70년대에 일어났던 도시 탈출의 흥미로운 전환에서, 사람들이 시내 중심으로 다시 돌아가는 현상이 늘어났다. 그리고 우리 대부분이 적어도 시간에 따라 집을 떠나 일하고 있다. 모두 긍정적인 발전이지만 최근 구조를 발전시키는 데 10여 년이 걸린 만큼 다른 변화에 또 10년이 걸릴 것이다.

물론 자동차들을 완전히 없앨 수는 없다. 다만 창의적인 방법을 찾아내 자동차를 덜 사용할 수는 있다. 예를 들어, 이탈리아의 레코Lecco라는 도시는 피에디부스piedibus 노선을 조직하고 재정을 들여, 도로에서 스쿨버스를 없애고 자동차 사용을 줄이는 현명한 방식을 찾아냈다.[16] 이탈리아어인 피에디부스를 해석하면 '발 버스'라는 뜻이다. 지역의 환경 그룹이 제안한 이 아이디어는 학교 어린이들에게 어른 관리자와 함께 정해진 길을 따라서 학교까지 걸어가도록 한 것으로 더 이상 부모에게 차로 바래다 달라고 할 필요가 없었다. 피에디부스는 적어도 일부 자동차 때문에 생겼던 교통 체증과 탄소 배출량, 그리고 아동 비만이라는 세 가지 부정적인 사회 경향에 대응하도록 했다. 이탈리아에서의 성공으로, 피에디부스 개념은 저마다 다른 이름으로 프랑스 일부 지역과 영국, 그리고 미국까지 퍼졌다. 무심코 만들어진 진보적 기술의 문제를 극복하기 위해 사람들이 함께 움직인 방법을 잘 보여준 고전적인 사례다.

지식이 힘이었던 그 시절

프레데릭 테일러는 자신이 만든 과학적 관리의 혁신성을 사회적으로나 개인적으로 나쁜 것처럼 특징짓지 않았다. 테일러는 가능한 한 많은 사람이 좋은 직업을 갖고 그 안에서 성공해야만 과학적인 관리가 가능해진다고 말했다. 지식이 힘이었고 그 지식을 얻기도 힘들었던 세상에서 다른 세계

관에 반응했던 것뿐이다.

한 때는 지식이 힘이었다. 신문이 발행되기 전이었고, 도처에 학교가 널리지도 않았으며 대부분의 사람들이 읽을 수도 없었던 그 당시에는 지식을 쉽게 얻고 활용하기 어려웠다. 그래서 겨우 몇 명의 사람들만이 가질 수 있었던 지식의 힘은 굉장히 강력했다.

1600년대에 석공이 되기로 결심한 여러분의 모습을 상상해보자. 먼저 석공 장인의 무릎 아래에서 고생하는 견습생으로 시작한다. 장인은 급여를 주지 않는 대신 본인의 일을 전수해주고, 자신의 집에서 여러분에게 식사와 잠자리를 제공한다. 석공 장인은 여러분에게 지속적으로 일을 시키면서 본인이 하고 싶은 대로 다 할 수 있다. 그 장인은, 생계를 위해 여러분에게 필요한 지식을 알고 있는 유일한 사람이다. 지식을 갖고 있기 때문에 장인은 힘이 있고 여러분은 그렇지 않다.

약 7년이 지난 뒤 견습생활이 끝났다.[17] 이제는 다음 단계로 한 발짝 나갈 때다. 아마 현재 여러분은 석공 장인의 직원이거나 자신의 기술을 연마하고 지식을 좀 더 쌓으며 이 마을 저 마을을 떠돌고 있다. 그렇게 또 몇 년이 지난다. 결국 석공 장인이 되기 위한 지식을 갖췄다. 다행이다. 이제 여러분은 힘을 가졌다. 여러분은 자신만의 견습생을 맞이할 준비를 마쳤고 다음 세대에 지식을 넘겨주며, 그 시절에 주어진 짧은 삶은 곧 끝난다.

그리고 수십 년간 그러한 주기가 지난 다음, 낱개로 된 활자들이 나왔다. 인쇄 기술이 책과 함께 신문과 잡지까지 쏟아내기 시작하면서, 지식은 더 이상 쉽게 억제되지 않았다. 인쇄된 글은 우리가 예상할 수 없었던 방법으로 우리 사회를 바꿔놓았다.

시간이 지나면서, 발행 정보는 상상하는 어떤 주제로도 활용이 가능해졌다. 그리고 정보를 얻으려는 평범한 사람들을 위해 급격하게 가격이 저렴해졌고 좀 더 쉬워졌다. 학교가 늘어나기 시작하면서 더 많은 아이가 글 읽는 법을 배웠고 새로운 기회가 나타나기 시작했다. 원하지 않는다면 여러분은 석공이 될 필요 없이 또 다른 기술을 익힐 수 있다. 그리고 그 기술을 마을에 있는 장인에게 배울 필요도 없다. 지식이 넓게 퍼지면서 지식을 갖고 있던 사람은 더 이상 소수가 아니다. 다시 말해, 장인들의 힘이 예전만큼 강력하지는 않다는 의미다.

모든 사람이 TV와 지식을 같은 문장으로 쓰지 않는다고 해도, 라디오와 신문, TV, 인터넷을 포함한 매스 미디어의 새로운 형태는 수년 동안, 지식이 널리 퍼지는 데 한몫 했다. 그 결과 사람들은 특성화한 지식을 좀 더 수준 높게 발전시키기 시작했고, 본인들이 믿는 전문성은 계속해서 사람들에게 힘을 실어줬다.

하지만 저 시나리오에도 문제는 있다. 선진국에 사는 많은 사람은 전 세계의 정보에 쉽게 접근할 수 있고 통신 비용은 저렴해졌다. 그리고 비록 전문적인 지식이 권력을 주지는 않는다 해도 우리에게는 다양한 교육적 선택 사항이 있다. 사실상 여러분은 더 이상 본인만의 지식을 발전시킬 필요가 없을지도 모른다. 지금 당장 구글에 접속해서 누군가의 지식을 빌리면 되기 때문이다. 어쨌든 여기서는 스킬에 대해 말하지 않으려고 한다. 여러분이 얻은 지식의 활용 방법에 그 가치가 있기 때문이다. 여기서는 지식 획득 그 자체에 대해 이야기해보겠다.

다시 말해 쉽게 활용할 수 없었을 때의 지식은 힘이었고, 견습 생활은 지식을 얻는 기초 과정이었다. 하지만 통신의 발달로 넓어진 시대에, 지식은 단순히 오랫동안 힘을 유지하기 위해 급속도로 퍼져나간다. 그래서 머릿속에 엄청난 지식의 양을 쑤셔 넣으려고 노력할 필요가 없다. 가장 효과적인 전략은 지식을 저장하고 체계적으로 정리하는 시스템을 만들어서, 필요할 때마다 접속하거나 상기할 수 있는 방법이다. 어떻게 해야 하는지에 대한 구체적인 내용은 2부에서 다룬다.

책이 아니라 강연이었다면, 나는 여러분 중에 지식이 힘을 준다고 믿거나 믿었던 사람이 얼마나 되는지 지금 손을 들어보라고 하고 싶다. 여러분 모두 그렇다면 시간이 걸리겠지만, 들고 있는 손을 다 센 후 나는 소심하게 내 손을 들어야 한다. 나 역시 스스로 덫에 사로잡혀서 병원에 실려간 적이 있기 때문이다.

종이 울리고 내 혈관은 터졌다

2004년 1월 당시, 나는 몇 달 동안 구글의 CIO로 자리잡고 있었다. 하루 일과를 마친 어느 금요일 늦은 오후, 당시 구글의 CFO였던 조지 레예스의 전화를 받았다.

조지는 "회의에 와 줬으면 좋겠소."라고 말했고 나는 "물론이죠. 언제면 될까요?"라고 대답했다. 나는 사업만큼 중요한 절친의 결혼식에 참석하기 위해 오는 월요일에 유럽으로 떠날 참이었다.

"지금 괜찮겠소?"

나는 한숨을 쉬고, 함께 있던 친구와 헤어진 뒤 다시 회사로 향했다. 회의는 투자 상담사와 조지, 그리고 몇몇 구글 관계자들로 가득 찬 회의장에서 이미 열려 있었다. 구글의 공동 창립자인 래리 페이지의 상장 기업 프로젝트에 대한 '미친' 아이디어를 두고 모두가 떠들썩했다. 모여있는 모든 사람이 우리가 이 프로젝트를 할 수 있을지 궁금해 했다.

논의는 전문적으로 이뤄졌고 나는 프로젝트 착수에 참여할 수 있는 기술에 대해 상세한 질문을 받았다. 모두가 나를 바라보는 가운데, 나는 대답하면서 이처럼 굉장히 중요한 자리에서 내가 특별한 지식, 그러니까 힘을 가졌다고 믿기 시작했다. 그리고 꽤 높은 자리에 고용되면서, 나는 동료들에게 내 가치를 입증하고 싶었다.

그래서 기업 공개IPO 시도까지 내 역할을 넓혔다. 몇 달 동안 나는 두 가지 역할을 병행했다. 하나는 채용된 분야에서 맡은 일이었고, 또 하나는 기업 공개와 관련해 예상하는 작업이었다. 구글이 상장되기까지 6개월 동안, 나는 제대로 먹지도 않고 정기적으로 운동하지도 않았다. 적어도 일주일에 3일은 야근을 했고 마운틴 뷰Mountain View에 있는 구글 본사 근처의 호텔방에서 무너졌고 지쳐갔다. 전날보다 더 피곤하다 해도, 단지 제일 먼저 일터로 돌아가기 위해 자려고 애썼다. 그리고 굉장히 극심한 두통과 현기증도 수없이 겪었고, 모든 프로젝트가 끝나기도 전에 살이 약 16kg이나 빠졌다. 내가 언급하려는 건 'IPO 이전에 살 빼기 작전'이 아니다. 한 마디로 나는 엉망이었다.

결국 동료의 제안에 따라 나는 일부 도움을 얻을 수 있었고, 동료는 나를 도와줄 만한 작은 팀을 재빨리 꾸렸다. 젖은 모래밭에 빨려 들어가고 있는 오랜 영화 속 정글 탐험가가 된 듯한 느낌이었던 나는, 누군가가 내게 밧줄을 던져준 것 같았다. 하지만 마음 속으로는 그 밧줄이 필요하다고 믿지를 않았다. 나는 그랬다.

영웅들은 매일 한 명씩 죽어간다
- 래그와곤, 〈The Kids Are All Wrong〉

시간은 흘러 2004년 8월 19일, 상장 기업으로서 구글의 첫 날이 시작되도록 뉴욕에 있는 나스닥 증권 거래소에서 벨을 울리기 위해 참석한 회사의 팀 구성원 사이에 나도 포함돼 있었다. 특히나 길고 험난했던 이 여정의 끝에 마침내 도달하기 위한 아주 신나는 경험이었다.

다음날 나는 여자 동료 두 명과 함께 공항으로 떠났다. 내가 차의 뒷좌석에 올라 탔을 때, 두 여인은 마치 내 눈에서 피라도 나는 듯이 노골적으로 무서워하며 나를 바라봤다. 그 중 한 명이 본인의 화장품 거울을 내밀길래 얼굴을 봤는데 정말 눈에서 피가 나고 있었다. 두 눈의 혈관이 터진 것이다.

캘리포니아로 돌아와서 한두 번 병원을 방문한 뒤, 나는 자가 면역성 이상이라는 진단을 받았다. 몇 달 간의 스트레스가 병으로 발현되고 나서야 알게 된 것이다. 나는 식단을 바꾸고 얼마간의 휴식을 취한 다음에야 정상 상태로 돌아왔다. 정상 상태의 의미가 무엇이든 말이다.

종 울리기

솔직히 말해 나스닥의 '종 울리기'는 인상적이기만 한 것은 아니다. 사실상 나스닥에는 거래소조차 없다.[18]

나스닥은 전체가 디지털 네트워크화 돼 있기 때문에, 주식 거래의 시작과 끝을 알리기 위해 실질적인 종 울리기가 필요하지도 않다. 종 울리기는 전부 의식 절차로, 뉴욕 증권 거래소의 유명한 전통을 따라하기 위해 고안됐다.

여러분이 나스닥 종을 울린다면, 생생한 뉴스를 전하고 있는 수많은 경제 전문 기자들 사이를 비집고 들어가 방음 스튜디오에 있는 플랫폼에 올라서면 된다. '종을 울리기 위해' 버튼을 눌러도 버튼은 사실 아무런 역할도 하지 않는다. 모든 것이 촬영준비 상태의 환상일 뿐이다.

머리가 맑아졌을 때 나는 비로소 스스로를 이런 궁지까지 몰고 온 생각이 잘못됐다는 사실을 깨달았다. 최근 역사상 가장 대대적으로 알려진 기업 공개 가운데 하나를 지원하기 위해, 필요한 기술을 조정할 지식과 능력을 갖춘 유일한 사람이 바로 나라고 오해하고 있었다. 그 오해는 나에게 힘에 대한 잘못된 생각을 심어줬고 내가 조절할 수 있는 것보다 더 많은 일을 하도록 스스로를 강요했던 셈이다. 게다가 오만했고 영웅이 되기를 바랐으니, 나의 두뇌 전체가 터지지 않은 것이 신기할 정도다.

여기서 체계적인 정리에 대한 내 여섯 번째 원칙이 나온다. 지식은 힘이 아니다. 지식의 공유가 힘이다라는 내용이 그것이다. 소속된 회사나 팀에서, 본인이 구체적인 지식을 갖고 있는 유일한 사람이어서 중요한 힘을 갖고 있다고 생각하는 것은 틀린 생각이다.

지식은 힘이 아니다. 지식의 공유가 힘이다

마무리하려는 업무가 무엇이든, 또는 체계적인 정리가 필요한 삶의 일부가 무엇이든, 지식을 쌓아두기보다는 공유할 때 훨씬 더 성공적이고 스트레스도 덜 받는다. 두 사람이 종합적으로 알고 있으면 한 사람보다 낫고, 세 사람이 알고 있는 것은 두 사람보다 낫다. 또 자신의 정보를 공유할 의지가 있는 똑똑한 사람들로 가득 찬 방에 있다면, 여러분은 함께 성취하지 못할 일이 거의 없다는 점을 생각해보자.

자신의 '독특한' 지식을 만들기 위해, 또는 자신이 특별한 지식을 가진 유일한 사람이라는 것을 모든 사람에게 보여주기 위해 무척 열심히 일하느니 차라리 함께 하는 게 훨씬 나은 접근법이다. 그 대신 팀을 만들고 자신이 잘 할 수 있는 부분과 진짜 형편없는 부분은 무엇인지 찾아내라. 여러분이 잘 못하는 일은 다른 사람들에게 넘기고 그 사람들이 그 일을 하도록 믿자. 항상 다른 배경과 관점, 기술을 갖고 있고 여러분보다 더 똑똑한 사람들과 일하도록 해보자. 여러분이 알고 있는 정보를 공유하고 다른 사람들도 그렇게 하도록 하면, 여러분도 그 사람들에게 배우고 그 사람들도 여러분으로부터 배울 것이다. 그리고 여러분은 모든 일을 더 잘 해낼 수 있을 것이다. 정보 교환은 바로 가장 먼저 해야 하는 작업이 아닐까?

일을 더 열심히 하자는 이야기가 아니다

기술적으로 발전한 사회의 모든 내용을 조망해 보면, 체계적인 정리에 대한 걱정은 사치이자 배부른 골칫거리다. 동굴 안 원시인들은 체계적인 정리에 대해 조바심을 갖지 않았고 어떻게 하면 큰 동물들에게 잡아 먹히지 않을까에 대해서만 걱정했다. 미국에서 시민 전쟁이 일어난 1850년대의 일반인들 역시 체계적으로 정리되지 않은 상황에 대해 괴로워하지 않았다.

요즘 우리가 살고 있는 사회가 복잡하다고 해도, 어떻게 하면 체계적인 정리를 더 잘할 수 있을지 찾아내야 하고, 그렇지 않으면 허둥댈 것이다. 다른 사람들과 함께 일해야만 엄청난 과제에 대한 창의적인 해결책을 찾을 수 있다.

세상은 엄청난 속도로 변화하고 있다. 고용주들은 특히 경제적으로 불황일 때는 적은 시간에 좀 더 적은 자원을 이용해 더 많은 일을 하길 기대한다. 동시에, 완성한 각 업무는 우리에게 그 어느 때보다 더 높은 수준의 정보를 다루고 처리하도록 요구한다. 그러는 동안 우리의 뇌와 사회 구조는 우리가 살아가며 일하는 방식에 대해 부조화를 보인다.

기술이 이 같은 많은 과제를 극복할 수 있게 해준다는 점은 좋은 소식이다. 하지만 나는 어떤 기술이 좀 더 효율적이고 생산적이며, 체계적인 정리 생태로 만들도록 도움을 줄 수 있는지, 그 끝없는 방식을 이해하기 시작한 단계라고 믿는다. 세상의 속도를 유지하기 위한 수단들이 있을지 모르지만, 그 일을 하는 오래된 낡은 모델을 충분히 체험하지 않았기 때문에 우리는 여전히 뒤떨어지고 있다.

열심히 일하는 것이 해결책은 아니다. 여러분은 이미 열심히 일하고 있다. 대신 여러분이 진짜 원하는 것은 사회가 시행하고 있는 제약 조건을 피해서 활용할 수 있는 도구와 기술로 좀 더 현명하게 일하는 것이다.

다음 장에서 다룰 주제이기도 하지만, 먼저 본인만의 정신적이고 감성적인 문제, 또는 다른 제약 조건들을 정의하고 인정하는 작업이 중요하다. 한번 파악하고 나면, 제약 조건에 반응하는 방법을 바꿀 수 있고, 그에 대한 충격도 최소화할 수 있다. 다음 장은 본인의 제약 조건을 부정하는 대신 어떻게 정의하고 체계적으로 정리할 수 있는지를 익히는 데 도움을 준다. 그러고 나서 잘못된 세상에 있는 몇 가지 것들을 제자리로 바꿔 놓을 수 있다.

요약

- 9시부터 5시까지의 일과부터 학교 여름 방학, 지식의 힘에 대해 세웠던 가정까지, 우리가 살아가는 세상에 만들어진 구조와 믿음 대부분은 모두 잘못됐다. 각 요소가 체계적인 정리를 더욱 어렵게 한다.

- 우리는 삶 속에서 움직이도록 구조를 수정하는 대신, 낡은 구조 안에서 우리 삶이 움직이도록 애쓰는 일이 비일비재하다. 그 결과 매일 모든 일을 잘못된 방법으로 하고 있지만 우리의 잘못은 아니다. 그러나 체계적인 상태가 되지 못하게 하는 잘못된 방법으로 작업하면서, 뇌에 부담을 주고 삶에 스트레스를 더하고 있다.

- 우리가 무력하지 않다는 점은 좋은 소식이다. 하지만 성공하기 위해 먼저 구조에 대해 이의를 가져야 한다. 급격한 변화를 만들 수 없을지도 모르지만, 반응하는 방식을 바꾸고 우리에게 주는 영향을 최소화해서 변화에 맞춰 작업할 수는 있다. 다음은 여러분이 할 수 있는 일이다.

  - 변화들이 자리잡은 뒤 그 변화를 부정하는 대신, 어떤 기술이 삶을 바꿀 수 있는지 예상해본다.

  - 적어도 부분적이나마 집에서 일할 수 있도록, 빠른 인터넷 접속 환경과 화상회의 같은 풍부하고 감당할 수 있는 기술의 장점을 얻어본다.

  - 교통 체증을 피할 수 있도록 업무 시간을 바꾸는 것에 대해 사장에게 말한다.

  - 아이가 어리다면 부모들끼리 돌아가면서 감독 임무를 맡아 이웃

들과 함께 아이들의 여름 놀이 그룹을 만든다.

- 걷잡을 수 없이 원망을 많이 받을지도 모르지만 아이들을 여름 학교에 보낸다.
- 장거리를 운전하면서 버리는 시간과 자원을 최소화하기 위해 직장과 학교, 교회, 그리고 쇼핑센터와 가까운 곳으로 이사를 고려한다.
- 지식이 힘이라는 덫에 빠지지 않는다. 여러분의 지식을 다른 사람들과 공유하고 다른 사람들도 지식 공유에 참여하도록 한다. 그 방법으로 모두가 더 효율적인 작업을 할 수 있다.
- 여러분이 살고 있는 세상의 몇 가지 큰 문제를 관리할 수 있는 해결책을 찾기 위해, 이왕이면 다른 사람들과 함께 작업한다.

3장
제약 조건 인정하기

지금까지 일반적인 제약 조건을 설명하고, 우리 뇌, 특히 뇌의 제한적인 기억 능력은 매우 큰 제약 조건으로 작용한다고 이야기했다. 나머지는 9시부터 5시까지의 일과와 학교 여름 방학 같은 사회 구조 오래된 가정에서 나오기도 했다.

하지만 그게 다가 아니다. 우리 모두에게는 저마다 본인만의 구체적인 제약 조건이 있으며, 그 제약 조건들은 체계적인 정리와 성공의 장애물로 작용하기도 한다. 3장에서는 본인의 구체적인 제약 조건을 정의하는 방법과 그 제약 조건을 바탕으로 효과적인 전략을 발전시키는 방법을 통해 성공의 방해 요소를 피하도록 도와주겠다.

개인적인 제약 조건의 사례가 있다. 나는 자동차 레이싱을 좋아하기 때문에 할 수만 있다면 포뮬러원Formula 1의 카레이서가 되고 싶다. 하지만 그런 일은 일어나지 않는다. 키가 너무 큰 데다 레이싱을 위해 내가 할 수 있는 일이 많지 않다. 무엇보다 나는 너무 느리다. 많은 카페인을 들이부어도 번개처럼 속력을 내는 방법을 찾을 수 없다. 차라리 쓰레기통에서 또 다른 꿈을 찾는 게 빠르겠다.

내 이야기는 이쯤하고 이제 여러분 차례다. 여러분의 개인적인 제약 조건은 무엇인가? 아마도 여러분은 만성 게으름뱅이거나, 강박관념에 사로잡힌 과잉 성취자일지 모른다. 항상 넘겨짚어 생각하는 사람일 수도 있고, 너무 쉽게 산만해질 수도, 또는 유난히 기억력이 나쁠 수도 있다. 아니면 나처럼 난독증일지도 모른다. 이런 제약 조건들은 직장과 사생활의 체계적인 정리 상태를 한 발 후퇴하게 하는 수많은 개인 과제 가운데 일부다. 그렇다고 제약 조건이 어떤 목표를 이루는 데 걸림돌이 될 필요는 없다.

하지만 일반적으로 목표를 성취하는 데 있어서 제약 조건만큼 우리를 힘들게 하는 강적은 없다. 따라서 좀 더 체계적으로 정리하기 위해서는 제약 조건들이 어디서 나온 건지, 현실인지 또는 가정인지, 내재적인지 혹은 유전적인지, 목표를 성취할 때 여러분 자신과 능력에 어떤 영향을 미치는지, 그 제약 조건들에 대해 현실적으로 할 수 있는

하나님, 바꿀 수 없는 것을 받아들이는 평온을, 바꿀 수 있는 것은 바꾸는 용기를, 또한 그 차이를 구별하는 지혜를 주시옵소서
- 라인홀트 니부어 〈평온의 기도〉

게 뭔지 등 제약 조건과 과제에 대해 충분히 이해하는 게 중요하다. 본인의 제약 조건을 진심으로 인정하지 못하면, 할 필요가 없거나 잘 할 수 없는 일을 하느라 시간과 노력, 돈과 에너지를 낭비하게 된다. 망치고 나면, 스트레스 가득한 추락의 소용돌이로 떨어지는 것도 시간 문제다.

일부 제약 조건은 우리의 조절 능력 안에서 바꾸거나 극복할 수 있다.

나의 큰 키처럼 일부 제약 조건들은 조절 능력을 완전히 넘어서기도 하지만 그 조건들을 피해서 움직일 수는 있다.

보통 제약 조건은 가상과 현실이라는 두 개의 큰 층으로 나뉜다. 우리한계의 대부분이 진짜처럼 보이고 또 그럴지도 모르지만 실제가 아닐 수도 있다. 아마도 여러분이 지난 경험이나 남에게 들은 조언, 사회 구조 등에 기반해 상상한 것일 수도 있다. 이번 장에서는 바꿀 수 없는 일에 시간과 에너지를 낭비하는 일이 없도록, 현실적인 제약 조건을 정의하고 받아들이며 또 그 제약 조건을 피해서 일하는 방법이 무엇인지 배우겠다.

가상 VS 현실

체계적인 정리에 대한 7번째 원칙, 상상이 아닌 '현실적인 제약 조건을 정리하라'는 내용으로 시작해 보자.

> **현실적인 제약 조건을 정리하라**

굉장히 쉬워 보이지만 절대 쉽지 않다. 현실적인 제약 조건을 정의할때는 자기 탐구와 믿을 만한 사람들의 평가, 그리고 대담무쌍한 접근법이필요하다.

현실적인 제약 조건은 많은 요인에 의해 좌우될 수 있고, 배경이 그 중하나다. 예를 들어, 카레이서가 될 때 내 키는 방해가 된다. 그런 면에서 내키는 현실적인 제약 조건이지만, 내 목표가 전문 농구선수였다면 제약 조건이 아니다(하지만 공공 장소에서 농구용 반바지 입기를 너무 싫어하고, 그 점을 극복할 가능성이 전혀 없으니 또 하나의 제약 조건이다).

삶과의 관련성도 또 다른 요인이 될 수 있다. 누군가의 현실적인 제약이 여러분에게는 상상 속 제약이 될 수도 있다. 2장에서 언급했듯이, 대부분 9시부터 5시까지의 전통적인 근무 시간을 따르거나 이 시스템에 상당히 영향을 받고 있다. 이 전통은 조립 라인에 있는 근로자들을 관리해야 했던 제약 조건과 관련 있지만 이제 더 이상 영향을 미치지 않는다. 그래서 9시부터 5시까지의 일과는 공장에서 일하는 사람들에게는 현실적인 제약이 된다. 근로자들이 다른 직업을 찾기 전에는 실제로 일과 시간에 대해 할 수 있는 일이 없기 때문이다.

9시부터 5시까지의 일과가 여러분에게 현실적인 제약 조건일지도 모른다. 회사는 여러 가지 이유로 여러분이 9시부터 5시까지 일터에 있기를 바란다. 하지만 근로자들이 본인의 업무를 생각하는 만큼, 사실 회사가 모든 근로자들을 9시부터 5시까지 회사에 묶어 둘 필요는 없다. 가만히 생각해 보면, 월요일부터 금요일까지 한 주 동안 9시부터 5시까지의 근무 시간은 실제로 여러분에게 상상의 제약 조건 아닌가?

가끔은 더 이상 존재하지도 않는 제약 조건 때문에 뒤로 물러나기도 한다. 단지 그런 제약 조건이 있었고 그렇게 믿었다고 말할 뿐이다. 있지도 않은 제약 조건이 실제로 있다고 잘못 가정하는 바람에 생긴 속상한 이야기들이 세상엔 참 많다.

실화인데, 80대 초반인 한 할머니가 최근 이 책의 공동 저자인 짐과 함께 오페라에 대한 이야기를 나눴다. "내가 어렸을 땐,"이라고 말을 꺼낸 할머니는 "전문 오페라 가수가 되는 게 꿈이었는데 선생님이 내가 실력이 없다고 해서 시도해 보지도 않았지."라고 말했다.

하지만 할머니는 시도했다. 40년도 더 전에 굉장히 유명한 아리아를 혼자 노래하고 녹음한 테이프도 갖고 있다. 할머니는 짐에게 그 테이프를 들려줬는데, 할머니의 노래는 힘이 넘치고 아름다웠다. 선생님이 할머니의 이런 제약 조건을 언급하지 않고, 할머니도 곧이곧대로 받아들이지 않았다면 이 할머니는 오페라 가수로서 성공적인 이력을 갖게 됐을지도 모른다.

물론 제약 조건을 어떻게 보느냐와는 상관 없이, 우리 각자에게는 수많은 현실적인 제약 조건이 있다. 현실적인 제약 조건은 어떻게든 정말 한계를 주는 요인 중 하나다. 여러분은 제약 조건을 간단히 상상하지 않을뿐더러, 사회와 배우자, 선생님이나 그 외 다른 사람들이 건네준 제약 조건을 액면 그대로 받아들이지도 않는다.

현실적인 제약 조건은 보통 이미 여러분이 완전히 조절할 수 없는 것과 관련돼 있다. 작을 수도 있고 언뜻 지나갈 수도 있다. 예를 들어, 문을 닫기 전에 페덱스 인계 지점까지 갈 시간이 겨우 10분밖에 없다. 제시간에 도착했는데 상점은 몇 분 일찍 문을 닫은 상태이니 게임은 끝났다. 페덱스의 마지막 항공편이 떠나기 전에 그 비행기를 잡기 위해 공항까지 차를 몰아도, 여러분이 할 수 있는 일은 없다. 관건은 역시 돈이다. 한 달 정도 일시 해고돼 일자리를 잃었는데 다달이 갚아야 할 대출금이 많으면, 취업 시장에 불리하게 작용한다. 어느 쪽이든, 적어도 마주친 순간 더 이상 조절할 수 없는 것이 진짜 제약 조건이다. 하지만 시간이 조금 주어지면 제약 조건을 피해서 움직이거나 영향을 최소화할 수 있다.

제약 조건이 무엇이든 첫 번째 단계는 그 요소들을 정의하는 것이다. 시간을 들여서, 생산적이고 체계적인 정리 상태에서 멀어지게 한다고 정의할 수 있는 제약 조건들을 작성해보자. 그런 다음 정의한 과제들이 현실적인지, 상상인지 결정해보자. 정말 쉬운 작업은 아니다.

여러분의 모습

제약 조건이 뭔지 알고 있다고 생각해도, 종종 틀린다는 것이 곤란한 부분이다. 우리는 스스로와 환경을 객관적으로 평가하는 작업을 잘 하지 못한다. 예를 들어, 대부분이 운전이나 사람 관리 같은 일반적인 업무는 평균 이상이라고 믿는다. 하지만 모두가 평균 이상이라고 할 순 없다. 그렇다면 평균치는 더욱 높아져야만 한다.

한편, 업무가 특별히 어렵거나 평범하지 않으면 우리는 종종 평균 이하라고 여긴다. 홈씨어터의 부품 연결을 이웃 만큼 할 줄 안다고 가정해보자. 모든 일을 평균보다 잘하지 못한다고 해서 평균보다 뒤떨어지는 건 아니다.

또 우리는 실제로 하는 행동보다 우리에게 닥친 일을 더욱 잘 조절할 수 있다고 믿는 경향이 있다. 도박꾼들은 종종 이런 오류를 보여준다. 주사위를 포기하고 싶지 않던 테이블에서 '행운'을 얻은 적이 있었나? 다음 판에서 이길 것이라고 확신했나? 때로는 그렇고 어떤 때는 그렇지 않겠지만, 핵심은 주사위를 조절하는 주체가 여러분이 아니라 운명이라는 점이다.

마음 속 혼란이 우리를 휘두르는 데, 현실적인 제한이 무엇인지 어떻게 결정할 수 있을까? 8번째 원칙과 함께 시작해보자.

스스로에게 솔직해져라

스스로 솔직해지지 않으면, 쓸데 없이 우리 인생을, 그리고 가끔은 주변 사람들의 삶을 복잡하게 한다. 다른 사람들과 함께 스스로 솔직해지는 일은, 할 수 있는 유일한 정답이 아니라 시간과 에너지를 절약하는 훌륭한 방법이다. 하나의 거짓말이 또 다른 거짓말을 불러 오는 일을 떠올려보자. 여러분은 곧 누구에게 무슨 이야기를 했는지 기억해내야 하고, 그 거짓말을 지키기 위해 상당한 정신력을 소진한다. 솔직히 정신력은 좀 더 생산적인 무언가에 쓰는 편이 낫지 않나?

다시 이전에 준비한 내용으로 돌아가 현실적인 제약 조건이 될 수 있는 내용을 결정하기 위해, 기업 분야에서 자주 활용하는 360 다면 평가 기법을 스스로 시도해볼 수 있다. 이 기법은 일을 잘했는지 혹은 못했는지, 장단점은

마음이 가는 대로 나는 따르네
- 싸이키델릭 퍼스, 〈Love My Way〉

무엇인지 등 작업 수행능력에 대해 동료와 부하, 그리고 감독자가 본인의 견해를 주는 방식이다(360은 파노라마 풍경의 360도에서 따왔다).

분명 재미없는 방법이긴 하지만, 제3자에게서 듣는 의견은 종종 우리를 놀라게 하곤 한다.

솔직한 의견을 줄 수 있는 배우자와 친한 친구, 동료 혹은 다른 사람들에게 이야기하자. 아이들은 아플 정도로 솔직한 경향이 있으므로, 아이들에게 물어보면 몇 가지 재미있는 코멘트를 얻을 수 있다. 믿을 만한 사람들에게, 여러분의 장단점을 어떻게 보고 있는지 물어보자. 그리고 그 사람들이 생각한 제약 조건이 무엇인지 솔직하게 말해 달라고 하면서 목록을 만

들어 읽어볼 수도 있다. '본인만의 방식을' 만든 습관의 패턴을 알아내도록 도움을 주는 내용을 몇몇 사람이 똑같이 말한다는 걸 알 수도 있다.

이 접근법이 두렵게 느껴질 수도 있다. 그렇다면, 먼저 작은 노력으로 시도해보자. 계속 일하는 데 아무런 도움이 되지 않는 프로젝트에서 '부글거리는 상태'에 있나? 믿을 수 있고 솔직할 것 같은 사람에게 피드백을 요청하자. 그 사람에게 여러분이 마주한 과제와 함께 무엇이 특정 업무나 프로젝트를 어렵게 만들었는지에 대한 의혹들을 설명하고, 그 사람이 동의하는지 물어볼 수 있다.

제3자의 관점이 어떤 도움을 주는지에 대한 사례를 들어보겠다. 대학원에 다닐 때 나는 컨퍼런스와 학술지에 필요한 논문을 써야 했다. 쓰려고 했던 논문 하나는 이제 막 끝낸 특별한 실험에 대한 내용이었다. 주제와 글자 수가 정해져 있었고, 내가 주도한 실험이었던 만큼 논문의 목표를 완전히 이해한 데다 결과도 잘 알고 있었다.

하지만 몇 가지 이유 때문에 논문 쓰는 작업에 어려움을 겪었다. 뭔지는 모르겠지만 어딘가 잘못된 걸 알았기에 잠시 거리를 두기 위해 논문을 한 쪽으로 치워 두었다. 문제가 무엇인지 도저히 알아차릴 수 없어서, 나는 이 분야에 관련된 유망한 학술지 중 한 군데서 몇 년간 일해온 기자를 포함한 몇몇 주변 사람들에게 자문을 구했다. 기자의 충고는 단순하면서도 솔직했고 통찰력이 있었다. "똑똑해 보이고 싶어하는 문장을 쓰시네요. 그보다는 내용을 분명하게 밝혀 쓰세요."

기자는 내가 처음에 보지 못한 제약 조건을 정의해 줬다. 사실 나는 독자에게 똑똑해 보이고 싶어서 너무 어렵게 쓰고 있었던 것이다. 그런 바람이 있었기 때문에 나는 박학다식한 듯이, 너무 길고 난해하며 25글자가 넘는 단어로 가득한 문장을 썼다. 내가 쓴 내용은 너무 '똑똑해서' 실제로 읽기가 힘들었다.

다시 논문 작업으로 돌아온 나는, 이번에는 좀 더 짧고 분명한 산문체로 작성했다. 한 발 물러서서 스스로 솔직해졌고, 도움을 요청해 제약 조건을 정말 현실로 만들면서, 나는 그 제약 조건을 정의하고 극복할 수 있었다.

어쨌든 논문은 발행됐다. 자문을 구한 덕분이었다.

어떻게 본인에 대한 전체 모습을 파악하고, 어떤 제약조건이 현실인지 아닌지를 알 수 있을까? 회사 프로젝트와 개인적인 프로젝트를 포함해 최근에 완성한 프로젝트를 돌아볼 수 있다. 여러분은 어느 부분에서 성공했고 어디에서 좀 더 나은 작업을 할 수 있었나? 지금과는 어떻게 다른 작업을 했나? 2, 3가지의 프로젝트를 어떻게 수행했는지 시험해보면, 어디서 실수하는 경향이 있는지 보여주는 패턴을 찾을 수 있을 것이다.

또 무엇이 두려움과 스트레스를 주고, 좌절하고 화나게 하는지에 대해서도 특별히 주의를 기울여본다. 나처럼 여러분도 한두 개의 제약 조건 때문에 압박 받는 상황에서 저런 감정들을 경험했다. 그런 감정을 더욱 강하게 느낄수록 제약 조건도 더욱 크게 느껴질지 모른다.

주변 환경을 솔직하게 바라보는 것도 중요하다. 세상이 여러분의 길에 규칙적으로 던지는, 상상이 아닌 현실적인 장애물은 무엇인가? 예를 들어, 여러분은 고용주가 기대하는 모든 일을 하기에 시간이 충분하지 않다고 생각하는가? 그렇다면 그 이유는 무엇인가? 자기 시간을 잘 관리하지 못했기 때문일까, 아니면 고용주를 기쁘게 하기 위해 가능한 한 인간적으로 대하기로 했기 때문인가? 문제가 뭔지 모르면 해결할 수도 없다는 사실을 기억하라.

조절할 수 있나요?

본인의 제약 조건을 정의했고 진짜 제약 조건으로부터 잘못된 내용을 분리했다. 그 작업은 이쯤에서 좀 더 깊이 접근하도록 도와준다. 여러분은 현실적인 제약 조건 가운데 어떤 것들이 통제 가능한 범위에 있는지, 어떤 것들이 아닌지 결정하고 싶어한다. 할 수 없는 뭔가를 변화시키기 위해 시간과 에너지를 낭비하고 싶지 않기 때문이다.

몇 가지 한계는 극복할 수 없다. 할 수 있는 모든 일은, 효과를 최소화한다는 희망을 갖고 그 한계들을 체계적으로 정리한다. 예를 들어, 여러분이 얼마나 열심히 노력하는지 여부와는 상관 없이 하루는 24시간을, 일주일은 7일을 넘지 않는다. 실망스럽긴 해도, 시간은 누구에게나 그렇듯이 여러분에게도 결국 닳아 없어질 것이다. 우리 모두를 위해, 오랜 시간이 걸리지 않기를 바란다. 그와 동시에 우리 목표에 대한 영향력을 이성적으로 판단해야 하며, 시간을 바꿀 수 없는 것으로 받아들이고 그에 따라 계획해야 한다.

시간은 계속 사라지고, 사라지고, 사라져 / 미래 속으로
- 스티브 밀러 밴드, 〈Fly Like an Eagle〉

많은 사람의 조절 능력을 넘어선 제약 조건들도 있다. 내 경우 난독증이 그러한데, 이 병을 치료할 수 있는 약이나 의학적인 치료 방법은 없다. 하지만 내게 미치는 영향을 전혀 바꿀 수 없다는 걸 의미하지는 않는다.

예를 들어, 나는 난독증 덕분에 방향 감각이 정말 없는 편이다. 하지만 살아오면서 만난 수많은 시행착오와 반복적인 계산을 통해 이 어려움을 이겨내는 진정한 길을 터득할 수 있었다.

그 대신, 가려고 하는 곳에 대해 가능한 한 많은 도움을 요청한다. 나를

태워주거나 방향을 알려 줘서 원하는 곳에 갈 수 있도록 도와주는 친구가 많은 건 굉장한 행운이다. 첨단기술 역시 길치라는 제약 조건을 피해서 움직이도록 도움을 준다. 자동차와 오토바이에 내비게이션 시스템을 설치했고 전화기도 내게 방향을 알려준다. 또 내가 활용할 만한 온라인 지도 서비스도 넘쳐난다.

이 모든 방법이 실패할 경우를 대비해, 뒷받침할 계획도 있다. 바로 방향을 세는 것인데 새로운 장소에 가면, 좌회전, 두 블록 지나고, 우회전, 일단 정지 표시까지 가서, 좌회전 하는 식으로 그 곳까지 가는 방법에 주의를 기울인다. 그 다음 돌아올 때는 순서를 되새긴다. 난독증과 싸우고 무시하거나 그 영향을 부정하는 대신, 제약 조건에 맞춰 체계적으로 삶을 정리하는 방법을 터득했고, 이 방법은 어디에나 적용할 수 있다.

하지만 제약 조건에 맞추는 일이 항상 쉬운 것은 아니다. 때때로 조절 능력을 넘어선 제약 조건은 조절할 수 있는 제약 조건의 표면 아래 숨어 있고, 반대의 경우도 마찬가지다. 통근 시간이 길다는 점을 가장 큰 제약 조건으로 정의했다면 어떨까? 직장 근처로 이사를 가거나 일주일에 며칠은 집에서 일할 수 있다. 하지만 지금 당장 집을 팔고 또 다른 집을 구할 여유가 없으니, 집에서 일하도록 남겨둔다. 불행히도 신뢰할 수 없는 부류 중 한명인 고용주는, 여러분이 그렇게 하도록 허락해 주지 않을 것이다. 고용주의 고집은 여러분의 조절 능력을 넘어설지 모르지만, 여러분에게 다른 선택 사항이 없다는 걸 의미하지는 않는다. 예를 들어, 기차에서 노트북을 사용하거나 차에서 사업 관련 오디오북을 듣는 등 통근하는 동안 생산적일 수 있는 새로운 방법을 찾을 수 있다. 언제든 장애물과 제약 조건에 맞춰 일할 수 있도록, 항상 새롭고 창의적인 방식을 찾는 것이 핵심이다.

감정에서 나온 제약 조건은, 정의하고 조절하기가 가장 어려울 수 있지만 해낼 수도 있다. 자존심이 별로 없고 거절하는 방법을 모르거나 영웅처럼 보이고 싶기 때문에, 아마 여러분은 상습적으로 자기 자신을 무리한 약속으로 속박한다. 이런 행위는 체계적인 정리에 대한 크고 지속적인 장애물이 된다. 여러분에게는 항상 할 수 있는 것보다 더 많은 할 일의 목록이 있기 때문이다.

어떤 제약 조건이든, 본인만의 습관과 행위, 바람 그리고 솔직한 감정과 맞서야 한다. 이 표현이 다소 적나라하다면, 다음 내용을 생각해보자. 그리스의 비극은 보통 스스로를 솔직하게 시험하지 않아서 자포자기한 영웅

들이라는 특징을 보인다. 솔직한 자기 평가에 대한 저항은 분명 정말 오랫동안 진행돼 왔다.

제약 조건을 무시할 시기

제약 조건에 맞춰 정의하고 체계적으로 정리하는 작업은 일부 위험 요소가 불가피하다. 그 작업에 너무 많은 생각과 가중치를 둘 수 있다. 현실적인 제약 조건에다 조절 능력을 넘어선다 해도, 그 일을 한번에 포기하라는 것을 의미하지는 않는다. 포기할 경우, 새로운 아이디어와 경험, 결과에 대한 공간이 남지 않는다. '여러분의 제약 조건을 언제 무시할지 파악하라'라는, 체계적인 정리에 대한 내 9번째 원칙을 염두에 둬야 하는 이유다.

제약 조건을 무시할 수 있는 시기를 파악하라

예를 들어, 전문 카레이서들의 세상으로 돌아가보자. 1995년, 24시간 동안 이어지는 레이스인 데이토나 롤렉스24^{Rolex 24 at Daytona}에 출전한 팀 가운데 70세 노인이 있었다. 당연히 그 레이서는 본인의 나이가 확실히 조절할 수 없는 엄청난 제약 조건이라고 이해했다. 예전 행사에서 그 노인과 비슷한 연령대의 참가자가 우승한 사례를 본 적이 있는 사람은 아무도 없었다.[1] 그렇지만 어쨌든 노인은 참가했고 소속팀의 승리를 이끌었다. 여러분도 이 사람, 폴 뉴만이라는 남자에 대해 들어본 적이 있을 것이다.

하지만 제약 조건을 언제 무시할지 어떻게 알 수 있을까? 기술, 활용 가능한 자원, 그리고 다른 사람들에게서 받는 도움과 같이 여러분이 갖고 있는 강점에 맞춰 제약 조건들을 따져 본다. 제약 조건을 무시했을 때 가장 최악의 상황이 무엇인지 깊이 고민해 봐도 좋다. 뉴만의 나이는 분명 제약 조건이었지만 강점이기도 했다. 그 나이가 수년 간의 레이싱 경험을 만들어주기도 했기 때문이다. 뉴만은 예전에 몇 번의 레이싱 경기에서 승리했기 때문에, 롤렉스 24 챔피언십에서 적어도 팀의 점수를 올려줄 기회가 있다고 생각하는 게 터무니 없지는 않다. 그리고 뉴만은 팀원의 자격으로 본인을 도와줄 훌륭한 자산을 갖고 있었다.

앞에서 우리가 스스로 강요하는 감성적인 제약 조건들을 언급했다. 그 점을 생각할 때, 두려움은 우리가 부딪치는 가장 큰 제약 조건일 수도 있다. 앞선 사례에서 뉴만은, 실패의 두려움이나 바보처럼 보일 것 같은 두려움, 또는 다른 종류의 두려움 때문에 물러서지 않았다. 이는 매우 중요한 교훈이다. 많은 경우, 두려움은 가장 무시해야 할 제약 조건이다.

스트레스라는 제약 조건

스트레스를 느끼는 일은 그 자체로 큰 제약 조건이지만, 그 당시에 일시적인 제약일 수 있다. 엄청난 스트레스를 받으면, 가끔 이성적으로 생각할 수 없을 뿐만 아니라 이미 최악의 상황을 만드는 것과 같다.

이 책에서 다양한 관점으로 되돌아오게 하는 내 삶 속 예가 있다. 공유하기에 특히 고통스런 내용이지만, 예기치 못한 일이 갑자기 닥쳤을 때 좀 더 대비할 수 있도록 여러분에게 체계적인 정리의 중요성을 좀 더 분명하게 하는 데 도움이 되길 바란다.

몇 년 전, 아내 소냐를 만나기 전에 나는 잔Jeanne이라는 여성과 함께 살았다. 우리는 함께 일하던 찰스 슈왑Charles Schwab에서 만났다. 대회의실의 한 쪽 자리에 앉아 있던 어느 날, 나는 파란 눈동자와 진주 같은 하얀 피부, 특별한 미소를 지닌 아름다운 금발 여성에게서 눈을 떼지 못했다. 잘 모르는 이 동료는 굉장히 아름다웠고 옷을 잘 갖춰 입었으며 눈 속에 장난기가 가득했다. 잔은 회의실 맞은편에서 내게 손을 흔든 다음, 갑자기 부끄러워하며 옆에 앉은 사람 뒤로 숨었다.

얼마 지나지 않아 나는 하이힐과 짓궂은 유머 감각을 갖춘 이 사랑스럽고 친절하며 매너 있는 여성과 사랑에 빠졌다. 잔은 언제나 진주와 재규어 자동차를 갖고 싶어 했다. 개를 사랑했고 불의는 싫어했으

계속 지켜보고 있어 / 그녀가 노래하는 모습을
- 엘튼 존, 〈Tiny Dancer〉

며 항상 쇼핑할 시간이 있다고 생각했다. 한번은 젊은 동료가 심술궂게, 머리가 빈 금발 미녀라고 잔을 맹렬하게 비난했다. 박사 학위를 딴 뒤 제너럴 일렉트릭, 앤더슨 컨설팅, 그리고 슈왑에서 성공적인 커리어를 즐기던 잔은, 본인을 비하하는 말에 처음으로 웃었다. 잔은 자신을 향한 질투가 수없이 많다는 사실을 사랑했다.

잔과 나는 음악에 대한 관심을 공유했다. 지역 밴드의 보컬이었던 잔은 에이미 만Aimee Mann과 프리텐더스Pretenders의 노래를, 그리고 무엇보다 엘튼 존의 노래를 부르길 좋아했다. 잔은 인디애나의 소녀처럼, 엘튼 존의 목소리와 그가 말한 이야기를 꿈꾸고 안정과 자유를 느끼면서 휴대용 턴테이블로 엘튼 존의 음악을 따라 부르며 몇 시간 동안 방 안에 앉아 있곤 했다.

우리가 만났을 때 잔은 개를 두 마리 기르고 있었다. 한 마리는 동물 보호소에서 안락사의 위험으로부터 구해낸 달마시안 미니였고, 또 한 마리는 누군가 종이 상자에 담아 식료품점 밖에 버린 래브라도 리트리버 믹스견인 타이론이었다. 나는 잔을 사랑하는 만큼 그녀와 함께하는 개들을 사랑하기 시작했다.

그러던 2006년 2월, 잔은 담관암을 진단받았다.

끔찍했던 몇 달의 투병 기간이 이어지던 어느 날 밤, 잔은 안정을 찾기 위해 지역 병원으로 옮겨줄 구급차를 부를 만큼 위급해졌다. 잔은 안정을 취한 뒤에, 스탠포드 대학 병원으로 옮겨졌다.

하지만 나는 잔이 스탠포드에 입원할 때 함께 가지 않았다. 피곤한 나머지 좀 더 자고 싶었다. 물론 이 생각은 이기적일 뿐만 아니라 가장 큰 실수였다. 나는 잔을 보내면서 잔의 옷과 지갑을 받아 들었다.

이와 같은 상황과 만날 때, 이건 현명한 전략이 아니라는 내 말을 믿길 바란다. 잔의 지갑에는 그동안의 처방 기록과 치료/생명 위임장 등 잔에게 가장 중요한 서류들이 들어 있었다. 잔이 위급한 순간에 적절한 치료를 받는 데 반드시 있어야 하는 서류들이었다. 우리 둘 다 잔에게 그 서류들이 필요하다는 걸 알고 있었지만, 이상하게 서로 스트레스를 받았고, 뭔지 모를 정도로 화가 나 있었고, 그냥 명확하게 생각하지 못했다. 그리고 잔의 옷과 지갑을 갖고 있기로 한 내 멍청한 결정은, 상황을 악화시켰다.

불치병과 같은 위기를 극복하기 위해 배우자나 파트너를 도우려 할 때 이성적으로 생각하기란 굉장히 어렵다. 잘 잊어버리는 내 경우처럼, 여러분의 제약 조건은 스트레스를 많이 받을 때 확대되는 경향이 있고, 보통 더 많은 스트레스를 초래하는 결과를 내놓는다. 이게 바로 더 큰 시험이 닥치기 전에 본인의 제약 조건을 피해서 작업하도록, 제자리에서 안정적으로 전략을 짜고 정의하는 일이 중요한 이유다. 확실하게 생각할 수 있는 사람, 그리고 여러분처럼 스트레스를 받지 않는 다른 사람들과 함께 하는 것도 도움이 될 수 있다. 다음 장에서 이에 대해 좀 더 이야기 해보겠다.

요약

- 물리적이든, 정신적이든, 또는 사회가 강요했던 우리 모두는 특정 제약 조건을 갖고 있다.

- 좀 더 나은 체계적인 정리를 위해서, 그 제약 조건이 어디서 왔고 어떤 영향을 미치는지, 현실적인지 또는 상상인지, 그리고 그 내용에 대해 현실적으로 할 수 있는 일이 뭔지 등 제약 조건과 해결 과제들에 대한 충분히 이해하는 것이 중요하다.

- 제약 조건은 크게 두 부류로 나뉜다. 하나는 현실일 수도 있고 아닐 수도 있는 상상의 제약 조건이고, 다른 하나는 실재하고 있는 현실적인 제약 조건이다. 있지도 않은 제약 조건을 극복하느라 시간과 에너지를 낭비하지 않도록, 그 두 가지 조건의 차이점을 파악하는 것이 필수다.

- 우리는 본인의 환경을 객관적으로 평가하지 못하기 때문에, 현실적인 제약 조건을 파악하기 힘들다. 다른 사람들에게 도움을 청해야 하는 순간이다.

- 실재하고 있는 현실적인 제약 조건 중 일부는 우리가 조절할 수 있어서, 많은 경우 완화시킬 수 있다. 다른 제약 조건들은 우리 조절 능력에서 완전히 벗어나 있다. 그 조건들을 찾는 작업이 빠르면 빠를수록, 긍정적인 결과를 내지 않는 내용에 대한 시간 낭비를 멈출 수 있다.

- 본인의 제약 조건을 언제 무시할지 파악한다. 기술, 활용 가능한 자원과 같은 강점에 맞춰 제약 조건들을 따져 본다. 성패가 달린 것도 생각해 본다. 제약 조건을 무시했을 때 가장 최악의 상황이 무엇인가? 어떤 결정을 내리든, 조절 능력에 대한 비논리적인 두려움을 갖지 말자. 두려움은 가장 무시해야 할 감정적 제약 조건이다.

- 예기치 못한 일이 일어나기 전에 비상시에 갑자기 재발하는 제약 조건들에 맞춰 전략들을 정의하고 개발하는 작업은 중요하다. 위기가 닥치면 그 방법을 이용해 극복할 수 있을 것이다.

4장
분명한 목표 세우기

프린스턴 박사 과정에서 공부할 때, 지도 교수는 컨퍼런스에 제출하기 전에 내 논문을 검토했다. 맨 처음 내 원고 초안은, 가끔 원문에 어떤 내용이 있었는지 좀처럼 알 수 없을 만큼 빨간 잉크로 도배된 상태로 되돌아왔다. 나는 모든 의견을 반영해 묵묵히 작업하고 내용을 바꿔서 수없이 많은 수정 원고를 제출했다.

결국 완전히 지쳐버려서 진도가 나가지 않았고, 교수는 수정 작업에 필요한 피드백을 주지 않았다. 그러던 어느날, 원고를 여러 번 주고 받은 끝에 지도 교수는 내 논문에 빨간색 대문자로 몇 자를 휘갈겨 썼다.

도대체 뭘 묻고 싶은 겁니까?

논제에 대한 간단치 않은 그 질문에 적잖게 당황한 나는 그 뜻을 이해할 수 없었다. 지도 교수에게 설명해 달라고 하자, 내가 논문에 쓰려고 했던 내용이 분명하게 나타나지 않았다면서 논문의 주제를 명확히 해야 한다고 말했다. 또 교수는 바로 논문 목표를 정의해야 하고 그 목표에 대한 내용만 염두에 두고 작성해야 한다고 덧붙였다.

그 때 교수에게 받은 질문은 나에게 매우 중요한 사실을 알려줬으며, 지금도 그 일을 교훈삼아 살아간다. 학술 논문을 쓰든, 중요한 새로운 업무를 배정받든, 배우자의 깜짝 생일 파티를 계획하든 일의 경중을 떠나서 모든 일에 임하기 앞서 분명하게 목표를 정의해야 한다. 명확한 목표는 그 목표를 이루기까지 수반되어야 하는 행동과 정보를 체계적으로 정리하는 데 도움을 줘 더욱 수월하게 목표를 달성할 수 있게 도와준다.

목표는 제약 조건의 반대 의미다. 제약 조건은 장애물과, 목표는 가능성과 관련 돼 있다. 목표와 제약 조건을 분명히 이해하면, 최소한의 스트레스와 노력으로도 성공에 다가갈 수 있다. 실직적인 제약 조건이 무엇인지 생각하면서 목표를 명확히 이해하면, 목표를 이루기까지 따라야 하는 계획을 체계적으로 정리할 수 있다.

자, 나는 내가 살아오며 얻은 지혜를 여러분과 공유함으로써 여러분이 프린스턴 박사과정에 들여야 하는 막대한 수업료를 절약해줬다!

구체적인 목표를 염두에 두는 작업은 체계적인 정리의 기본이다. 하지만 얼마나 많은 사람이 그렇게 하지 않고, 또는 잘못된 방법으로 하는지 알면 놀랄 것이다. 사람들은 본인이 무엇을, 또는 왜 하는지에 대해 생각하기에는 너무 바쁜 일상을 보내며 산다. 자신의 추측을 시험해 보지도 않고 본인의 목표와 장애물이 무엇인지 이미 알고 있다고 생각한다. 따라서 내가 말하고 싶은 체계적인 정리에 대한 열 번째 원칙은, 시동을 걸기 전에 여러분이 어디로 가는지, 어떻게 갈 것인지 명확히 알자는 것이다.

> **시동을 걸기 전에 여러분이 어디로 가는지,
> 어떻게 갈 것인지 명확히 알자**

이 장에서는, 크건 작건 여러분이 만나는 임무와 프로젝트에 대한 목표를 어떻게 정의할지 찾도록 도움을 주겠다. 그리고 그 목표를 이루려면 어떻게 계획을 발전시켜야 하는지 보여주겠다.

당신이 어디로 가고 있는지 아시나요?
- 다이애나 로스, 〈Theme from Mahogany〉

해야 할 일과 하지 말아야 할 일

목표를 모르면 무엇이 중요한지 어떻게 알 수 있을까? 그리고 무엇이 중요한지 모르면 어떤 정보가 필요한지는 어떻게 알까? 한 단계 더 나가보자. 어떤 정보가 필요한지 모르면, 스스로 마무리한 작업에서 얻은 교훈 등을 인코딩할 때 어떤 정보가 필요한지 알 수 없다. 그래서 여러분은 효과적이고 체계적으로 정리하기 위해 나름대로 더 열심히 정보를 만든다. 필요한 정보를 인코딩하지 않으면 나중에 불러올 수 없다. 다시 말해 일을 엉터리로 처리하거나 전혀 할 필요가 없는 일까지 하는 상황에 처하게 된다는 뜻이다.

예를 하나 들어보겠다. 대학원에서 나는 컴퓨터 프로그래밍을 배우는 사람들을 연구했다. 처음에 학생들은 특정 프로그래밍 작업을 해결하려고 시도하고 고군분투한다. 그리고 잠시 헤맨 다음엔 결국 프로젝트를 마친다. 몇몇 학생들은 프로그래밍 과제를 시작하기 전에 목표가 분명하지 않았다. 그런 학생들은 목표를 파악하기까지 수많은 시행착오를 거듭한다.

이 사례는 일반적인 경우로, 어떤 과제를 접했을 때 여러분이 이전에 비슷한 문제를 해결했다면 도움이 된다. 새로운 과제를 해결하면서 이미 겪었던 지식과 경험을 시도해볼 수 있기 때문이다. 하지만 그 작업에 어떤 지식과 경험이 관련 있는지 바로 깨닫는 경우에만 해당한다. 앞선 경우, 첫 번째 프로그래밍 프로젝트에서 학생들이 뭘 할지 분명하지 않았기 때문에, 계속 무언가를 하면서도 왜 하고 있는지 전혀 알지 못한다. 해결책의 어떤 부분과 관련 있어 다시 활용하는 건지, 그리고 어떤 부분이 새로운 프로그래밍 과제를 해결하게 하는지 확신할 수 없다. 다시 말해 그 학생들은 첫 번째 프로그래밍 작업을 할 때, 무엇을 성취할 것인지 결정하지 못한 셈이다.

그 결과 두 번째 프로그래밍 작업을 할 때, 많은 학생이 관련된 부분만을 활용하는 대신 첫 번째 프로젝트를 하면서 손댔던 모든 해결 방법을 단순하게 재활용한다. 가끔은 재활용한 프로그래밍의 일부분이 새로운 작업을 해결하기도 하지만, 실수를 불러 오기도 한다. 가장 중요한 것은 학생들 스스로 불필요한 작업을 만든다는 점이다. 첫 번째 프로그래밍 작업을 할 때 학생들을 이끌어줄 분명한 목표가 연결되지 않으면, 배운 것을 나중에 어떻게 활용하는지 모른다.

반면, 좀 더 성공적인 학생들은 첫 번째 프로그래밍 작업을 하는 동안 성취하려는 스스로의 명확한 목표를 정한다. 그래서 나중에는 어떤 정보가 본인의 새로운 목표와 관련돼 있는지 본능적으로 안다. 그 정보는 학생들이 모든 문제를 좀 더 빨리 해결하도록 하면서, 해결책에 꼭 필요한 부분만을 재활용하도록 해준다.

나는 좀 더 성공적인 학생들과 나머지 학생 사이의 차이점을 강조하고 싶다. 성공적인 학생들이 더 똑똑하거나 경험치가 더 많다는 이야기가 아니다. 그 학생들은 단지 본인이 무엇을, 왜 하고 있는지에 대해 명확히 정의하면서 좀 더 나은 전략을 따랐을 뿐이다.

나는 자신들이 시도했던 경험, 과거에 얻은 지식 등을 성공적으로 되새겨 일부나마 체계적으로 정리한 이 학생들을 보면서 깨달았다. 예전에 했던 방법을 맹목적으로 반복하라는 의미가 아니다. 사실상 프로그래밍 작업에 문제가 있었던 학생들 대부분은 본인이 왜 작업하는지에 대한 확고한 생각 없이 해결책의 일부만 재활용하고 있었다. 정확히 말하면, 예전에 했던 작업에서 얻은 교훈을 생각해야 한다는 것이 핵심이다. 그래야만 나중에 새로운 상황에서 그 지식을 어떻게 적용할지 더 정확하게 판단할 수 있다. 시작하기 전에 목표를 분명히 하면 반드시 도움이 된다.

유연해지기

앞에서 봤듯이, 일이나 프로젝트를 시작하기 전에 목표를 정하는 일은 성공에 있어 굉장히 중요하다. 목표를 구체화하는 일은 더욱 중요하며, 목표가 구체적일수록 성취하기도 쉽고 결과 예측도 수월하다.

그렇다고 해도 목표를 이루는 방식을 확정해 둘 필요는 없다. 사실 체계적인 정리에 대한 내 11번째 원칙은 '목표 수행 방법에 유연해져라'다. 왜 그럴까? 목표를 얻지 못하면, 우리는 좌절하고 스트레스를 받는다. 어쩌면 포기할지도 모른다. 그래서 나는 일을 시작할 때 가능한 한 구체적인 목표를 세우는 동시에, 첫 번째 방식이 실패한다면 그 과제를 수행하기 위해 새로운 방법들을 찾도록 길을 열어두라고 추천한다. A에서 B까지 얻고자 하는 것을 명확히 하라는 방식을 제시한다. 하지만 여러분이 이룰 수 있는 방법은 수없이 다양하다는 점도 알길 바란다.

목표 수행 방법에 유연해져라

예를 들어 몇 년 전, 샌프란시스코 베이^{Bay} 지역에 있던 나는 EMI에서 일하게 되면서 사무실이 있는 LA로 다시 이사해야 했다. 나는 베이에 있는 집을 팔고 나서 LA에 새 집을 사고 짐을 옮겨줄 사람을 고용하는 등 몇 가지 목표를 세우기 시작했다.

베이 지역의 집을 시장에 내놓고 LA에서 집을 보러 다녔는데 그 과정에서 반갑지 않은 일이 생겼다. 베이 지역의 주택 가치가 대부분의 주 지역과 같이 급락한 것이다. 생각했던 가치보다 상당히 적었지만 그래도 집을

긴장을 풀고 / 네 자신을
자유롭게 해봐
- 아레사 프랭클린, 〈Think〉

팔겠다는 목표는 이룰 수 있었다. 하지만 나는 점점 초조해졌고, 결국 내가 기본 목표를 분명히 세우지 않았다는 사실을 깨달았다. 나는 단순히 집을 팔고 싶었던 게 아니라 제값에 팔고 싶었던 것이다. 사소한 차이인 것처럼 보이지만, 제값에 집을 팔려는 목표는 단순히 집을 판다는 목표와는 다른 종류의 행동과 기대에 연결돼 있다는 사실을 깨달았다.

물론 내 진짜 목표(제값에 집 팔기)를 깨달은 후에 살펴보니, 그 당시 상황으로는 목표를 이루기가 매우 어려워 보였다. 실망스러웠지만, 그 때의 경험은 나에게 '목표를 이루기 어렵다고 생각하면 바로 대책을 세우자'라는 가르침을 줬다. 그리고 나는 바로 내 진짜 목표를 대신할 '대책'을 생각해냈다.

집을 파는 대신, 저렴한 가격으로 살아갈 공간을 원하던 절친에게 빌려준 것이다. 친구는 집의 계약금을 절약하는 것이 목적이었다. 집을 빌려주면서 약간의 금액은 손해를 봤지만, 멀리 보면 당시 집을 팔았을 때 손실이 더 컸을 것이다. 집 매매를 미루면서 부동산 시장이 밑바닥을 칠 때까지 기다리기도 했지만 무엇보다 친구를 도울 수 있어 기분이 좋았다.

구체적인 목표와 내가 바꿀 수 없는 제약 조건이었던 부동산 시장의 주택 가격 하락 상황은, 모두 내가 어느 정도 예측한 결과였다. 처음 세웠던 목표를 유연하게 수정했기 때문에 이 결과를 얻은 것이다. 그렇게 함으로써, 가고자 하는 곳에 닿을 수 있는 새로운

> 우리 어디로 가는 거지... 어떻게 살아야 하는 걸까?
> – 알란 파슨스 프로젝트, 〈Games People Play〉

대안을 찾았다. 불가능한 일에 대한 이상에 가까운 계획을 세우느니, 목표를 이루기 위해 그런대로 괜찮은 현실적인 계획을 세우는 편이 훨씬 낫다.

마음 비우기

지금까지 잘 따라왔거나 적어도 맞장구 쳤다면, 이제 자각할 수 있을 것이다. 여러분을 방해하려 하는 환경과 본인 내부의 힘에 대한 더욱 분명한 그

림을 갖게 됐을지 모른다. 이제 구체적인 목표를 어떻게 정의하는지 이해할 차례다.

구체적인 목표와 마찬가지로, 진짜 제약 조건과 그 제약을 다루는 방법에 대한 계획을 세울 준비, 그리고 밤에도 여러분을 붙잡아 두었던 대형 프로젝트나 할 일 목록과 맞붙을 준비가 됐나?

아, 한 가지가 더 있다. 본격적으로 시작하기 전에 마음을 비우도록 얼마의 시간을 남겨두자. 문제나 부딪쳐야 할 프로젝트에 대해서는 생각하지 말자. 말 그대로 모든 것을 생각하지 말자. 마음을 비우면 산뜻한 출발을 할 수 있다.

나는 특히 어려운 과제를 만나면 오토바이를 타면서 혼란을 벗어나려 노력한다. 오토바이를 타는 동안은 머릿속에 있는 문제에 집중할 수 없다.

계속 굴러갈꺼야 / 계속 오토바이를 탈꺼야
- 밥 시거, 〈Roll Me Away〉

바이크의 움직임을 유지하고 주변에 차가 없는지 상기하는 데 너무 바쁘다. 오토바이 타기는 내 집중력을 모두 빼앗고, 다 타고 나면 마음속 걱정이 사라져 정말 기분이 좋다.

머리를 비우기 위해 선호하는 방법이 무엇이든, 시작에 앞서 머릿속을 깨끗이 비우는 게 중요하다. 머리를 비우는 방법은 수없이 많다. 명상과 요가 연습, 산책하고 공원에 앉아 쉬거나 아이들과 재미있는 뭔가를 해도 좋고 개에게 공을 던져줄 수도 있다.

이제 마음을 비웠나? 그 다음 여러분이 생각하고 있는 모든 일을 직접 해야 하는지 파악해 본다. 이 특별한 산악 등반이 정말 필요한가? 여러분이 시도하기 전에 다른 사람들이 올라가서 충분히 사진을 찍지 않았나? 그렇다면 굳이 암벽용 도구를 급히 꺼내 그 길을 따라갈 필요가 있을까? 자신만의 안락의자에서 그냥 쉬는 데 시간을 쓰는 게 더 낫지 않나?

여러분이 마주친 문제나 비슷한 일은, 아마 사실 누군가가 어딘가에서 이미 해결했다. 밑그림부터 시작하거나 불필요하게 처음부터 다시 하는 작업은 가끔 귀중한 시간과 지적 능력을 낭비한다. 그게 바로 내가 프로젝트를 위해 목표를 세운 다음, 이미 해결했던 일과 같은 문제인지, 해결책의 어떤 부분을 적용하거나 빌려올 수 있는지 돌아보는 이유다.

가끔 그 모습은 이미 스스로 해결한 문제, 또는 적어도 그 일부로 나타난다. 예를 들어, 나는 조금 전 국제 가전 전시회CES, Consumer Electronic Show 에서 열리는 디지털 음악 관련 프리젠테이션을 발표해달라는 초대를 받아들였다. 프리젠테이션에 대한 목표를 결정한 다음, 예전에 그 주제로 다뤘던 프리젠테이션을 검토하고, 새로운 프리젠테이션에 관련된 내용이 있는지 연설 내용을 찾을 것이다. 다시 말해, 예전에 했던 프리젠테이션으로부터 몇 가지 관련된 연설 내용을 합치고, 새로운 연구조사와 관점을 세워서 새로운 프로젝트를 시작했다.

물론 이 특정 문제를 해결한 것처럼, 항상 과거 해결책에서 빌려올 내용이 넘치는 건 아니다. 비어있는 상태에서 처음부터 특정 문제와 씨름해야 한다고 결정한 상황을 가정해보자. 하지만 정말 어려운 문제라면 어떨까? 모든 일을 쉽게 처리한다면 인생은 지루할지 모른다. 이제 목표는 도전이 필요한 문제가 무엇인지 찾는 일이어야 한다. 여러분은 스스로 정의한 제약 조건들이 조절 능력 밖에 있다고 믿기 때문인데, 완전히 확신할 수 있나?

나는 영원한 낙천주의자다. 극복할 수 없는 제약 조건에 있어 흥미로운 점은, 때때로 도움을 통해 실제로 완수할 수 있다는 것이다. 내가 논문을 썼을 때처럼 여러분에게 필요한 것은 다른 사람의 관점일 가능성이 크다. 여러분에게는 동료의 도움이 필요하다. 처음에는 깨닫지 못했지만 구글에서 기업 공개 프로젝트를 준비하며 보낸 시간도, 잔이 아팠을 때도 나는 사실 도움이 필요했다.

투병이 끝날 무렵, 잔은 내게 따뜻한 해변에 함께 갈 수 있는지 물었다. 내가 건강이 좋지 않은 잔을, 베이 지역에 있는 우리 집에서 샌프란시스코 남부 산타 모니카까지 데려갈 수 있도록 하기 위해 동료 몇몇이 작은 모임을 꾸렸다. 대개 그런 여행 계획을 세우는 일은 어렵지 않았다. 하지만 잔의 건강이 악화되면서 추가적인 과정이 필요했고 나는 벌써부터 압박과 스트레스를 받았기 때문에 계획을 세우는 데 주저했다.

그러던 와중에 한 친구가 해변가의 호텔을 예약하라고 추천했다. 그리고 다른 친구는 내가 잔과 산타모니카에 있는 동안 도움이 필요할 경우를 대비해 그 지역 주변에 머물려고 휴가 기간을 조정했다. 친구들은 모두 자기만의 체계적인 정리 방법으로 제 역할을 하려 노력했고, 이리저리 주저하던 나는 꼼짝 없이 휴가 날짜를 잡아야만 했다. 내가 이들에게 이런 도움을 받을 자격이 있는지는 모르겠지만, 정말 형언할 수 없을 정도로 큰 고마움을 느낀다.

어쨌든 개인적으로 심사숙고하고 다른 사람들에게 피드백과 도움을 받았는데도, 자신을 붙잡고 있던 제약 조건에 대처할 수 없다고 결정을 내렸다면 어쩔 수 없다. 아무것도 진행되지 않는 일에 시간과 날짜를 낭비할 필요는 없다. 이런 경우 목표를 바꾸거나 그 일을 다루기에 더 적합한 다른 사람에게 넘겨야 한다. 이런 이유로, 목표를 명확히 하는 만큼 본인의 제약 조건을 진짜 이해하는 작업이 중요한 것이다. 본인의 장단점이 뭔지 알면 허둥대는 대신 마지막 도움을 요청할 수 있다.

물론 자기 목적에서 다른 사람의 협조를 구하는 일은, 때로 일을 넘기거나 혹은 가족일 경우 죄책감을 갖게 하기도 한다. 위임에는 믿음이 포함돼 있으며, 다른 사람이 여러분의 요청을 수행할 때는 그 사람을 믿어야 한다. 그 일을 어떻게 하는 건지 다른 사람을 가르쳐야 할 수도 있다. 위임을 할 때 가르칠 사항이 많은 경우라면 차라리 혼자 하는 편이 낫다는 생각을 할 수도 있다. "이걸 설명할 시간에 그냥 내가 할까?"하는 생각을 얼마나 많이 하게 될까? 이런 생각은 장기적으로 좋은 전략이 아니다. 다른 사람이 새로운 뭔가를 배우고 더 많은 책임감을 경험해볼 수 있는 기회를 뺏는 것과 다를 바 없기 때문이다. 게다가 지식이 힘이라는 덫에 빠질 수도 있다. 넘기는 작업을 배우지 않는다면, 본인을 위해 어떤 일을 하는 게 정말 중요한지 초점을 맞추는 일에서 자유로울 수 없다.

결정하기

이제 행동하기 위한 계획을 만들 시간이다. 계획은 프로젝트에 관련된 현실적인 제약 조건을 생각하는 방식에서 목적을 이룰 수 있도록 고안해야 한다. 사람과 시간, 돈 그리고 물질 같은 활용 가능한 자원과 스케줄에 잘 맞고 여러분이 해야 하는 구체적인 행동을 포함시켜야 한다.

물론 계획을 발전시킬 때는 결정이 필요하다. 우선 순위는 무엇인가? 완성에 필요한 것은 무엇이고 언제며, 누구에 의한 것인가? 여러분이 정의한 자원을 어떻게 구할 것인가? 마감일까지 프로젝트를 마치도록, 할 일이 적힌 목록에서 줄여야 할 것은 무엇일까?

계획이 더 클수록, 결정할 가능성은 더 크고 많아진다. 1장을 기억하

는지 모르겠지만, 우리는 한계를 잘 평가하지
못하는 데다 결정도 잘 못한다.

다행히 결정을 잘 하게 해주는 방법, 혹은 부족한 결정을 보충해줄 방
법이 있다. 첫 번째 방법은 단순히 (결정을 잘 내리는 데) 필요한 기술을 모
두 습득한 뒤 적용해야 할 시기에 기계적으로 적용하는 방법이다. 그리고
또 다른 방법은 다른 사람을 참여시키는 것이다. 앞서 이야기했듯이, 나는
내가 믿을 만한 의견을 가진 사람이 내 결정에 어떤 반응을 보이는지 살피
는 것이 좋다. 그 사람은 항상 내 결정 뒤에 숨어 있는 잘못된 논리를 찾아
내 도움을 준다. 아니면 내가 좋은 결정을 한 것에 그 사람이 오히려 힘을
얻는 경우도 있다.

소냐가 하는 방법을 따라 할 수도 있다. 아내 소냐는 상황에 따라 결정
에 대한 다양한 결과를 시도한다. 실현 가능한 결정의 결과를 시각화하면,
진짜 원하는 게 뭔지 분명하게 알 수 있다.

자료조사도 도움이 된다. 막혔다는 느낌이 오면, 온라인에서 추가적인
정보를 얻는다. 기사와 블로그, 혹은 여러분과 비슷한 목표나 도전에 직면
했던 다른 사람들이 제공한 정보를 찾아본다. 물론 지나치게 많이 찾아보
면 너무 많은 정보에 스스로 압도당해 오히려 결정 내리기가 어려워진다.
본인이 신뢰하는 몇 가지 선별된 소스로부터, 온라인에서 정보를 얻는 시
간을 줄이되 강박감을 갖지는 말자.

정말 진도가 나가지 않는다면, 생각했던 행동이 무엇이든 장단점 리스
트를 만든다. 참신한 생각이 아닌 것처럼 보일지 몰라도, 오랫동안 그렇게

해온 사람들이 있다면 효과가 있기 때문일 것이다. 중요도 순으로 장점과 단점의 우선순위를 매겨 보자. 아주 정확한 결과를 얻고 싶다면 5는 가장 중요하고 1은 가장 중요하지 않은 것으로 수치를 정할 수도 있다. 그 다음 각 장점과 단점의 숫자를 더해서 결과를 낸다. 괴짜 같은 이야기지만 도움이 된다.

숫자와 연결되면 내키지 않나? 나도 마찬가지다. 반대와 찬성에 대한 전체적인 논의 내용을 작성해 본다. 쓰고 나서 타당한지 가정한 내용에 특별히 주의를 기울여 본다.

모든 내용을 쓴 다음 하루나 이틀 정도 옆에 놔둔다. 다시 집어들 때는, 본인의 요점과 함께 특별히 가정한 사항에 비교하면서 천천히 다시 읽어본다. 여전히 결정하지 못한다면 다시 이 연습을 해보자. 지루할 게다. 하지만 반복과 자기 평가는 현명하며, 선입견 없는 결정을 만드는 데 도움을 주리라 장담한다.

마침내 작업할 준비가 됐다. 본인의 모든 제약 조건을 정의하고, 구체적인 목표도 결정했으며, 계획도 만들었다. 그리고 제약 조건을 피해서 작용하고 이미 설정한 목표를 수행하기 위해 필요한 자원과 전략을 정의했다.

그 다음은 이제 정보를 모을 차례다. 하지만 필요한 정보를 어떻게 찾을 것인가? 그리고 정보를 찾을 다음에는 무엇을 할 수 있을까? 이 문제는 여러분 각자가 끝을 알 수 없는 방대한 정보 보고에 직접 들어가 해결해야 한다. 좀 더 효율적으로 해결하고자 한다면 우리가 그동안 생각했던 모든 것을 던져버려야 한다. 기본적으로 우리 사회와 뇌가 실제로 움직이는 방법을 고려하는, 체계적인 정리에 대한 새로운 21세기형 정의가 필요하다. 그리고 그 새로운 정의와 우리가 현재 살고 있는 세상에 잘 어울리는 일련의 새로운 도구가 필요하다. 그게 바로 2부의 핵심이다.

요약

- 분명하게 설계된 목표와 그 목표를 이루기 위한 행동 계획은, 여러분에게 명확한 방향을 알려준다. 그리고 행동을 좀 더 효과적이고 체계적으로 정리할 수 있도록 돕는다.

- 목적을 알면, 해야 할 일과 하지 않아도 될 일을 구분하고 필요한 정보가 무엇인지, 쓰지 않는 정보가 뭔지 알기 쉽다. 또 효과적이고 체계적인 정리도 좀 더 쉽게 해준다.

- 목적을 구체화하는 일은 필수다. 좀 더 구체적인 목표는 더욱 실현하기 쉽고 결과를 예측하기도 수월하다.

- 목적의 결과에 유연해지는 것도 도움이 되기 때문에, 첫 번째 단계에서 실패했다면 목표를 수행하기 위한 새로운 방법들을 찾도록 길을 열어놔야 한다.

- 목표를 이루기 위해 가장 필요한 것은 무엇이며 필요한 이유는 또 무엇인지, 실패할 경우 어떤 일이 일어나며 그에 대한 대비책은 무엇인지 등 스스로에게 질문을 던져 구체적인 목표를 밝혀낸다.

- 목표와 제약 조건을 명확히 파악한 후에는, 작업에 들어가기 전에 마음을 깨끗이 비울 만한 시간적 여유를 둔다. 그 다음 고려하고 있는 모든 일들을 직접 해야 하는지, 위임하거나 도움을 요청할 필요가 있는지 결정한다.

- 계획이 더 클수록, 결정할 가능성은 더 크고 많아진다. 불행히도, 우리는 결정을 잘 내리지 못한다. 결정을 잘 하게 해주는 방법, 혹은 부족한 결정을 보충해줄 방법이 있다. 다음 제안을 참고하자.

  - 믿을 만한 의견을 가진 사람이 내 결정에 어떤 반응을 보이는지 살핀다. 그 사람은 항상 내 결정 뒤에 숨어 있는 잘못된 논리나 작업의 편견을 찾아내 도움을 줄 것이다. 아니면 내가 좋은 결정을 한 것에 그 사람이 오히려 힘을 얻을 수 있다.

  - 상황별로 결정의 다양한 결과를 시도한다. 어떤 느낌일지 볼 수 있도록 결과를 시각화해서 결과에 생동감을 준다.

  - 자료조사를 한다. 추가적인 정보는 결정 내리기에 도움이 될 수도 있다. 하지만 지나치게 많이 찾으면 많은 정보 때문에 실제로 결정이 더 어려워질 수 있다.

  - 결정에 따른 가능한 결과의 장점과 단점의 목록을 만든다. 중요도 순으로 장점과 단점의 우선순위를 매겨 본다.

  - 반대와 찬성에 대한 전체 논의를 써보자. 하루나 이틀 정도 지난 뒤에, 가정한 상황과 비교하면서 쓴 내용을 다시 읽어 본다.

1부에서 이야기한 정리 원칙

1. 뇌의 부담을 최소화하자.
2. 가능한 한 빨리 머릿속에서 버려라.
3. 멀티태스킹은 효율적이지 않다.

4. 이야기를 활용해 기억을 떠올리자.

5. 항상 같은 방식을 고수할 필요는 없다.

6. 지식은 힘이 아니다. 지식의 공유가 힘이다.

7. 현실적인 제약 조건을 정리하라.

8. 스스로에게 솔직해져라.

9. 제약 조건을 무시할 수 있는 시기를 파악하라.

10. 시동을 걸기 전에 여러분이 어디로 가는지, 어떻게 갈 것인지 명확히 알자.

11. 목표 수행 방법에 유연해져라.

2부

새로운 정리 체계

5장
검색이 중요한 이유

1부에서는 실제 생활에서 흔히 생각할 수 있는 몇 가지 일반적인 가정을 실험해 보았다. 이쯤에서 나는 체계적인 정리 방법이 모두에게 똑같이 적용되는지, 또는 그래야 하는지 여러분에게 묻고 싶다.

몇 년 동안 이 오해는 체계적인 정리 기술을 배우고 실행하는 방법의 중심에 있었다. 하지만 그 의미에 대해 생각해보면, 체계적인 정리의 개념은 특별히 날아다니는 사람이 아닌 한 모든 사람에게 똑같다. 인간은 고유의 존재다. 누구나 자신만의 경험, 제약 조건, 약점 등이 있다. 광범위하고 굉장히 특성화된 세상에서 체계적인 정리에 대한 욕구 역시 똑같지 않다. 체계적인 정리에 대해 내가 바라는 점은, 여러분이 CEO이건 물리학자이건 아니면 전업주부건 상관없이 다른 사람들과 반드시 차별화해야 한다

나는 그냥 사람이에요 /
실수하려고 태어났죠
- 휴먼 리그, 〈Human〉

는 점이다.

여기, 좋은 소식이 있다. 지난 몇 년 동안 진보한 수많은 기술을 이용하면, 체계적인 정리에 있어 똑같은 전략을 활용할 필요가 없다. 요즘에는 구글의 무료 지메일과 개인 고유 계정으로 전환할 수 있는 클라우드 이메일 서비스, 검색 가능한 정보 아카이브, 그리고 어디서나 인터넷 연결이 가능한 컴퓨터나 스마트폰 등 체계적인 정리에 도움이 되는 높은 수준으로 최적화된 도구가 많다(지메일에 대해서는 9장에서 상세히 이야기하겠다). 개인적인 욕구를 해결해주는 체계적인 정리 시스템을 만들 때 이와 같은 다양한 도구를 사용할 수 있다.

체계적인 정리에 대한 천편일률적인 개념이 낡은 방식이라면, 현재 우리에게 필요한 것은 완전히 새로운 접근법이다. 개인적인 차이점, 제약 조건과 목적의 요인을 인정하고, 어디서든 활용할 수 있는 기술의 장점을 받아들이는 새로운 개념이 필요하다. 이 책 초반에서 읽은 것처럼 21세기의 체계적인 정리는, 다소 정리되지 않은 자유로움을 주기도 한다.

2부에 온 걸 환영한다. 2부에서는 최근에 필요한 체계적인 정리의 새로운 개념을 다루며, 이 개념은 스트레스와 마찬가지로 우리 삶 속 정보를 관리하는 데 초점을 맞춘다. 나는 체계적인 정리에 대한 자신만의 연습과 시스템을 만들라고 권장하면서, 아마 이미 하루에 수십 번씩 사용할지도 모르는 검색 도구로 시작하기를 제안한다. 온라인에서 활용 가능한 지식과 많은 정보를 얻는 만큼, 검색은 산소와 같은 삶의 필수 조건이 돼버렸다.

6장에서는 검색이 새로운 정리 체계의 기초가 되는 이유와 검색의 달인이 되는 방법을 다룬다. 7장에서는 중요한 요소들을 머릿속에 집어넣는 기술을 공유하겠다. 그 다음 8장에서 11장까지는 그 요소들을 머릿속에서 어떻게 꺼내 활용하는지 보여주겠다. 이들 장에서 나는 문서와 디지털을 포함해, 매일 나를 어지럽히는 생각과 아이디어, 정보들을 체계적으로 정리할 때 사용하는 도구를 모두 소개하겠다. 내 목표는 나와 똑같은 전략을 이용하라는 게 아니다. 여러분을 위해 움직이는 시스템을 만들 수 있도록 내 전략에서 아이디어를 얻어 가길 바랄 뿐이다.

체계적인 정리가 모두에게 똑같이 적용되지 않는 이유

여러분은 체계적인 정리에 대한 감각을 갖고 태어나지 않았기 때문에 그 방법을 배워야 한다. 다른 모든 것들을 배울 때처럼 체계적인 정리도 개인의 특성에 따라 익혀야 하는데, 수영을 배울 때와 마찬가지다. 배영이나 접영을 하는 방법에는 몇 가지 일반적인 방식이 있지만 대부분 자신의 방식대로 필요한 동작을 배워야 한다. 그 누구도 똑같은 몸매와 사이즈, 또는 특정 근력을 공유할 수 없기 때문에 여러분의 수영 방법은 그 누구와도 완전히 똑같을 수 없다.

이처럼 체계적인 정리는 모두에게 완전히 똑같지도, 똑같을 수도 없다. 물론 할 일의 목록을 챙기고 언제나 작은 노트북을 가지고 다니며, 뭐든 제 자리에 놓고 어디에 무엇이 있는지 기억하는 상황 등에서 체계적인 정리에 대해 많은 사람이 도입할 수 있는 기본적인 가이드라인은 있다. 하지만 이 가이드 하나만으로 체계적인 정리 시스템의 자격을 갖추지는 못한다.

내 변변치 않은 생각으로는 체계적인 정리에 대한 천편일률적인 관점은 틀에 박힌 듯해 보인다. 여러분이 기계와 하나가 되기를 원한다면 좋을 지도 모르겠지만, 살아가고 숨쉬는 존재의 부류에서는 인간성과 차이점을 받아들이는 체계적인 정리 시스템이 필요하다. 예를 들어, 난독증상이 있는 아이였던 나는 학교 숙제와 연필, 노트 그리고 주변에 갖고 간 것은 무엇이든 잃어버리지 않으려고 고군분투했다. 다른 애들이라면 좀 더 쉽게 챙겨올 수 있는 물건들이었는데도 말이다. 학교 활동에 집중하기 위해 동원할 수 있는 모든 지적 능력이 필요했기 때문에, 다른 친구들보다 나는 체계적인 정리가 좀 더 중요했다. 불행히도 기존에 있던 체계적인 정리의 법칙은 내 난독증에 맞춰진 것이 아니라서 나만의 방법을 만들어야만 했다.

중학교 때 나는 바인더 파일을 사용하기 시작했다. 80년대 세대라면 누구나 알 법한 이 제품은 3개의 플라스틱 링이 달려 있는 바인더로, 수납 공간과 함께 찍찍이로 된 덮개가 달려 있었다. 나는 바인더 속 링에 붙어 있는 지퍼 달린 플라스틱 주머니 속에 연필과 펜을 넣고 다녔다.

체계적인 정리에 영향을 주는 중심 법칙처럼, 학용품을 한 곳에 모아 관리하면서 나는 숙제처럼 가장 필요한 일에 정신을 집중할 수 있었다. 나는 내 바인더 파일을 사랑했다. 천편일률적인 관리 시스템에 맞서 나를 바꿔놓은 운명의 그 날까지는 말이다.

당시 나는 여러분이 알다시피 36kg의 체구에 안경을 쓴 괴짜였다. 생물 시간에 나는 어린 시절 좋아했던 예쁜 금발머리 친구 옆에 앉았다. 어느날 내가 바인더 파일 속 파우치에 연필을 넣는 걸 본 그 아이는 주변을 둘러보더니 낄낄거리기 시작했다. 끔찍하게도 그 다음에 친구에게 돌아서서 "더글라스한테 웃기는 필기도구가 있어."라고 작은 목소리로 속삭이며 말했다.

사랑은 아프다
- 나자레스, 〈Love Hurts〉

굴욕감을 느낀 나는 바인더 파일과 '웃기는 필기도구'를 바로 없앴다. 좀 더 체계적으로 정리하기 위해 내가 만들었던 과정에서 잠시 빠져 나온 것이었다. 나는 그 당시 기존의 체계적인 정리 시스템이 내게는 맞지 않는다는 사실을 알고 있었다. 하지만 쉽게 포기하지 않았고, 자라서는 나만의 일반적인 체계적인 정리 시스템과 나를 위해 움직일 특정 관리 시스템을 고안하기 시작했다. 정보 필터링을 통해 나만의 방식을 고안한 방법은 7장에서 설명하겠다.

앞으로의 일 예상하기

기존의 체계적인 정리 방법은 개인적인 차이를 받아들이지 못했을 뿐만 아니라 뇌의 한계를 고려하지도 않았다.

서류 캐비닛을 생각해보자. 나는 몇 년 전에, 정확한 서류철 방법 배우기의 중요성을 다루고 있는 체계적인 정리에 관한 책을 많이 읽었다. 그래서 서류철을 배웠고 그 책들을 쓴 많은 저자들의 의견에 동의했다. 영수증을 몇 가지 논리적인 방법을 이용해 체계적으로 정리해 두지 않으면, 세금 낼 때처럼 필요할 때마다 박스나 장바구니를 헤집어야 할 것이다. 8장에서 보겠지만 사실 어떤 경우에는 여전히 서류 캐비닛을 사용한다.

하지만 서류 캐비닛은 우리 뇌의 한계를 받아들이지 못할 뿐만 아니라 진보한 새로운 기술의 장점도 없다. 정확히 말해서 캐비닛에 정보를 서류철하고 나중에 다시 정보를 찾게 되면, 정리할 때마다 그 서류를 언제 다시 쓸지 정확하게 알아야 하기 때문에 라벨을 적절하게 활용할 수 있다. 그렇게 하지 못하면, 필요할 때 서류를 찾을 수도 없다.

'클라우드'란 무엇인가?

하늘에 떠다니는 하얀 덩어리가 아닌, 사람들이 이야기하는 '클라우드'는 정확히 무엇을 의미할까?

최근에는 '클라우드', '클라우드 컴퓨팅'과 같은 말이 대중화 됐지만, 엔지니어들은 오래 전부터 본인의 도표에 클라우드를 활용했다. 원래 클라우드는 도표 제작자에게 알려지지 않거나 크게 상관이 없는 내부 작업자들의 네트워크를 지정할 때 사용해왔다. 그리고 시간이 흘러 인터넷에 '클라우드'라는 별칭이 붙었고 이름으로 자리잡았다.

오늘날 '클라우드 컴퓨팅'이라는 말에는 일반적으로 이메일과 캘린더, 주소록 그리고 파일 백업/공유/동기화 서비스와 같이 인터넷을 통해 실시간으로 받을 수 있는 소프트웨어 툴과 다양한 종류의 서비스가 포함돼 있다. 개인 컴퓨터 드라이브나 휴대용 디스크에 정보를 저장하지 않고, 클라우드 서비스를 이용해 '구름과 같은' 인터넷에 모든 정보를 저장할 수 있다. 곧 다른 컴퓨터나 웹 브라우저 기능이 있는 스마트폰처럼 인터넷에 연결할 수 있는 다른 장치를 통해 정보와 문서에 접근할 수 있다는 뜻이다. 여러분의 정보는 한 곳에 있지만 다양한 방법으로 접근할 수 있고, 또 하드 드라이브 고장이나 바이러스 감염 등으로 컴퓨터에 있는 정보가 손실되는 것에 대해 걱정할 필요도 없다.

보통 DSL이나 케이블 서비스 제공자를 통해 웹 브라우저와 인터넷 연결을 사용할 수 있다면, 더 많은 클라우드 서비스를 이용할 수 있다. 그 가운데 체계적인 정리에 굉장히 유용한 서비스로 내가 찾은 것은 구글의 무료 이메일 서비스인 지메일과 모바일미*, 애플의 결제 서비스다(더 많은 내용은 9장에서 볼 수 있다).

---

* '모바일미(MobileMe)'는 후속 서비스로 인해 더 이상 서비스되지 않으며 기존 회원에 한해 2012년 상반기까지 사용할 수 있게 했다. 이후 애플은 아이클라우드(iCloud)라는 서비스를 제공한다. – 옮긴이

물론 모두가 클라우드 컴퓨팅을 주장하지는 않는다. 독자적인 아이디어와 개인 정보가 공중에 떠 다니는 걸 좋아하지 않는 사람도 많다. 다른 사람이 개인 정보를 알게 될 경우, 이런 정보를 유실하거나 도용될 가능성은 분명 있다. 그 때문에 어떤 사람들은 보안 문제에 조바심을 내고, 또 어떤 사람들은 구매와 이메일 등 자신의 모든 온라인 활동을 마케터들이 모니터하고 추적할까봐 싫어한다. 하지만 곧 읽게 될 몇 가지 이유로, 나는 클라우드 컴퓨팅의 장점이 그런 걱정을 뛰어 넘는다고 생각한다.

예를 들어, 몇 년 전에 우편함을 통해 회사의 새로운 출장 정책을 받았다고 치자. 다음에 출장 갈 경우 지출 보고서를 적절하게 만들어 빨리 공제 받을 수 있도록 그 내용을 참조해야 한다. 하지만 앞으로 두 달 가량은 출장 계획이 없다면 어떨까? 이 특별한 사내 정보를 잠정적으로 어디다 서류철 해야 할까?

우리 대부분은 이 지점에서 똑같은 작업을 한다. 아마 회사용 노란색 파일 표지에 '지출 보고서 절차'와 같이 이름을 붙인 후 재정 관련 물품이 들어 있는 서랍에 모아 둔다. 하지만 재정 관련 서랍에 출장 정보가 담겨 있다는 사실을 어떻게 기억할까?

아마도 여러분은 인사과에서 나눠 준, 회사의 모든 규정과 절차가 지겹도록 설명돼 있는 3링 바인더에 그 정보를 저장하기로 할지도 모른다. 하지만 나중에 그 바인더에서 어떻게 정보를 기억할지에 대한 문제는 똑같다.

그 정보를 어디다 놨는지 잊어버릴 가능성에 대비해 해당 내용을 3부씩 복사한다. 하나는 '재정 관련' 서랍에 넣고 하나는 인사부가 제공한 폴더에, 나머지 하나는 다음 출장 때 필요한 내용을 담을 수 있는 새 파일에 넣는다. 똑같은 서류철 작업을 세 번이나 반복해야 해서 아마존 산림 고갈에 일조하게 되겠지만 가능성 있는 전략이다.

요즘에는 이메일로 정보를 많이 받기 때문에 서류철 하는 방법을 잊어버릴 수도 있다. 이메일을 받은 편지함에 그대로 내버려두면, 그 받은 편지함도 결국 서류 캐비닛처럼 방대해져서 관리하기 힘들어질 것이다. 무엇이 어디에 있는지 단서가 없기 때문에 한 화면에서 모든 메시지를 볼 수 없을지도 모른다. 하지만 아날로그 방식과 전자 방식 사이에는 기본적으로 차이점이 하나 있다. 검색 기능 덕분에, 이메일 받은 편지함에서는 찾고 있는 내용이 어디에 있는지 알 필요가 없다는 점이다. 내용 속 정보가 필요할 때는 검색창에 몇 글자만 치면 된다.

여기서 체계적인 정리에 대한 내 12번째 원칙이자 요즘 우리에게 필요한 새로운 체계적인 정리의 필수사항인 '정보를 쌓아 두지 말고 검색하라'는 내용이 나온다.

정보를 쌓아 두지 말고 검색하라

그게 바로 검색의 매력이다. 메일에 어떤 파일이나 폴더를 넣어도 상관없다. 이제 메일을 폴더에 넣을 필요가 전혀 없다는 사실과 함께, 컴퓨터의 모든 파일을 체계적으로 정리하도록 몇 개의 수준 높은 폴더를 활용할 수 있다는 이야기를 하겠다. 컴퓨터에서 검색하면 서류 캐비닛까지 의자를 굴려 이동할 시간에, 필요한 이메일이나 파일을 찾을 수 있다. 이메일로 받은 내용이 아니라도 스캔해서 개인 컴퓨터나 클라우드에 디지털 파일로 저장해 두면 필요할 때마다 찾아 쓸 수 있다.

다시 말해 검색은 정보화 시대에 잘 먹고 잘 사는 데 필수적이며, 새로운 체계적인 정리의 기본이다. 다음 장에서는, 목적에 맞춰 좀 더 빠르게 검색하는 방법을 보여주고, 앞으로의 일을 예상하지 않고도 종이 낭비를 최소화하면서 필요할 때마다 정보를 항상 찾을 수 있는 비법을 공개하겠다.

요약

- 체계적인 정리는 모두에게 똑같이 적용되지 않는다. 체계적인 정리 방법이 똑같다는 낡은 개념은 개인적인 차이점과 경험, 제약 조건, 약점의 범위를 받아들이지 않은 채 모두에게 적용된다.
- 지난 몇 년 동안 진보한 모든 기술로 인해, 체계적인 정리의 오랜 법칙은 낡아 버렸고 요즘 우리가 바라는 기능을 제공해 주지도 않는다.
- 현재 필요한 것은 체계적인 정리에 대한 완전히 새로운 접근법으로, 이 접근 방법은 개인적인 차이점과 제약 조건, 다양한 약점, 어디든 가능한 기술의 영향력을 받아들인다. 이 새로운 체계적인 관리는 다소 정리되지 않은 자유로움을 주기도 한다.
- 검색은 새로운 체계적인 정리의 기본이다. 중요한 정보를 서류철하고 찾는 데 시간과 에너지를 쓸 필요가 없다. 우리 모두가 해야 할 일은 정보 검색이다.

6장
검색의 달인이 되는 방법

검색은 그 어떤 기술이나 혁신보다도 정보화 시대에 살아남아 발전하도록 해준다. 닿는 대로 모든 것을 변하게 하는 산소처럼, 컴퓨터 파일과 이메일, 캘린더 목록과 데이터베이스 그리고 재빨리 웹을 검색하는 능력은 정보의 저장과 검색, 활용 방법을 바꿔놓았다. 다시 말해, 검색은 완벽하지 않은 마음속 어수선함에서 우리를 자유롭게 한다.

검색 덕분에 모든 것을 제자리에 놓으려고 했던 방법처럼, 더 이상 모든 정보를 깔끔하게 정리할 필요가 없다. 마치 모든 옷을 걸어둘 필요가 없는 상황과 같다. 대신 갈수록 커지는 더미에 보관해 두다가, 가장 좋아하는 티셔츠를 입고 싶을 때 말만 하면 마술처럼 옷 무더기 맨 위에 그 옷이 나타나는 이치다. 얼마나 자유로운가.

지난 10년에서 15년 동안 컴퓨터 기반의 검색은 우리 삶의 필수가 되었다. 학자와 과학자들만이 본인의 거대한 컴퓨터로 할 수 있었던 일에서, 우리 대부분이 매일 여러 번 본능적으로 하는 일로 바뀌었다. 우리는 숨쉬고 눈을 깜박거리고 먹고 잠자며 구글링을 한다.

그 결과 사람들은 검색에 많은 주의를 기울이지 않는다. 사실 지금까지는 검색을 당연한 것으로 받아들여왔다. 하지만 검색은 실질적으로 새로운 체계적인 정리에 필수적인 기술이다. 그리고 검색을 잘 하려면 중요하지 않은 것은 무엇이고, 어떤 것에 초점을 맞춰야 하는지 필터링할 줄 알아야 한다. 목적에 맞춰 검색하는 능력은 원하는 정보를 좀 더 빨리 찾을 수 있게 도와준다. 어

펑! 바로 여기에
- 태그 팀, 〈Whoomp! There It Is〉

디에서 정보를 찾아야 하는지 찾은 정보를 바탕으로 또 무엇을 해야 하는지 고민할 필요 없이, 원하는 정보의 핵심을 잡아 바로 검색하기만 하면 된다는 말이다.

이제 검색의 달인이 되는 작업을 해보자. 이번 장에서는, 의문점에서부터 최상의 결과를 얻는 몇 가지 전략과 팁을 공유하겠다. 특히 사람들이 주로 많이 사용하는 구글에 초점을 맞춰 보겠다.[1] 많은 경쟁자가 있음에도 불구하고 나는 구글을 믿는다. 그 곳에서 일했기 때문이 아니라 간결한 검색 인터페이스와 가장 관련 있는 결과를 내기 위한 세련된 알고리즘으로 계속해서 최상의 검색 엔진을 제공하기 때문이다. 다른 검색 엔진에 대한 아이디어는 부록에 있는 '추천 서비스'를 보길 바란다. 2부에서 이야기할 도구와 서비스에 대해 간단하 가이드도 찾을 수 있다.

웹 크롤링

구글과 대부분의 검색 엔진은 스파이더^{spider} 또는 로보트^{robot}로 알려진 '크롤러^{crawler}'라는 이름의 자동화 소프트웨어를 쓴다. 크롤러는 사이트 내에 있는 다른 페이지에 링크를 이어줄 뿐만 아니라 페이지의 텍스트 대부분을 읽고 저장하면서 웹 사이트를 찾는다.

크롤러가 수집한 사이트에 대한 정보는 웹 페이지의 검색 엔진 색인에 추가된다. 정보를 검색할 때, 이 검색 엔진은 그 색인에서 찾다가 일치하는 정보를 재빨리 분석한다. 검색 결과는 가장 관련 있는 페이지를 맨 처음으로 해서 관련도 순서에 따라 목록화된다. 물론 유기적인 검색 결과에 따라 화면의 맨 위와 구글 검색 결과 페이지의 오른쪽에서 작은 글씨로만 구성돼 있는 광고를 볼 수도 있다.

검색 엔진은 많은 요인을 활용해서, 무엇이 여러분의 의문사항과 가장 관련 있는지 결정한다. 구글은 검색어가 나타나는 페이지와 얼마나 자주 나타나는 용어인지를 포함해 200개가 넘는 요인을 활용한다. 예를 들어, 내가 '화상회의^{video conferencing}'라는 단어를 검색하면 구글은 정확히 202만 개의 페이지*를 찾아낸다. 검색 결과의 상위에 있는 내용 가운데 위키피디아 페이지와 〈비즈니스 위크〉 기사가 있었다. 둘 다 '화상회의'라는 단어가 해당 웹 페이지의 제목에 들어 있었다. 그리고 그 단어는 제목과 내용에 4번 이상 들어있다. 이러한 빈도는 검색 기준 요소 가운데 하나다.

대부분의 검색 엔진이 이런 일반적인 모델을 따르지만, 두 개의 엔진이 정확히 같은 결과를 내놓진 않는다. 다른 검색 엔진에서 같은 단어를 검

---

* 저자가 영문을 쓸 때의 기준이므로 검색 결과에 차이가 있을 수 있다. – 옮긴이

색했을 때 다른 결과를 얻을 수도 있는 이유를 설명해주는 부분이다.

구글의 페이지랭크PageRank2 알고리즘은 구글이 다른 검색 엔진과 차별되는 도구 중 하나다. 구글의 공동 창립자인 래리 페이지와 세르게이 브린은 스탠포드 대학에서 전산학을 전공하는 대학원생으로 만났다. 두 사람은 데이터 더미에서 가치 있는 정보를 찾아내는 방법을 내놓는 수업 과제를 맡았다. 이 프로젝트가 페이지랭크의 발전을 이끌었다.

페이지랭크는 우리가 다른 사람을 판단하는 방식으로 특정한 웹 페이지가 '좋은지' 여부를 판단한다. 예를 들어, 거리에서 외국인을 만났을 때 그 사람이 어떤 까닭인지, 검색에 대한 설명을 시작해도 여러분은 그를 이상하게 보지 않는다. 왜 그럴까? 외국인이기 때문에 그 사람이 정당한 것을 말하고 있다 해도 알아들을 방법이 없기 때문이다.

하지만 여러분은 이 책을 샀고 지금 이 장을 읽고 있다. 내가 검색에 관한 유용한 이야기를 할 거라 믿고 있지 않은가? 왜 거리에서 만난 외국인이 아닌 나를 믿는가? 내가 스스로 검색에 관한 이야기를 하는 데 자신이 없는 비전문가라면 출판사가 나에게 책을 쓰라고 권유할 일도 없을 것이기 때문이라 생각한다. 다시 말해 여러분 중 일부는 나를 믿는 출판인을 신뢰하기 때문에 또한 나를 신뢰한다.

페이지랭크는 본질적으로 같은 원리로 움직인다. 페이지랭크는 사람들이 그 내용을 믿는지 묻는 대신, 웹 페이지가 순위에 들어 있는 페이지에 연결되는지를 찾아 본다. 그 내용이 연결된 다른 사이트에, 맥락을 같이 하는 부분이 많은 관련 페이지일수록 더 많이 '신뢰한다'. 다시 말해, 많은 관련 페이지가 한 페이지에 연결돼 있다는 것은 분명 이 페이지가 관련 주제에 있어서 매우 가치있다는 의미와 같다. 따라서 이 페이지는 더 높은 수준의 페이지랭크로 책정돼 구글 검색 결과 중 상위에 뜬다.

어쨌든 페이지랭크가 웹 페이지의 순위를 매기기 때문에 그런 이름이 생겼다고 상상했을지 모르지만 아니다. 래리 페이지가 말장난으로 혼자 이름을 지은 것 뿐이다.

검색 결과 순위를 정확히 매기는 것이 어려운 주요 이유는, 우리 언어가 상당히 복잡하기 때문이다. 예를 들어, 내가 '뱅크*에 갔다고만 말했다면, 돈을 찾으러 갔는지 바로 알 수 있겠는가? 아니면 강가 주변에 들렀다고 생각하겠는가?

이와 비슷하게 여러분이 애플apple을 검색했다면, 과일과 관련된 결과를 원하는지 아니면 특정 기술 회사를 찾는 건지 검색 엔진이 어떻게 알 수 있을까? 구글 알고리즘은 과거에 이뤄졌던 수많은 검색에서 편집된 엄청난 양의 데이터를 기반으로 학습된 예상치를 만든다. 이런 경우 검색어로 애플apples을 치면, 구글은 일반적으로 과일에 대한 정보를 찾고 있다고 추측한다. 그리고 기술 회사에 대한 정보를 찾을 가능성에 일정 부분 대비해 상위 검색 결과에 노출한다. 하지만 애플apple을 집어 넣으면 기술 관련 회사를 찾는 것처럼 보일 확률이 현저히 늘어난다. 이런 경우 상위 검색 결과는 회사인 애플과 관계된 내용이 압도적이다. 그래서 구글은 스펠링 하나(s)가 있는지 없는지에 따라 결과 순위가 달라지게 했다. 다른 검색과 비교하면 더욱 복잡할 수도 있다. 그게 바로 구글과 경쟁 회사가 가장 근접한 결과를 내도록 지속적으로 엔진을 조정하기 위해 수백 명의 엔지니어를 고용하는 이유다.

---

* 영단어 'bank'에는 '은행'과 '둑'이라는 두 가지 뜻이 있다. - 옮긴이

가장 관련 있는 검색 결과 얻기

검색 엔진이 어떻게 움직이는지 살짝 살펴보았다. 이제 어떻게 하면 구글 검색을 이용해 최상의 내용을 얻을 수 있는지 방향을 돌려 연구해보자.

구글 검색은 항상 여러분이 찾는 결과를 빠르고 쉽게 가져온다. 하지만 때로는 원하는 내용에 비해 지나치게 광범위한 결과가 나와서 결과 페이지를 수없이 넘겨 보는 데 시간이 걸릴 수도 있다. 그렇게 되면, 더 나은 결과를 얻도록 구글 검색 기준을 수정하는 방법이 있다. 다음 몇 가지 내용을 보자.

가능한 만큼 묘사하기 앞선 사례처럼 단순하게 애플을 친다면, 수백만 건의 검색 결과가 나올 것이다. 하지만 진짜 검색하고 싶은 정보가 애플 아이팟 터치라면, '애플 아이팟 터치'와 같은 문장으로 검색을 하자. 검색 결과가 관심사에 좀 더 근접하게 나올 것이다. 이 장에서는 검색어를 다른 부분과 구별하기 위해 파란색으로 표시했다.

구문에 맞춰 인용 표시 사용하기 두 개 혹은 세 개의 단어에 인용을 추가하면 구글이나 다른 검색 엔진은 정확한 구절에 맞는 페이지만 보여줄 것이다. 예를 들어, 운 좋게 여러분이 이번 여름 휴가를 파리로 떠나게 돼서 호텔을 찾고 싶다고 가정해보자. 단순하게 *파리 호텔* *Paris hotels* 이라는 단어로 검색한다면, 구글은 그 두 개의 단어를 이용해 호텔 관련 페이지를 찾고, 이 때 검색되는 내용은 페이지에서 두 단어 중 한 쪽에 거의 가까운 결과로 나올 것이다. 일반적으로 구글은 단어들을 하나의 구절처럼 함께 검색할 것으로 생각하겠지만 그렇지 않다. 그렇기 때문에 수많은 검색 결과 페이지 가운데 라스베이거스에 있는 '파리 호텔'이 연결될 수도 있다.

당연히 여러분이 찾는 내용과 맞지 않는다. 다시 말해 두 단어에 겹따옴표 (" ")를 사용하면, 구처럼 사용된 *파리 호텔*^Paris hotels^ 의 두 단어가 해당 웹 페이지에 한정되는 검색 결과가 나온다. 논란의 여지가 있다고 해도, 라스베이거스 사막에서의 휴가지처럼 다소 거리감이 있는 검색 결과는 제외된다. 구글 검색이나 다른 검색 엔진은 예민한 경우가 없기 때문에, 대소문자를 구별하지 않아도 상관 없다.

형용사로 검색하기 특정 파리 호텔에 대한 정보가 필요한 것이 아니라면 결국 예산 문제다. 검색에 가격이 *알맞은*, *저렴한*, *예산* 등의 단어를 포함해 결과를 좁힐 수 있다. 그리고 다양한 동의어를 활용해 시도해본다. 하지만 저렴한 호텔을 검색하고 싶을 때, 호텔 마케팅 팀이 '저렴한 비용'이라고 적어놓은 광고에 속을 수도 있다. 자, 구글에서 어떻게 검색해야 하는지 실례로 알아보자.

구글에서 이 검색을 *"파리 호텔"~가격이 알맞은*으로 쳐 보자. 일반적으로 다른 검색 엔진에서는 실행되지 않는 방법이다. 단어 바로 앞에 물결 표시(~)를 사용해서, (이번 경우) *가격이 알맞은*이라는 단어나 *저렴한*, *예산* 등 유의어가 포함된 웹 페이지를 찾을 수 있도록 해준다. 단, 물결 표시와 찾으려는 단어 사이에 공간이 생기지 않도록 주의한다.

다른 방법으로, *"파리 호텔" 가격이 알맞은 OR 저렴한 OR 예산*이라 고칠 수도 있다. 검색 결과에는 *파리 호텔*과 함께 적어도 *가격이 알맞은*, *저렴한*, *예산* 가운데 하나가 포함된 페이지가 포함될 것이다. OR을 대문자로 쓰는 것은 표준 엔진 운용 방법이기 때문에 대부분의 검색 엔진에서 활용된다.

물결 표시(~)와 OR 사용의 차이점이 무엇일까? 물결 표시는 *가격이*

알맞은과 비슷한 단어라고 생각되는 모든 페이지를 찾도록 구글의 자유재량에 맡긴다는 뜻이다. 반대로 OR을 쓰면 *가격이 알맞은*, *저렴한*, 또는 *예산*이라는 단어만 포함된 페이지를 찾기 때문에 검색 결과가 좀 더 좁혀진다. 결과를 좁히고 싶다면 OR를 활용해서 원하는

나는 니콘 카메라가 있어 / 나는 사진 찍는 게 좋아
– 폴 사이먼, 〈Kodachrome〉

동의어를 구체화할 수 있다는 점이 핵심이다.

원하지 않는 것은 제외하기 여러분이 파리 여행 때 쓸 디지털 카메라를 사고 싶은데 어떤 이유인지 니콘 제품은 좋아하지 않는다. 물론 특정 상품을 비난하려는 것이 아니라 하나의 예로 들었을 뿐이다. 그럼 구글과 다른 대부분의 검색 엔진에서 *디지털 카메라 -니콘* 또는 좀 더 정확히 *"디지털 카메라" -니콘*으로 검색하면 된다.

공간 없이 니콘이라는 단어 바로 앞에 붙은 마이너스(-) 표시는, 구글이 니콘을 제외한 다른 회사의 디지털 카메라에 대한 웹 페이지를 찾도록 한다.

검색에서 마이너스 표시가 유용한 또 다른 방법이 있다. 웹 브라우저가 아닌 '오 솔레 미오'와 같은 오페라의 일반적인 정보를 찾는다고 가정해 보자. 구글 검색에서 *오페라 -브라우저*로 치면 웹 브라우저는 검색 결과에서 제외될 것이다.

숫자 범위를 정해 구체적으로 검색하기 구글에서 점 세 개짜리 생략 부호(…)는 숫자 범위를 표현할 때 사용할 수 있다. 디지털 카메라 가격이 얼마나 적당한지 구체화하고 싶으면 구글에 *"디지털 카메라" $100...$300*으로 쓸 수 있다. 이 표시는 구글이 100달러에서 300달러 사이 가격대의 디지털 카메라로 결과를 좁히도록 할 것이다. 다른 모든 엔진에서 통하지는 않는 방법이다.

특정 사이트 검색하기　대부분의 웹 사이트가 고유 페이지를 제공하지만, 이런 도구들은 때로 차선책이다. 구체적인 웹 사이트의 컨텐츠를 찾기 위해 구글을 이용할 수 있다는 사실을 많은 사람이 모르고 있다. 몇몇 웹 사이트가 사용하는 검색 툴보다 훨씬 복잡한 알고리즘으로 구성돼 있기 때문에 구글을 활용하면 일반적으로 좀 더 나은 결과를 얻을 수 있다. 물론 근래에는 구글과 같이 강력한 검색을 제공하려 노력하는 엔진도 있지만 말이다. 찾고 싶은 사이트의 URL 앞에 공간을 두지 않고 *site*를 쓰는 것이 핵심이다. 예를 들어, 뉴욕타임스가 파리 호텔에 대한 내용을 발행한 적이 있는지 궁금하다면, 뉴욕타임스의 웹 사이트에 가서 검색창에 *"파리 호텔"*을 칠 수 있다. 또는 구글 검색의 표준을 따라 *"파리 호텔" site:nytimes.com*이라고 쓰면 더 좋다. 이 방법은 다른 검색 엔진에서도 허용된다.

특정 파일 형태 찾기　이제 파리 여행 비용을 어떻게 지불해야 할지 알아야 한다. 웹 어딘가에 있는 엑셀 스프레드시트가 예산을 짜는 데 도움이 될 가능성이 있지 않을까? *"개인 예산" filetype:xls*라는 문구로 구글링해서 찾을 수 있다. 엑셀 포맷이 xls인 만큼 filetype:xls를 사용하면 구글과 다른 대부분의 검색 엔진이 개인 예산과 관련 있는 엑셀 스프레드시트를 찾도록 한다. 이런 방식을 활용해서 쉽게 검색하도록 하는 다른 파일 형태 중에는 PDF 문서^{pdf}와 워드 파일^{doc}, 파워포인트 프리젠테이션^{ppt}이 있다.

　이 단순한 검색 방법은 사용할 때 짧은 시간이 걸리기 때문에 검색 결과를 좁히기 위해 들여야 하는 어마어마한 시간과 노력을 줄일 수 있다. 생각해보면 굉장히 놀랍지만 일반적인 웹 이용자들은 잘 알지 못한다.

검색 엔진도 계산기다

구글은 웹 페이지만 찾는 엔진이 아니다. 특정 사실이나 통계를 빨리 찾아야 한다고 해보자. 구글이 도와줄 테니 걱정하지는 말자. 내가 모든 종류의 사실을 빨리 돌아볼 때 구글을 활용하는 몇 가지 방법이 있다.

통화 전환 *100euros in dollars*와 같은 표준 구글 검색은 통화를 다른 형태로 바꿔줄 것이다. 또 달러에서 유로화로, 유로화에서 미국 달러로, 혹은 페소와 엔화 등으로 바꿔서 검색하는 방법으로도 활용할 수 있다.

단위 전환 들쭉날쭉한 단위 구조를 다루기 어렵다면, 굉장히 유용한 기능이다. 구글은 특정 단위를 또 다른 측량지수를 전환한다. 예를 들어 *1mile in km*로 검색하면 1마일을 킬로미터로, *파운드 in 온스*는 파운드가 온스로 얼마나 되는지 보여주고, *인치 in 밀리미터*는 밀리미터가 얼마나 있어야 인치가 되는지 말해주는 식이다. 이런 단위 전환에서 보듯 구글에서는 in 표시로 하나의 측량 구조를 다른 형태로 바꾸고 싶을 때 사용한다.

시간 *파리 시간*을 치면 현재 그 도시의 시간을 보여줄 것이다. 숫자는 필요 없다.

날씨 파리의 현재 날씨의 알고 싶다면? *파리 날씨*를 치면 된다.

지도 구글 지도에서 주소를 보고 싶다면 구글에서 거리 주소와 도시를 검색한다.

비행 위치 아메리칸 항공 123과 같은 항공사와 항공편 번호를 통해 배우자의 비행이 정각에 이뤄지는지 찾을 수 있다. 성가신 팝업 광고나 영혼을 좀먹는 음악은 없다.

외국어 번역 '저 보라색 셔츠가 얼마인가요?' 같은 필수적인 여행 문구를 프랑스어나 스페인어, 독일어 혹은 우크라이나어로 어떻게 바꿀지 상상해 봤나? 구글 번역(translate.google.com) 사이트는 단어와 문장 그리고 엄청난 양의 텍스트라도 하나의 언어에서 다른 언어로 바꿔준다. 변환하고 싶은 언어를 검색하기만 하면 수초 내에 번역 내용을 얻는다. 야후!도 바벨피시(babelfish.yahoo.com)라는 좋은 번역 툴을 제공하고 있다.

의미 discombobulated(당황하게 하다)가 뭘 의미하는지 정확하게 모르진 않나? 불행히도 나는 모든 것을 너무 잘 안다. discombobulated 라는 단어를 치기만 하면 검색 결과가 정확히 알려줄 것이다. 아니면 *discombobulated 뜻*이나 이해할 수 없는 의미의 다른 단어를 검색한다.

전화 번호 장난 전화와 스토커, 채권자 때문에 괴롭나? 알 수 없는 전화 번호가 발신자 번호 확인 서비스에 뜨면, 찾고 있는 번호를 대신 넣어서 *전화부 : 212-555-1212* 같이 검색한다. 또 누군가의 전화 번호를 찾는다면 *전화부 : 뉴욕에 사는 존 스미스*로 검색하면 된다.

주식 시세 애플의 AAPL과 같은 회사 주식의 상징을 쳐서 최신 주가 시세를 알아본다. 애플의 상징이 뭔지 모른다면 간단히 *애플 주식*을 입력해 상징과 최신 주가를 함께 알 수 있다. 전부는 아니지만 이 방법은 많은 회사 주식 거래 상징을 찾을 때 이용한다.

배송 위치 페덱스와 UPS 혹은 다른 배송업체로부터 소포를 기다리고 있나? 구글에서 추적 번호를 검색하면 배송업체의 웹 사이트를 찾을 필요 없이 갱신된 소포의 최신 위치를 알 수 있다.

계산기 구글의 표준 검색창은 변형된 계산기이기도 하다. 몇 가지 예가 있다.

곱셈은 *, 나누기에는 / 등 표준 계산 기호를 이용한다.

5*9+(sqrt 10)^3=과 같은 복잡한 방식을 치기만 하면, 구글은 여러분이 기대하고 있는 76.6227766라는 답을 제공할 것이다.

철자 확인 단어 철자에 확신이 없나? 맞다고 생각하는 단어를 구글에 쳐 보자. 대부분의 경우, 바른 철자를 제안하거나 적절한 철자로 돼 있는 단어 또는 문구를 포함한 페이지를 찾아줄 것이다. 하지만 여러분이 틀린 철자로 의미하는 것을 항상 구글이 알고 있는 것은 아니기 때문에 주의해야 한다. 예를 들어, '패기 시험하기'에서 패기mettle라는 단어의 철자가 어떻게 되는지 확신이 없을 때, 구글에 메탈mettal이라고 잘못 치면 장난감 회사인 마텔Mattel에 대한 엄청난 검색 결과를 얻게 될지도 모른다.

영화 상영 시간표 구글의 표준 검색에서는 스파이더맨 94114와 같이 영화 제목과 우편번호만 있으면 근처에 있는 극장 위치와 상영 시간표를 검색할 수 있다.*

원한다고 해도 할 수 없지만, 더 이상 이 모든 세부 사항을 뇌 속에 저장해둘 필요가 없다는 것을 말하고자 한다. 우리를 위해 구글의 뇌가 저장하고 있고, 그 뇌는 세금이 붙거나 피곤해지거나 혹은 스트레스 때문에 지칠 일이 절대 없다.

또 휴대폰 웹 브라우저에서도 구글로 작업할 수 있기 때문에 이 방법들의 장점을 이용하기 위해 컴퓨터 앞에만 붙어 있지 않아도 된다. 사실 휴대폰도 브라우저나 인터넷 연결이 필요하지 않다. 구글(466453)로 문자 메시지를 보내서 모든 기본 정보의 분류를 돌아볼 수 있다. 간단히 말해서 구

---

* 국내에서는 서비스되지 않는다. – 옮긴이

글 쪽에 시카고 드레이크 호텔Drake Hotel Chicago과 같은 이름과 도시를 문자로 보내서 해당 전화 번호를 얻을 수 있다. 원했던 정보를 짧은 시간 안에 전화기 문자 메시지로 받을 수 있어서, 개인적인 시간과 전화번호 안내 전화를 걸 때의 비용을 줄일 수 있다.*

구글은 또 전화번호 안내 서비스를 무료로 제공한다. 800-466-4411로 전화하면 이름과 도시, 주를 기준으로 사업자를 찾아보고 자동으로 연결해 준다.†

사소한 것들

구글을 이용할 때 염두에 둬야 하는 몇 가지 팁이 더 있다.

- 검색 엔진 검색창 속에 *그리고*, *어떻게*, *어디*와 같은 가장 일반적인 단어와 철자는 쓸 필요가 없다. 구글과 다른 검색 엔진은 보통 여러분이 찾고자 하는 내용을 찾을 때 저런 단어가 불필요하다. 하지만 검색에 필수적인 일반적인 단어라면, 인용 표시로 전체 문구를 포함시키는 것이 가장 좋은 방법이다. 예를 들어, 공동 저자는 이름을 제임스 A. 마틴으로 쓴다. 여러분이 단순하게 구글에서 제임스 a 마틴james a martin으로 검색하면, 제임스 H. 마틴James H. Martin, 제임스 C. 마틴James C. Martin 등의 결과도 함께 나온다. *"제임스 a 마틴*james a

---

* 국내에서는 서비스되지 않는다. – 옮긴이
† 국내에서는 서비스되지 않는다. – 옮긴이

martin "처럼 검색어에 인용 표시를 하면 특정한 이름으로 결과가 한정된다.

- 구글은 키워드의 일반적인 다양성을 포함한 페이지를 자동으로 검색한다. 예를 들어, 운동하다*exercise*라는 단어를 이용해 검색하면 운동하다*exercises*, 운동했던*exercised*, 운동하고 있는*exercising*과 같이 관련 있는 짧은 단어도 함께 찾아준다.

본인 컴퓨터 검색하기

검색을 웹에 있는 정보에만 적용하려고 하면 자유롭지 않을 것이다. 다행히 체계적으로 정리하기 위해 폴더 안에 파일과 이메일을 저장하는 작업 없이도 여러분의 컴퓨터에서도 검색할 수 있다.

윈도우와 맥, 리눅스 컴퓨터에 제공하는 무료 구글 데스크탑 유틸리티[*]를 이용해 컴퓨터 내 전체 컨텐츠를 검색할 수 있다. 또는 윈도우와 매킨토시 운영 시스템의 일부분인 검색 툴을 이용할 수도 있다. 이런 툴을 이용하면 하드 드라이브에 많은 파일 폴더를 설정할 필요 없이 파일을 드래그해서 시스템에 넣으면 된다. 원한다면 정리하지 않아도 필요할 때 파일을 검색할 수도 있다. 데스크탑에서의 검색도 빨리 할 수 있으며, 어떤 때는 질문을 미처 다 입력하기도 전에 검색 결과를 받기 시작한다.

구글 데스크탑과 컴퓨터 운영 시스템의 검색 툴은 거의 비슷한 양상으로 움직인다. 컴퓨터에 저장돼 있는 저마다 다른 형태의 수많은 색인은 백

---

[*] desktop.google.com, 2011년부터 서비스가 종료됨 - 옮긴이

업 하드 드라이브와 같은 드라이브가 붙어 있다. 구글과 다른 검색 엔진이 만들어낸 색인과 비슷한 이들 색인은 문서 내에 있는 텍스트 정보도 포함한다. 하지만 여러분이 갖고 있는 많은 파일은 데스크탑 색인보다 더 느릴 수 있다. 때때로 속도가 가장 중요한 순간에 나는 구글 데스크탑 색인을 꺼둔다.

데스크탑 검색 도구는 비단 컴퓨터 데스크탑 뿐만 아니라 하드 드라이브 어딘가에 저장된 모든 종류의 파일을 분류하고 검색한다. 분류, 검색되는 파일 형태에는 이메일과 워드 문서, 엑셀 스프레드시트, PDF, 파워포인트 프리젠테이션과 주소록, 캘린더 일정과 웹 브라우저 북마크가 포함된다. 파일명처럼 이미지, 비디오, 음악 파일과 연관된 텍스트도 포함된다. 데스크탑 검색 툴은 분류하고 검색하는 일부 파일의 형태에 따라 다양하지만 대부분 목록화한 모든 것을 검색할 수 있다.

데스크탑 검색은 꽤 쉽게 시작할 수 있다. 예를 들어, 윈도우 비스타의 경우 시작 메뉴를 누른 다음 메뉴 아래 있는 '검색 시작' 부분에 검색어나 문구를 써 넣는다. 맥에서는 항상 화면 오른쪽 상단에 있는 돋보기 아이콘을 찾아 클릭하고 타이핑을 한다.

많은 경우 검색 엔진 입력창에서 익혔던 것과 똑같은 검색 바로 가기는 컴퓨터 검색에서도 작용한다. 예를 들어, 데스크탑이나 웹 검색에서 "파리 호텔"과 같이 두 개 이상의 단어에 인용 마크를 넣으면 단순히 두 단어를 포함하고 있는 결과보다는 함께 나타난 단어에 대한 결과만 나오도록 한다.

데스크탑 검색 덕분에 폴더 안에 폴더, 그 안에 폴더 식으로 컴퓨터 파일을 정리하지 않고 대부분의 경우 단순히 주요 문서 폴더에 파일을 저장한다. 또는 구체적 주제와 관련된 파일이 많다면, 그 문서들만의 폴더 속에 모아 둔다. 검색의 매력은 문서가 많거나 적거나 여러분이 원하는 폴더와 문서를 지키도록 한다는 점이다.

컴퓨터에 있는 정보를 체계적으로 정리할 때 검색에 의존하면 처음엔 리스크가 있을 수도 있다. 아마 본인이 원하는 것을 찾는 데 대해 검색을 다소 신뢰하지 않을 수도 있다. 혹은 폴더 속 폴더에 컴퓨터 파일과 낯설게 느껴지는 내용을 넣는 데만 지적 능력을 쓰게 될지도 모른다.

그런 방식을 선호한다고 해도 상관 없다. 전에 내가 말했듯이 체계적인 정리에 대한 내 방법은 여러분에게 맞을 수도 있고 안 맞을 수도 있다. 핵심은 여러분이 확실한 방법으로 정리할 필요가 없다는 것을 보여주는 것이다. 그게 바로 여러분이 항상 정리하는 방법이기 때문에 체계적인 정리에 대한 새로운 방식을 시도하도록 길을 열어두고, 활용 가능한 도구의 대부분을 어떻게 만들어가는지 보여준다. 여러분이 사용할 도구를 골라야 한다.

물론 원하는 정보를 찾는 일은 시작에 불과하다. 진정한 체계적인 정리를 하기 위해서는 찾아낸 정보로 무엇을 할지 결정해야 한다. 그 내용을 인코딩해야 할까? 나중에 쓸 때를 대비해 저장할 것인가? 아니면 완전히 무시할 것인가? 7장에서는 필터링과 반복이라는 두 가지 기술을 활용해 체계적인 정리가 필요할 때 정보를 어떻게 인코딩하는지 보여주겠다.

요약

- 검색을 활용하면, 더 이상 모든 물건을 제자리에 두는 방식으로 모든 정보를 굳이 물리적인 파일로 깔끔하게 정리할 필요가 없다.

- 검색은 요즘 우리에게 필요한 체계적인 정리 시스템의 기초다. 최근까지 이 방식이 요구하는 디지털 도구가 없었기 때문에 (5년 전만 해도) 불가능한 시스템이었다.

- 매일의 삶 속에서 정보 검색은 필수이므로 검색의 달인이 되는 법을 배우는 일은 중요하다.

- 검색의 요령이 생기면, 무엇이 중요하지 않은지 좀 더 정확하고 빠르게 걸러낼 수 있기 때문에 중요한 것에 초점을 맞출 수 있다.

- 두 개의 검색 엔진이 정확히 동일한 결과를 내놓진 않는다. 다른 검색 엔진에서 같은 말을 이용해 결과를 다양하게 얻어야 하는 이유다.

- 최상의 결과를 얻기 위해 구글 검색을 강화하는 쉬운 방법이 많다. 이 방법을 배우면 시간과 에너지를 절약할 수 있고 필요한 정보를 가져올 수 있다.

멀지 않은 옛날, 적어도 지질시대에는 선택된 몇 사람만이 또 다른 형태로 자신의 생각과 글, 또는 창의력을 표현할 수 있었다. 하지만 돈이 많거나 권력이 있어도, 또 재능이 많아도 반드시 그런 기회가 오는 것은 아니었다. 미디어 관련 회사와 제작자는 부수와 티켓이 많이 팔리지 않는 일에는 도통 관심이 없었다. 결국 그들도 생계에서 자유로울 수 없었기 때문이다.

하지만 최근 몇 년 동안 진짜 이상한 일들이 벌어졌다. 다소 장벽이 있더라도 인터넷에 접근하는 누구나 적은 비용이나 무료로, 세계의 관객을 대상으로 자신의 이야기와 기사, 비디오, 사진, 철학적 생각 등을 발행하기 시작했다. 그 결과 인터넷은 인간의 경험과 지식을 무한대로 펼치는 세상으로 발전했다. 이러한 정보의 민주화로 우리는 세상을 더 풍부하게 이해하게 됐지만 작은 문제가 하나 있다.

이메일과 문자 메시지, 메신저, 블로그와 트위터, 웹 사이트, 위키, 플리커 사진과 페이스북, 그리고 링크드인LinkedIn 업데이트, 옐프Yelp 리뷰, 팟캐스트와 비디오 팟캐스트, 유튜브 비디오 등 어마어마한 양의 컨텐츠가 언제든 주의를 끈다. 게다가 모든 책과 신문, 잡지, 라디오 프로그램과 영화, TV 쇼 등 다른 형태의 매스 미디어도 일상적으로 소비한다. 어쨌든 손가락 끝으로 이 모든 정보를 얻을 수 있다는 건 행복한 일이지만 그 모든 정보를 어떻게 소화할 수 있을까?

정보량은 무한한 것처럼 느껴지는 반면 우리가 가진 시간과 정신적 능력은 그 모든 정보를 처리하기에 충분치 않다. 얼마나 기억력이 좋은지 여부와 상관 없이, 우리 가운데 머릿속에 들어오는 작은 정보까지도 저장할 수 있는 사람은 없다. 내가 모든 걸 기억하려고 하면, 내 뇌는 조만간 과열된 자동차 엔진처럼 연기를 뿜을 것이다.

운 좋게도, 우리가 얻는 어마어마한 양의 주요 정보들은 인코딩할 필요가 없다. 사실 대부분의 사실은 기억할 가치가 없다. 예를 들어 내가 지리 시험을 준비하지 않는다면, 종유석과 석순의 차이점을 왜 기억해야 할까?

이제 우리 모두 여기 모였네 /
즐겨보자구
- 너바나, 〈Smells Like Teen Spirit〉

알고 싶다면 그냥 위키피디아나 구글을 사용해 찾아보겠다. 온라인으로 모든 정보에 접근 가능하고 무선 인터넷이 도처에 깔려 있으며, 아이폰처럼 인터넷 가능한 모바일 장치가 마련된 요즘에는, 어디 있든 상관 없이 일상적으로 세상에 대한 질문과 답을 얻을 수 있다.

그렇다고 필요할 때마다 모든 정보를 구글링하는 인생은 사실상 비효율적이다. 확실히 머릿속에 정보의 모든 부분을 갖고 있을 필요가 없지만, 일과 일상을 지휘하고 체계적으로 정리할 수 있도록 필요한 정보에 대한 편리한 접근법이 중요하다.

한 가지 예를 들어보겠다. 여러분과 내가 만났고 여러분이 내게 명함을 줬다. 여러분이 좋은 사람이라고 확신하지만 왜 나는 여러분의 전화 번호를 외우기가 귀찮을까? 이미 꽉 차 있는 뇌 속에 공간을 따로 차지할 필요가 없어서다. 기분 나쁠 수 있지만 여러분의 번호를 인코딩할 경우, 전후 상황이나 이야기가 없이는 기억하기 어렵고, 그렇게 시도하기도 어렵다. 하지만 필요할 때 접근할 수 있기 때문에, 기억하지 않는다고 해서 여러분의 번호를 갖고 싶지 않다는 뜻은 아니다. 컴퓨터와 아이폰에 다른 사람들 번호와 함께 여러분의 번호를 저장할 것이다. 적어도 둘 중 하나는 언제나 손에 있는 만큼 컴퓨터와 스마트폰은 내가 기억하는 것보다 더 낫다.

궁극적으로 우리가 부딪히는 과제는 매일 우리에게 다가오는 모든 종류의 정보 가운데 어떤 정보를 무시해야 하는지 파악하는 방법과, 나중에 사용할 때를 대비해 디지털이나 종이에 무엇을 저장할지 그리고 기억 속에 무엇을 저장할지 하는 문제다. 이제 겨우 첫 단계다. 손에 갖고 있어야 하는 내용을 정의하면, 저장과 체계적인 정리에 대한 최상의 시스템이 무엇인지 어떻게 알 수 있을까? 머릿속에 저장할 필요가 있는 정보가 생겼을 때 어떻게 하면 성공적인 인코딩을 할 수 있을까? 그게 바로 이 장의 핵심이다.

목표가 곧 가이드다

매일 여러분은 읽고 관찰하고 다른 사람과 이야기하는 방법 등으로 새로운 정보를 얻는다. 하지만 정보를 얻는 만큼 그 정보로 무슨 일을 할지 얼마나 알고 있나? 앞에서 언급했듯이, 여러분이 흥미를 갖고 있으며 그를 통해 무언가를 성취할 가치가 있는 목표는 자연스레 여러분의 행동을 이끌어준다. 정보의 일부분이 목표에 부합하지 않으면 뇌는 자동으로 그 정보를 무시한다. 그리고 그 사실은 빠른 속도로 단기 기억 속에 들어가 존재할 것이다.

　뇌는 설정된 목표와 관련된 정보에 주목하기 마련이다. 중요한 정보라고 정의했다면 디지털이나 종이를 이용해서, 또는 단기 기억에서 장기 기억으로 옮겨가며 인코딩해서 정보를 유지해야 할지 결정해야 한다.

　우연히 온라인 뉴스를 읽고 있는 모습을 그려보자. 매킨토시 컴퓨터가 업계 이용자들 사이에 인기를 얻고 있다는 내용을 담은 통계를 인용한 기사를 봤다. 여러분이 컴퓨터 산업에 종사하면 그 통계는 나중에 유용할지도 모른다. 하지만 그 당시에는 어떤 목표나 정보에 대한 맥락이 없기 때문에 언제 얼마나 유용할지 확신할 수 없다. 다음 단계로 뉴스가 나타난 웹페이지를 북마크할지도 모른다. 혹은 검색 가능한 이메일 저장소의 일부가 되도록 기사를 복사해서 이메일에 붙여 놓을 수 있다. 이메일을 개인적인 데이터베이스로 활용하는 방법에 대한 자세한 내용은 9장에 있다.

　다시 말해, 여러분이 통계를 검색했고 다음 주 애플에서 마케팅 분야의 면접을 본다면, 정보에 대한 목표는 분명하다. 숙제를 다했다고 보여주듯 인터뷰 할 때 꺼내올 수 있도록 정보를 인코딩할 필요가 있다.

불행하게도 1장에서 설명한 인코딩은 노력이 필요하고, 특히 한 번에 많은 정보를 인코딩 할 때는 더욱 그렇다. 정보를 리허설하지 않는다면, 단기 기억에서 놓칠 위험이 있다. 정보의 일부분을 대충 얼버무려서 리허설하면 잘못 기억할 위험이 있다. 이런 이유로 기억하려는 게 무엇인지 어떻게 기억할 것인지 까다롭게 따져야 한다. 체계적인 정리에 대한 내 13번째 원칙, '정말 필요한 정보만 기억하라'를 소개하는 이유다.

> **정말 필요한 정보만 기억하라**

어떻게 할 수 있을까? 필터링하면 된다.

불필요한 정보 걸러내기

필터링은 필요하지 않은 정보의 인코딩을 건너뛰도록 도와주는 기술이다. 나는 필터링할 때, 목표에 따라 중요하다고 생각되는 정보를 분리하고 그외 모든 것을 무시한다.

정보의 일부분을 인코딩하기 전에, 일반적으로 먼저 내용을 읽어야 한다. 하지만 난독증 때문에 읽기가 어려웠던 나는, 최소한의 독서량을 따라갈 수 있는 시스템의 개발 방법을 배웠다. 예를 들어, 학창 시절 매일 기본적으로 어마어마한 양의 정보를 바꾸는 작업과 만났을 때, 인코딩할 필요가 없는 내용을 걸러내는 방식을 사용했고 중요하지 않은 것을 읽는 데 시간과 노력을 낭비하지 않았다. 당시 그 방법은 수업을 듣기 위한 생존 전략이었다. 하지만 곧 다른 영역에서도 유용하다는 사실을 깨달았고, 시간이 흘러 체계적인 정리에 대한 내 노력의 초석이 되었다. 사실 이 시스템은 정보를 다룰 때 부딪혀야 하는 수많은 과제를 극복할 수 있도록 도와준다.

방법은 이렇다. 나는 자리에 앉아 먼가를 읽을 때 4가지 색상의 형광 컬러펜과 몇 가지 밝은 색, 말하자면 보라색 등의 펜으로 마킹을 한다. 페이지를 훑어 보면서 정보를 대한 내 목표에 있어 중요해 보이는 내용을 찾는다.

흥미로운 뭔가를 찾았을 때, 컬러펜을 사용해 그 정보 옆의 가장자리에 별표를 넣는다. 이 지점에서는 별표로 장식한 부분에 어떤 것도 연관시키려고 하지 않는다. 중요한 부분에 표시를 해 페이지에서 해당 내용이 가장 강조될 수 있게 한다.

단락을 한 번 훑어보고 나면, 색깔 펜을 들고 별표가 있는 문장이나 부분만 다시 읽는다. 두 번째로 훑어볼 때는, 정보에 대한 목표에 의존하면서 4가지 단순한 카테고리를 나눠 각각에 별표 아이템을 붙인다. 그리고 각 카테고리에 고유의 색깔을 설정한다. 예를 들어, 수학책의 단락을 읽을 때 다음과 같은 카테고리와 색상을 사용한다.

- 새로운 용어와 개념의 정의를 외우는 것이 목표라면 노란색 형광펜으로 표시한다.
- 패턴을 살펴보기 위해 수학 방정식과 어원은 분홍색으로 표시한다.
- 이해가 안 되는 부분은 파란색으로 표시해서 나중에 다시 이 부분으로 돌아가 좀 더 주의 깊게 다시 읽어볼 수 있다.

- 고유의 답변을 확인하는 것이 목표라면, 예문에 대한 해결방법은 초록색으로 표시한다.

나는 카테고리 속 정보를 색으로 구분해서, 겉으로 보기에 관련 없어 보이는 단어로 구성돼 쓸데없이 나를 압박했던 거대한 덩어리를 관련 조각으로 작게 잘라냈다. 이 방법으로 굉장히 쉽게 작업할 수 있었다. 산더미 같은 잡동사니로 뭔가를 만드는 것과 레고 블록으로 조립해 만드는 것의 차이와 같았다.

나는 반짝이는 당신의 진면목을 봐요
- 신디 로퍼, 〈True Colors〉

그 다음 해당 장을 세 번째 넘겨볼 때는 강조된 구절을 쉽게 찾을 수 있었다. 나는 각 부분이 뭘 의미하고 다른 강조 부분과 어떻게 연관시킬 수 있는지 결정하면서 좀 더 주의 깊게 그 부분을 읽었다. 이 방법은 차례로 전후 맥락을 알려주고 정보를 좀 더 쉽게 인코딩할 수 있도록, 해당 장의 중요한 정보에 대한 이야기를 발전시키고 패턴을 보는 데 도움이 됐다. 이 기술 덕분에 나는 그 이후 매우 유용한 기술을 보유한 세계 최고 속도의 독서가가 되었다.

나만의 시스템은 놀라울 정도로 효과적이었다. 공부할 때 가장 어려운 부분이었던 읽기에서 훑어보는 시간이 줄어들었다. 교과서 페이지를 넘기며 속독하면서, 암기할 주제와 법칙을 찾아냈다.

너를 위해 선을 그었어 / 모두 황금빛이었지
- 콜드플레이, 〈Yellow〉

불필요한 내용 때문에 머리가 복잡해지는 걸 피하기 위해 대부분의 내용을 걸러냈다. 기억해야 하는 정보를 위해, 나는 본문에서 이해한 정보 가운데 가장 중요한 부분을 한 번에 소화할 수 있도록 작은 조각으로 나눴다.

사람의 뇌는 큰 것 몇 개보다는 작은 덩어리를 많이 기억하는 데 더 능숙하다는 사실을 기억하라. 여기에서 14번째 원칙이 나온다. 이 방법은 뭔가로 인해 압박을 느낄 때 덩어리를 작게 쪼개 각 부분을 차근차근 해결할 수 있게 도와준다. 물론 내 원칙이 획기적이지는 않다. 체계적인 정리와 효율성 전문가 대부분이 똑같은 방법을 옹호한다. 하지만 매일 우리가 얻게 되는 정보를 체계적으로 정리할 때 도움이 되는 가이드다.

큰 덩어리는 여러 개의 작은 덩어리로 쪼개라

내 원칙을 행동으로 옮기기 위해서, 무시해도 되는 내용과 나중에 필요할지도 모르는 정보, 이렇게 두 가지로 정보를 정의하는 습관을 갖도록 한다. 그 다음 두 번째 카테고리는 두 개의 그룹으로 나눈다. 하나는 나중에 찾을 수 있도록 종이나 컴퓨터를 이용해 물리적으로 저장하는 내용이고, 다른 하나는 기억할 필요가 있는 내용으로 한다. 정보 인코딩에 도움이 되려면, 해당 내용에 이야기를 개발하거나 목적을 추가해서 맥락에 집어넣도록 노력한다.

이 시스템 덕분에 나는 대학 시절을 꽤 성공적으로 보냈다. 심지어 동기들이 나를 '똑똑하다'고 설명했다. 어떤 사람들은 관련 없는 사실을 줄줄이 기억할 수 있어서 똑똑해 보인다. 또 다른 사람들은 대단한 사실을 알도록 도와주는 방식으로 사실을 함께 연결할 수 있어서 똑똑해 보인다. 또 신선한 시각과 관점을 제공하는 특이한 방법으로 일련의 사실을 연결할 수 있는 사람들도 있다. 내가 똑똑한지 여부는 중요하지 않다. 나의 필터링 기술이 명석했을 뿐이다. 뇌가 갖고 있는 한계에다 난독증 때문에 생긴 추가적인 한계를 극복하도록 했고, 나에게는 가장 효과적이고 효율적인 방법으로 정보를 체계적으로 정리할 수 있도록 도왔기 때문이다.

난 지금 학생도 아니고 몇 년 동안 교과서를 펴보지도 않았다. 그럼 이 기술이 어떻게 나를 도와주고 있는지 물어 봐주면 고맙겠다. 더 이상 수학 공식이나 방정식을 외울 필요가 없을 때, 나는 살아가면서 책과 기사, 심지어 이메일에서도 정보를 걸러낼 때 비슷한 방법을 사용한다.

예를 들어, 나는 가능하면 도착한 이메일의 상당 부분을 자동으로 걸러주는 지메일 라벨을 사용한다. 이메일을 걸러내지 않았다면 나는 받은 편지함에서 넘쳐나는 모든 메시지 때문에 끊임없이 압박을 느꼈을 것이다. 어디부터 시작했는지는 모르겠다. 지메일 라벨과 필터를 내가 어떻게 활용하고 있는지에 대해서는 9장에서 설명하겠다.

대학에서 활용했던 필터링 방법과는 다소 차이가 있긴 하지만 나는 이 책의 집필 작업을 하면서도 필터링 기법을 썼다.

짐과 나는 각 장의 많은 양을 쓴 다음 피드백을 받기 위해 편집자인 탈리아 크론에게 워드 파일 형태로 원고를 보낸다. 그러면 탈리아는 각 장의 파일을 통해 편집 제안과 질의사항을 삽입하기 위해 워드 코멘트 도구를 사용했다.

탈리아가 원본 텍스트와 함께 각 페이지에 본인의 코멘트를 담아 우리에게 보내주면 나는 그 파일들을 인쇄했다. 그 다음 맨 처음에 코멘트를 훑어보면서 카테고리에 내용을 어떻게 정리할지를 결정해본다. 노력이 가장 많이 필요한 부분과 가장 적게 필요한 부분의 우선순위로, 코멘트를 분류하는 것이 내 목표였다. 이 작업은 수정을 할 때 시간과 지적 능력을 좀 더 효율적으로 나누도록 도움을 줬다. 예를 들어, 일과를 마치고 지쳐 있을 때에는 좀 더 쉽게 수정할 수 있는 부분을 작업했고 좀 더 힘이 넘치고 기운이 있을 때는 시간이 많이 필요한 부분을 수정했다.

첫 번째 읽기를 끝내면, 나는 코멘트를 네 개의 카테고리로 나누고 세 가지 색을 배분하기로 정했다. 여기서의 목적은 대학 시절 교과서를 읽었을 때처럼, 인코딩하거나 배울 필요성을 바탕으로 한 필터링이 아니라 코멘트를 업무와 난이도로 필터링하는 것이었다.

카테고리 1은 문장의 어구를 바꿔달라는 제안 같이 가벼운 것이었다. 보통 이 내용들은 분명하게 정해져 있어 평가에 시간을 쓸 가치가 없었다. 초고에서 이러한 코멘트 양이 많아져서 나는 이 부분을 색으로 강조하지 말자고 다짐했다. 어떤 색이든 많은 페이지에 활용해서 작업했다면, 강조한 다른 부분을 빨리 찾아내기가 어려웠을 것이다.

카테고리 2는 단락이나 섹션의 재구성이었다. 이 부분은 카테고리 1보다 생각이 좀 더 필요했지만 보통은 짐이나 내가 어떤 행동을 할 필요가 없었다. 나는 섞기 쉬운 부드러운 색이라는 이유로 이 코멘트를 노란색으로 강조했다. 우선 순위가 가장 높은 코멘트가 아니었기 때문에 내게 있어서 카테고리 3과 4보다 시선을 끌지 않았다.

카테고리 3은 구체적인 포인트나 일화에 대한 탈리아의 질의사항이었다. 이 부분을 다룰 때 더 많은 생각이나 노력이 필요했기에, 이 코멘트들은 카테고리 1과 2보다 우선순위가 더 높았다. 그래서 카테고리 3의 코멘트가 두드러지도록 초록색 펜으로 강조했다.

카테고리 4는 요점에 더욱 근접한 사례처럼, 추가할 것들에 대한 제안이었다. 이 제안 때문에 우리는 가끔 추가적인 조사나 생각을 했다. 카테고리 1과 2에서 제안된 편집을 만드는 것보다 카테고리 3이 좀 더 어려웠듯이 카테고리 4는 언제라도 짐과 내가 새로운 글을 추가할 필요가 있다는 걸 의미했다.

그건 그렇고, 어떤 프로젝트건 다양한 관점을 가지는 게 왜 중요한지 보여주는 또 다른 사례가 있다. 공동 저자로서 짐과 나는 가끔 집단 사고를 했다. 우리는 스스로 알아채지 못했던 개선 부분을 확인하기 위해 탈리아처럼 공정하면서도 똑똑한 외부인의 도움이 필요했다.

나는 사회 생활을 할 때도 이러한 필터링 방법과 정보 그룹핑을 이용한다. 예를 들어, 참석하는 모든 회의에 노트를 가져간다. 하지만 그룹 논의에서 나오는 대화의 가닥은 때로 범주를 벗어나기 때문에 이 노트는 가끔 체계적인 정리가 안되고 혼란스럽기도 했다. A 주제로 이야기를 시작해도 다시 A로 돌아오기까지 B와 C 주제로 방향을 틀어버린다. 대화가 옆길로 새면서 다른 사람들이 동일한 정보에서 다른 결론을 내는 동안, 몇몇 참석자들은 논의에 벗어나며 불합리하게 끼어들 수도 있다.

이런 상황이 꼭 나쁜 건 아니다. 결국 회의는 사람들이 새로운 목소리와 다양한 아이디어를 낼 때 어울리는 환경이다. 하지만 나의 문제는 예상한대로, 회의 노트가 필요한 정보를 발췌하기 어렵게 하면서 종종 정보 진행과 쟁점을 어수선하게 반영한다는 점이다. 그래서 나는 매주 그 주에 열린 회의에서 모은 모든 메모를 다시 읽기 위한 시간을 할당한다. 종종 색으로 강조하고 정보를 부분별로 그룹핑해서, 관련 있는 정보는 텍스트 파일에 함께 모으며 대학 시절 개발한 필터링 기술도 사용한다. 내가 애용하는 잘라 붙이기 덕분에 내용을 좀 더 쉽게 옮길 수 있어서, 요즘에는 회의 노트 대부분을 노트북에 타이핑하고 있다. 이에 대한 자세한 이야기는 11장에서 하겠다. 다시 읽고 재구성하는 작업은 중요하지 않은 정보와 그 자리에서 기억해야 하는 정보를 걸러낼 수 있도록 도와준다.

반복의 보상

나의 필터링 시스템에는 또 다른 장점이 있다. 처음 읽고 나서 며칠 혹은 몇 년이 지나더라도, 핵심 정보를 빨리 기억해내기 쉽다는 점이다. 인간의 기억력은 믿을 수 없을 만큼 실수할 가능성이 있고, 신중하게 정보를 인코딩했어도 그 정보가 장기 기억 속에 남아 있다고 확신할 수 없다는 이유들로 볼 때 이 점은 특히 중요하다. 뭔가에 대해 기억을 떠올려야 할 때, 전체 내용을 모두 다시 읽는 대신 색으로 강조된 부분을 단순하게 훑어볼 수 있는 셈이다.

대학 시절로 돌아가서, 나는 필터링한 노트를 다시 읽는 작업을 계속했다. 때로는 컴퓨터 텍스트 파일에 그 내용을 타이핑해서 다시 썼다. 그런 다음 관련 있는 부분이 물리적으로 서로 붙어 있도록 관련 부분을 잘라 붙이기 했다.

다시 돌아가, 잭 / 다시 한 번 해봐
- 스틸리 댄, 〈Do It Again〉

카테고리에 정보를 물리적으로 그룹핑하는 작업은 다소 지루했지만, 메모에 대한 일부 맥락을 좀 더 쉽게 발전시키는 데 도움이 됐다. 다시 말하지만, 정보를 다시 읽고 반복해서 써보는 것만으로도 중요한 것이 무엇인지 좀 더 쉽게 인코딩할 수 있다.

반복하는 일은, 표면적으로 합리적인 정리의 원칙으로는 안 보일 수도 있다. 결국 몇 번이나 반복하는 것보다는 한 번에 잘하는 것이 좀 더 효율적이지 않을까? 어느 정도 사실이라고 해도, 반복은 특히 머릿속에 정보를 담으려 할 때 보상을 해준다. 글을 쓰거나 다시 읽어서 정보를 반복하거나 리허설하는 것은 다시 떠올리는 능력을 분명 향상시킨다는 점을 기억하자. 필요한 순간 필요한 정보를 떠올릴 수 있으면, 좀 더 체계적이고 성공적인 정리가 될 것이다.

몇 번을 말했지만 체계적인 정리에 대한 내 15번째 원칙을 소개한다. 바로 '주요 정보를 검토할 수 있는 시간을 매주 만들어라'다. 실제로 나는 매일 회의 노트와 이메일 또는 파워포인트 프리젠테이션 등 내 목적과 관련된 정보를 받거나 모은다. 그리고 바쁘지 않거나 산만할 때 다시 읽어보기로 한 정보는 한 쪽에 빼놓는다. 예를 들어, 컴퓨터 파일을 인쇄해 읽는다면, 나중에 다시 읽어봐야 하는 정보로 표시하기 위해 색깔 있는 펜이나 포스트잇을 사용할 것이다. 지메일로 받은 이메일이면, 마이크로소프트 아웃룩 이용자들이 나중에 처리해야 할 메시지에 깃발 표시를 하듯 나는 메일에 별표를 한다. 어떤 내용을 아마존 킨들 전자책 리더로 읽었다면, 킨들 도구를 활용해 텍스트를 표시하고 클리핑에 추가하며, 온라인에서 읽은 내용이라면 해당 페이지를 북마크할 것이다.

> **주요 정보를 검토할 수 있는 시간을 매주 만들어라**

정보 조각들이 기억하기에 복잡하거나 불필요해 보여도, 결국 나는 디지털 형태로 남겨 두려고 노력한다. 디지털 형태로는, 정보 검색과 공유는 물론 아이폰이나 내가 정기적으로 사용하는 컴퓨터로 접근하기가 쉽다. 자세한 이야기는 다음 장에서 하겠다.

이상적으로, 디지털 정보의 다양한 스크랩을 한 곳에 저장하도록 노력해야 한다. 이럴 때에 이메일 프로그램을 활용하라고 추천한다. 특히 지메일의 경우 괜찮은 검색 능력을 제공하고 있어서 컴퓨터와 스마트폰에 있는 전체 메시지 내용에 접근할 수 있다.

예를 들어, 여러분이 환경에 대해 굉장히 걱정하고 있다고 가정해 보자. 그러던 어느 날, 미국에서 가장 친환경 호텔 가운데 하나로 언급되는 노스 캐롤라이나주 그린즈보러 소재 프록시미티 호텔Proximity Hotel에 대한 온라인 뉴스를 찾아보게 됐다. 여러분은 특정 남부 도시에 나가지 못할 수도 있다. 하지만 가게 되거나 혹은 지인이 나중에 그 곳에 가겠다고 말한다면 머물기 좋은 장소를 알아볼 것이다.

자, 프록시미티 호텔에 대한 뉴스를 인쇄해 잘라서 서류철하거나 브라우저에 북마크하는 대신(이렇게 하면 어디 서류철에 넣었는지 잊거나 북마크를 했다는 사실조차 까맣게 잊을 게 분명하다), 호텔에 관한 뉴스 텍스트를 복사해 이메일 메시지 입력란에 넣자. '노스 캐롤라이나주 그린즈보러 소재 친환경 호텔' 같은 키워드를 추가해도 좋다. 그 다음 그 메일을 본인에게 전송한다. 간단하지 않은가? 프록시미티 호텔에 대한 뉴스는 나의 거대한 개인 데이터베이스의 정보로 들어온 셈이다. 이렇게 하면 내가 어느 서류철에 보관했는지, 혹은 친환경 호텔에 대한 뉴스를 봤는데 그 호텔이 어디인지 골치아프게 고민할 필요 없이 지메일(혹은 다른 메일 시스템도 상관없다)만 검색하면 언제 어디서든 모든 정보를 다시 받아볼 수 있다.

요즘 아이들은 부모만큼 바쁘지만 유일한 차이점이라면, 아이들이 좀 더 즐겁게 산다는 점이다. 하지만, 바쁜 시간표는 잠자는 시간은 물론 숙제 할 시간이 줄어든다는 걸 뜻한다. 그렇다면 아이들이 좀 더 공부할 수 있도록 하기 위해 어떻게 돕고 있나? 여기 몇 가지 제안이 있다.

이야기를 사용하라. 앞서 언급했듯이 이야기는 사실을 기억할 때 특히 유용한 방법이다. 또 어떤 학년이든 취학 연령대 아이들은 이야기 개념을 이해한다. 학교 생활에 있어 어린이나 청소년 아이들이 기억해야 할 사실이 있다면, 얼마나 작은지는 상관 없이 각각의 사실이나 사실들을 묶는 형태로 아이들이 이야기를 만들 수 있도록 도와주자.

반복하라. 아이들이 하나 혹은 그 이상의 이야기를 만들었다면 아이들에게 그 이야기를 다시 말하도록 하자. 반복은 상기 능력을 강화해 주고, 정보를 몇 번이고 반복하는 일은 인코딩과 함께 이야기를 만든 사실을 기억하도록 도와준다는 것을 명심하자.

우선순위를 매겨라. 아이들 스스로 배우고자 하는 내용의 가장 중요한 요소를 정의하도록 하고 그 요소를 우선적으로 배우는 데 집중하도록 격려하자. 아이들도 어른처럼 인코딩 능력이 한정돼 있기 때문에 자신의 공부 중 중요한 것을 우선순위로 매기는 데 도움을 준다. 게다가 필터링 연습에 대해 소개할 때도 도움이 된다.

아이들의 한계를 인정하자. 집중할 수 있는 시간의 한계, 그리고 뭔가가 그 한계를 건드리면 수행능력이 두드러지게 떨어진다는 내용에 대해 모두 알고 있다. 밤새도록 강제적으로 공부시키는 것이 유용하지 않다는 뜻이다. 뭔가에 집중하는 능력은 약 90분 이후 없어지는 경향이 있다. 그리고 요즘에는 비디오 게임과 인터넷, 문자 등의 요소 덕분에 아이들은 좀 더 쉽게 산만해지고 집중 시간이 집중력 향상 음료를 마시는 동안밖에 이어지지 않는다. 아이들이 스스로 공부 한계를 인정하도록 도와주자. 좀 더 공부하는 대신 시험에서 잘할 수 없을 것이라고 확신하면서 지쳐버릴 것이기 때문에, 그런 한계를 넘도록 아이들을 압박하지 말자. 대신 아이들이 한계에 다다르면, 휴식과 재충전할 수 있는 뭔가를 통해 머리를 쉬도록 격려해주자. 그 다음 책을 다시 열면 본인이 필요로 하는 것을 좀 더 성공적으로 인코딩하게 될 것이다.

정보를 모으는 방법과는 상관없이 그 정보에 집중해야 할 때, 다시 읽는 작업은 무엇이 중요하지 않고 기억해야 할 것은 뭔지 결정하도록 도와준다. 이런 작업을 할 수 있도록 매주 정기적인 시간을 잡아 두면, 필요할 때 정보를 기억할 기회가 늘어날 것이고 그렇게 좀 더 체계적인 정리가 될 것이다.

필터링의 약점

내 필터링 시스템은 완벽하지 않다.

정보 일부를 따로 내놓고 다른 것들을 무시해서, 당시에는 실감하지 못해도 언젠가 중요할지 모르는 정보를 놓칠 수 있다. 또 따로 떼놓은 정보의 원래 의미나 전후 맥락을 잃어 버리고 잘못된 결론으로 발전시킬 위험 있다. 위험 요소는 필터링하는 정보에 대한 목적을 모를 때 특히 높게 나타난다.

내가 준비하고 있는 프리젠테이션에 포함시킬 정보를 찾으면서, 기사 모음을 훑어 보고 있다고 치자. 하지만 프리젠테이션을 통해 얻고 싶은 게 무엇인지 정확하게 알아내지 않았다. 그러면 내가 무시할 수 있는 정보가 무엇이고 프리젠테이션에 계속 넣어야 하는 내용은 무엇인지, 그리고 그것에 대해 누군가 질문할 경우를 대비해 외워둬야 할 부분이 무엇인지 찾기 어려워진다. 내용상 맥락의 일부를 걸러냈기 때문에, 중요하거나 유용하도록 개선하거나 주요 데이터를 잃게 할 수 있는 정보 부분을 놓칠 위험이 있다.

하지만 이렇게 보자. 우리 뇌가 일하는 방식 때문에 인코딩한 내용 중 일부를 잃어버리는 것은 어쩔 수 없다. 바라보는 모든 것을 정확하게 인코딩할 필요가 없다. 모든 정보를 인코딩하려고 하면, 영원히 관련 내용을 읽어야 될 것이다. 아마 일부 정보의 인코딩을 실패하거나 잘못된 뭔가를 인코딩하게 될 확률이 높다. 정보의 일부를 잊어버리는 결과는, 보통 첫 번째 단계에서 인코딩에 실패하는 것보다 나쁘지 않다. 책, 기사, 또는 적어도 내게는 시간이 좀 더 많이 들고 더 어려운 어떤 정보를 필터링하기보다 각 단어를 읽어 본다. 그러나 잊어버릴 위험은 똑같아도, 필터링하는 게 더 낫다. 필터링은 하기도 쉽고 뇌에도 좀 더 쉬운 방법이지만 나중에 추가적인 지적 능력이 필요할지도 모른다.

사실 여러분은 이미 이 책을 필터링했는지 모른다. 또는 필터링을 해보자는 유혹이 시작됐다면, 내가 기초 작업은 다 해두었다. 여러분을 위해 내가 이미 필터링했으니 걱정할 것은 없다. 가장 중요한 요점을 빨리 되돌아 볼 수 있도록 각 장에 '요약' 부분을 포함시킨 것이 그런 이유다. 물론 여러분과 내가 중요하다고 여기는 내용이 완전히 다를 수도 있다. 그런 경우 여러분은 책 전체를 그대로 읽어보고 싶을지도 모르겠다.

필터링에는 또 다른 잠재적인 큰 문제가 있다. 스트레스를 굉장히 받으면, 필터링은 더욱 어려운 방식이 된다. 관심사가 높을 때, 부주의하게 정보의 중요한 부분을 필터링할 수 있다고 생각하면 두렵기도 하다. 여러분은 화가 나 있고 산만해졌기 때문에 위험 요소가 늘어날 뿐이다.

잔은 투병 과정 내내 다양한 치료법과 수술을 견뎌냈다. 저마다 다른 의사들에게 검사를 받으러 갔고, 여러 병원에 머물렀다. 매주 셀 수 없을 정도의 새로운 증상과 그 증상을 치료하는 치료법을 감당해냈다. 초기 치료의 대부분은 우리가 갖고 있는 자료의 테두리를 벗어나 있어 새로 듣는 모든 의학 정보를 이해하기 힘들었다. 의사들은 뭔가를 말해줬지만 우리에게는 부담이었기에, 잔과 나는 그 내용을 분명하게 기억하기 힘들었다.

잔의 병은 이런 엄청난 정보량을 다루는 데 대한 스트레스는 차치하고 그 자체로도 충분히 힘들었다. 훌륭한 의사와 인내력 있는 지인들이 있었지만, 나는 계속해서 혼란스러웠고 무서웠다. 더구나 나는 아픈 사람도 아니었다. 우리가 알게 된 모든 정보 때문에 압도당하는 순간 느꼈던 절망은 모든 상황을 더욱 악화시켰다.

핵심은, 여러분이 만난 시련이 무엇이든 정보 필터링은 과제가 될 것이라는 점이다. 하지만 여전히 필터링은 중요하고 아마 앞으로 점점 그럴 것이다. 여러분의 감각을 만들어 주는 방법이 무엇이든, 위기를 만나기 전에 지금 당장 필터링 연습을 시작하라고 추천하는 이유다. 삶 속 어느 순간에, 갑자기 굉장히 중요한 낯선 정보를 이해해야 할 때가 올 것이라는 사실은 피할 수 없다. 그리고 그런 여력이 될 만큼 완전한 심리적 능력을 갖고 있지 않을 수도 있다. 이미 제자리에서 필터링 연습을 했다면, '냉철하게 판단하는 사람'으로서 그 일의 일부를 이해하기 위한 더 나은 기회가 생긴다.

요약

- 매일 엄청난 양의 정보가 쏟아지는 만큼, 적재적소에 필요한 정보만 머릿속에 담는 게 중요하다. 어수선함을 지워내는 첫 번째 단계는 필터링이다.

- 걸러내려면, 정보를 읽기 전에 그 정보에 대해 어떤 목표를 갖고 있는지 결정한다. 책과 기사, 블로그 포스트 또는 이메일 더미든 상관 없이 내용 전체를 훑어보자. 무시할지, 나중에 다시 사용하도록 저장할지, 또는 기억 속에 인코딩할지 등 정보에 대한 용도에 따라 카테고리를 나눠 정보를 그룹핑할 때 그 목적을 사용한다. 저장하거나 인코딩하고 싶은 정보를, 맥락에 기반한 더 작은 카테고리에 그룹핑하는 방법을 고려해봐도 좋다.

- 정보에 대한 목적을 파악하는 일은 체계적으로 정리하는 데 도움을 준다. 또 나중에 정보의 일부를 어떻게 사용할지에 대한 계획을 알고 있으면, 정보에 대한 맥락이나 이야기를 만들 수 있기 때문에 기억에도 도움이 되고 인코딩에도 도움이 된다.

- 목표가 없으면 필터링은 좀 더 어렵다. 하지만 필터링할 수는 있다. 반복과 다시 읽는 작업은 보통 정보에 대한 목표를 정의하는 데 도움이 될 것이다.

- 뭔가를 써보거나 다시 읽어보는 방식의 반복 역시 상기 능력을 향상 시킨다. 회의 노트와 이메일, 북마크 했던 웹 페이지 등 한 주 동안 모았던 정보를 검토할 수 있는 시간을 매주 만들자. 당시 초점을 맞췄던 정보를 다시 검토하면 외우는 데도 도움이 된다. 필요할 때

필요한 정보를 좀 더 쉽게 떠올릴 수 있으면 체계적이고 성공적으로 정리할 수 있을 것이다.

- 가능하면 언제든 정보 덩어리나 행동을 좀 더 작은 조각으로 나누자. 압박감을 느끼지 않을 뿐만 아니라 외울 기회도 늘어날 것이다. 게다가 주어진 목표에 따라 가장 잘 맞는 방식으로 정보량을 체계적으로 정리할 수 있도록 패턴과 주제를 찾게 해준다.
- 가능한 한 빨리 본인만의 필터링 연습을 시작하자. 본인만의 필터링은, 나중에 위기가 진행되는 동안 정보의 맹공격을 다뤄야 할 때 좀 더 준비할 수 있도록 도와줄 것이다.

8장
문서의 효율성

미안하지만 개인적인 질문을 하겠다. 요즘 종이 문서를 접할 일이 많은가?

내 경우 조금 복잡하기 때문에 여러분이 다소 놀랄지도 모르겠다. 예를 들어, 꽤 많은 내용을 온라인으로 받아볼 수 있다 해도, 나는 여전히 재무 제표를 문서와 이메일로 받는 게 좋다. 그와 동시에 다른 사람들이 여전히 스프링 노트를 갖고 다닐 때, 나는 온라인 워드 프로세스 프로그램인 구글 문서도구로 만든 온라인 회의 노트를 갖고 회의에 참석한다.

모든 사람에게는 갖고 있어야 할 정보가 있지만 머릿속에 저장할 필요는 없다. 우리는 작업할 때 문서와 디지털 도구를 혼합해 사용한다. 하지만 소비하고 만들어내는 모든 정보를 저장할 때 활용할 수 있는 선택사항과 도구가 다양한데, 어떤 작업에 어떤 도구가 어울릴지를 어떻게 선택할까?

알아내기 쉬운 일은 아니지만 이번 장이 도움을 줄 수 있다.

먼저 우리가 정보를 받고 저장해 체계적으로 정리하기 위해 선택한 방법에 영향을 주는 수많은 요인을 인정하는 중요한 단계를 거쳐야 한다. 하지만 이 수많은 요인이 항상 효율적이고 긍정적인 영향을 미치지는 않는다.

첫 번째 요인으로, '세대별로 다른 선호도'를 들 수 있다. 한 50대 여자는 기술에 정통한 데다 신문을 항상 온라인에서 무료로 볼 수 있음에도 불구하고, 여전히 종이 신문을 읽는다. 신문이 거실을 어지럽히고 종이를 만들기 위해 산림을 깎아 낸다 해도, 그 여자는 매일 인쇄된 신문을 읽음으로써 본인이 선호하는 뉴스의 이용 방법을 구별하는 능력이 향상된다.

'몸에 깊이 밴 습관'은 또 다른 요인이다. 2장에서 언급했듯이, 우리는 종종 최선의 방법이 아니라 단지 익숙하기 때문에 그 시스템에 매달린다. 또 변화를 두려워하거나, 혹은 색다른 뭔가를 시도하는 일은 그 가치보다 더 많은 에너지나 시간이 필요할 것이라고 확신한다. 소냐는 오랫동안 데이타이머와 종이로 된 캘린더/다이어리에 몰두해 왔고, 디지털 일정 시스템으로 바꾸기 위해 지금껏 쓰던 도구를 포기할 만한 어떤 이유도 찾지 않았다. 소냐는 디지털 시스템이 어쩌면 본인의 요구에 더 맞는지 모르는데도 배우는 데 시간을 들였을 때의 장점을 보지 않았다.

그 다음 '감정적인 애착'도 있다. 때로 건강에 좋지 않지만, 우리는 데이타이머와 블랙베리, 아이폰, 그리고 컴퓨터와의 관계를 형성한다. 이런 애착은 정보를 체계적으로 정리하는 방법에 대한 최상의 결정을 내릴 때 방해가 된다. 어떻게 생각하든, 디지털 기기는 사실상 정보를 저장하고 체계적으로 정리할 때 항상 최상의 도구는 아니다. 이 장에서 나는 상황별로 디지털 도구가 언제 유용하고 그렇지 않은지 알아내도록 도움을 주겠다.

마지막으로, '불신'이라는 요소가 있다. 흥미롭게도 우리는 디지털 도구와 문서 모두를 믿지 않는 경향이 있다. 종종 클라우드나 컴퓨터에 중요한 정보를 저장하면 어떤 끔찍한 바이러스나 서버 충돌로 영원히 지워질지 모른다고 걱정한다. 또는 손으로 뭔가를 쓸 때 써 놓은 종이 일부를 잃어 버릴까봐 조마조마해 한다. 어떤 걱정이든, 그런 걱정은 작업에 있어 잘못된 도구를 이용하게 한다.

내가 말했듯 문서와의 관계는 복잡할 수 있다. 하지만 유지해야 하는 정보를 다루기 위한 분명한 전략이 없으면, 잘못된 방법으로 작업하기 때문에 종이 대(對) 디지털에 대한 질문의 답을 찾아내는 것이 중요하다. 그런 전략이 없으면 정보를 잃어버리거나 똑같은 일을 반복하는 지경에 처할 수도 있다. 약속 날짜를 잘못 알고 있거나 누군가의 생일을 잊어버릴 수도 있고, 이 모든 상황은 스트레스를 유발한다. 더구나

내가 불꽃으로 타버리더라도 용서해 줘
- 인큐버스, 〈Pardon Me〉

체계적으로 정리되지 않으면, 다른 사람들과 중요한 정보를 공유하기가 어려워질 수 있고, 그런 상황에서는 모두가 실패하고 만다.

그럼 각 업무에 맞는 도구를 써서 체계적으로 정리하는 시스템을 어떻게 만들까? 이미 사용하고 있는 도구와 방법에 대한 객관적인 평가에서 시작해볼까 한다. 쓰고 있는 다양한 도구와 그 도구의 이용 방법에 대한 목록을 만든다. 포스트잇과 아이폰 애플리케이션, 실제든 디지털이든 상관 없이 빈 상자, 손가락 끝에 잡히는 주변의 모든 것 등 삶 속에서 체계적인 정리를 하는 데 도움을 주는 모든 도구를 염두에 둔다. 그 다음 그 도구를 왜 이용하는지 소비 양상을 시험해보고, 어디서 어떻게 시스템을 활용하는지

정의해본다. 결국 체계적인 관리에 대한 모든 시스템은 한계를 갖고 있다. 체계적인 정리에 대한 내 16번째 원칙은 '체계적인 정리에 대한 완벽한 시스템은 없다'는 것이다. 여러분이 할 수 없는 일인 만큼, 완벽한 시스템을 만드는 게 목표는 아니다. 한계를 찾아내고 그 한계를 피해서 작업할 수 있도록 정의하는 것이 좀 더 나은 계획이다.

완벽한 정리 시스템은 없다

다시 한 번 말하지만, 목표가 여러분을 이끌어줄 것이다. 여러분이 세운 목표는 저장 방식 혹은 정보의 체계적인 정리 방법을 결정하도록 도와줄 수 있다. 나는 어떤 도구를 사용할지 결정할 때, 왜 그 정보가 필요한지, 이후 어떻게, 언제, 어디서 사용할 정보인지, 얼마나 오랫동안 필요한지, 그 정보가 나 말고 어떤 사람에게 이익을 줄 수 있는지 등 해당 정보의 목표에 대해 스스로 몇 가지 질문을 던진다.

예를 들어, 나는 출장을 자주 간다. 출장 갈 때는 비행 번호, 출발시간과 도착시간, 자리 번호, 머물게 될 호텔 이름과 위치 등 갖고 있어야 할 정보가 많다. 아마 할 수도 없겠지만 그 모든 정보를 외우려고 한다면, 암기가 가진 가치보다 문제가 더 많아진다. 아이폰이나 컴퓨터에 그 정보를 저장해 둘 수도 있지만 이동하는 동안에는 기기를 켤 수 없을 때도 많다. 대신 나는 비행기 여정표처럼 출장과 관련 있는 모든 메일을 소냐에게 전달하고 소냐는 그 내용을 복사해 둔다. 또 언제든 꺼내볼 수 있는 자료로 쓸 수 있도록, 여행가방에 넣을 여행 일정표를 한 부 복사한다. 호텔 접수원에게 보여줘야 할 경우를 대비해 호텔 확정서도 인쇄해 둔다. 모두 준비하지 못할 경우, 계속 아이폰에서 해당 메일을 열어 본다. 확실한 스팸이 아닌 이상 메일을 절대 지우지 않기 때문에 뭔가를 찾기 위해 예전의 여행 일정표를 찾아볼 수 있다.

목적이 다르다고 해도, 다양한 문서와 디지털 도구가 얼마나 중요한 일을 할 수 있는지 보여주는 작은 사례다. 어떤 도구나 무슨 작업에 최상인지 알아내는 것이 비법이다. 이 장에서는 내가 언제, 어떻게 문서를 활용하고, 어디서 사용하지 않는지 보여주겠다. 그 다음 9장과 10장, 11장에서는 종류별로 정보를 저장하고 체계적으로 정리할 때 내가 어떤 디지털 도구를, 왜 쓰는지 설명하겠다.

문서 활용

머릿속에서 끄집어내기 내가 문서를 좋아하는 이유는 머릿속에 있는 것들을 끄집어내도록 도와주기 때문이다. 수만 가지의 생각들이 머리를 복잡하게 할 때 종이 위에 그 생각들을 갈겨 쓰고 나면 한결 기분이 나아진다. 생각들이 기록되고 나면, 나는 그에 대한 걱정을 멈춘다. 그 생각에 대해 실제로 뭔가를 하지 않더라도, 스트레스를 줄이고 집중할 수 있다.

이 모든 작업을 컴퓨터로 할 수 있는 것도 알고, 가끔은 그렇게 한다. 하지만 어떻게든 같지는 않다. 문서는 좀 더 직접 느낄 수 있고, 거의 완벽하며 카타르시스마저 느끼게 한다. 마구잡이로 떠오르는 아이디어나 보통 작업하는 동안 계속되는 의문사항을 급히 쓸 때는 문서 활용을 좋아한다. 문서의 또 다른 장점은 언제 어느 때라도 작은 메모지에 뭔가를 쓸 수 있다는 것이다. 반면 컴퓨터를 항상 근처에 두고 있지는 않으며, 스크린에 터치해서 입력하는 아이폰과 같은 기기는 생각날 때마다 손쉽게 메모하기가 쉽지 않다.

문제 해결하기 종이는 영감을 떠올릴 때도 나를 도와준다. 복잡한 문제를 해결하거나 어떤 과제를 이해하려고 할 때, 커다란 접착식 칠판에 그 내용을 써내려 간다. 나는 거실의 모든 벽면에 커다란 접착식 종이를 붙여 놓은 것으로도 유명하다. 그 내용을 또 다른 정리 상태로 옮겨 둔다. 일부분은 찢기도 하고 다른 부분에 붙이기도 한다. 운이 좋다면, "이거다!"하는 순간이 뒤따른다.

이런 기법이 순항하는 이유가 있다. 부분들을 물리적으로 옮기면서 뇌로 하여금 연결고리를 만들도록 하고, 놓칠 수도 있는 다른 해결책을 보도록 하기 때문이다. 지난 장의 설명대로, 물론 이 모든 작업을 컴퓨터로도 할 수 있고 그렇게 할 때도 있다. 하지만 지금 봤듯이 벽만큼 큰 컴퓨터 화면은 없다. 종이에 맞춰 내 생각을 옮길 만한 모든 공간은, 무료인데다 한눈에 좀 더 많은 정보를 볼 수 있게 한다.

여러분도 이 방법을 시도해볼 수 있다. 간단히 메모지의 낱장을 찢어 벽에 붙여보자. 또는 벽만큼 큰 화이트보드를 하나 사서 사무실에 둔다. 본인에게 정보를 혼합할 수 있는 물리적인 공간을 주고, 컴퓨터 모니터가 하지 못하는 부분과 비교하는 방식으로 여러분의 생각을 자극할 수 있는 아이디어를 찾는다. 소극적으로 참조해야 하는 정보와는 반대로, 문제 해결에 필요한 아이디어와 정보를 기록할 때 문서 사용을 추천하는 이유다.

손으로 쓴 수많은 정보 소화하기 뭔가를 읽고 반응해야 할 때도 역시 문서를 선호한다. 예를 들어, 이 책을 쓸 때 나는 모든 장을 여러 번 인쇄했다. 읽고 난 뒤 여백에 메모를 하면서 각 장의 초고에 표시를 했다. 그 다음 해당 장의 다음 파일에 메모 내용을 타이핑하고 짐에게 이메일로 보냈다. 책을 쓸 때 이 방법이 가장 빠른 방법인지 의심스러운 데다 분명히 친환경적인 해결책도 아니다. 나는 독실한 재활용주의자인 만큼 그 점은 걱정하지 말길 바란다. 하지만 문서 작업에서는 컴퓨터 화면에서 놓칠 수도 있는 내용을 보도록 해준다. 텍스트 파일에서 잘라 붙이기 했던 부분들을 떠올리지 않고도, 나는 종이를 찢어 단락이나 페이지를 다른 목적에 집어 넣을 수 있다.

재무 제표 받기　재무 제표는 내가 적어도 지금까지는, 여전히 문서에 저장하고 체계적으로 정리하길 좋아하는 또 다른 정보 카테고리다.

여러분은 아마 "정말? 예전에 구글 CIO를 지낸 사람이 재무 제표를 우편으로 받는다고?"라고 생각할 것이다. 그리고 여러분이 신청한 모든 온라인 명세서에 대해 재고하고 싶을 수 있다.

잠시 뒤로 물러서서 목적이라는 단어를 생각해보자. 여러분은 왜 재무 제표를 받나? 내가 재무 제표를 받는 목적은 다음과 같다.

1. 내 계좌에 잘못된 부분이 없도록 하기 위해서
2. 기록 차원에서 종이 문서를 요구하는 세무 대리인에게 향후 제표를 넘겨주기 위해서
3. 국세청의 필요조건을 충족하도록 세금을 내고 7년 동안 저장하기 위해서[1]

재무 제표를 문서로 받으면, 자연스럽게 처음 두 개의 목표를 성취할

수 있다. 우편으로 배달된 종이 문서는 검토하기 쉽다. 그냥 배달된 봉투를 열면 된다. 게다가 시각적으로 제표나 청구서를 확인할 시간이 필요하다는 신호를 받기 때문에 일정 시간을 비워둔다. 물론 제표를 확인할 준비가 됐을 때 알려주는 온라인 통지를 등록할 수도 있다. 하지만 실질적인 우편과 비교해서 여러분이 하루에 얼마나 많은 이메일을 받고 있는지, 은행 같은 장소에서 자동으로 분류되는 모든 종류의 메일을 얼마나 자주 읽어 보는지 묻고 싶다. 내 일을 봐주는 회계사 역시 나의 모든 재무 기록을 문서 형태로 원한다. 재무 제표들이 우편으로 배달되기 때문에, 받아둔 모든 내용을 파일로 묶어서 향후 회계사에게 보낼 시간이 됐을 때 쉽게 찾아 볼 수 있다.

제표를 우편으로 받는 대신 온라인 제표를 택했다고 해보자. 매월 제표를 받기 위해 나는 금융 기관의 웹 사이트에 접속할 때 필요한 ID와 비밀번호를 찾아야 한다. 계좌에 로그인해서 최근의 온라인 제표가 있는 링크 쪽으로 따라 들어가 내 컴퓨터에 해당 제표를 내려 받는다. 세금을 낼 때면 제표를 인쇄해서 세무 대리인에게 우편으로 보내야 하고, 최소한 관련 자료를 담당자에게 이메일로 보내서 인쇄하게 해야 한다. 여러분도 나와 같다면, 갖고 있는 계좌가 하나 이상일 텐데 갖고 있는 계좌가 많은 만큼 이런 작업도 반복하게 된다. 그런 모든 과정을 통해 얻을 수 있는 핵심은, 효율적인 상황과 정확히 반대인 추가적인 작업을 자처하게 된다는 점이다.

물론 우편으로 제표를 받는 시스템도 단점이 있다. 먼저 문서는 정리가 잘못될 수도 있는 반면, 디지털 도구로 복사해 두면 내 컴퓨터에서 검색하기 쉽다. 사실 얼마 전에, 우편으로 받았던 특정 재무 제표를 찾을 수 없었다. 나는 금융 관련 기관에 전화를 걸어서 복사를 요청해야 했고, 도착하기까지 시간이 오래 걸려서 세금 환급 연장 기간을 제출해야 했다.

물론 여러분도 알다시피, 서류 캐비닛은 넘치는 점이 곤란하다. 그렇다면 어떤 방법을 이용해야 7년의 가치가 있는 문서를 물리적으로 안전하게 저장할 수 있을까?

내게는 그 특정한 단점을 피해서 움직이는 체계가 있다. 서류 캐비닛이 채워지기 시작하면, 간단히 컨텐츠별로 옮겨 둔다. 더 이상 필요하지 않은 금융 정보나 다른 민감한 정보는 찢어버리고 다른 내용은 그대로 재활용한다. 자주 언급하지는 않지만 나중에 필요할지도 모르는 서류는, 모든 면에 라벨을 붙인 서류 상자에 담아서 지하실이나 외딴 곳에 있는 안전한 장소에 놔둔다. 이 작업은 시간이 들지만 가치 있다고 인정한다.

종이 문서를 관리하는 체계와 정기적으로 서류 캐비닛을 정리하는 방식이 맞지 않으면, 문서의 한계를 최소화할 수 있는 다른 방법들도 있다. 처음에 재무 제표를 검토한 뒤, PDF 파일로 스캔한 다음 컴퓨터로 저장할 수 있다. PDF 파일은 원문의 외형과 느낌을 유지하고 있으며, 내용이 길수록 시각적인 문자 인식 과정을 통해 검색도 가능하다.

아니면 이메일 계정에 디지털 복사본을 담도록 PDF 파일을 본인의 이메일로 보낼 수 있다. 향후를 대비하기 위해서는, 세금 환급 과정을 준비하도록 금융 물품 관련 서류 캐비닛의 서랍 속에 있는 적절한 폴더에 그 문서를 보관할 수 있다. 그리고 7년 후엔 이들 금융 관련 문서를 파쇄기에 버리면 된다.

어쨌든 감사하게도 지금까지 재무 제표를 우편으로 계속 받아보고 있다. 항상 이런 작업을 해 왔기 때문이 아니다. 내 요구와 맞지 않는 누군가의 체계를 단순히 받아들이는 대신, 이 정보를 어떻게 받고 저장할지 결정하는 목표를 가졌기 때문이다.

법적 서류 저장하기 여러분에게 추천한 것처럼, 법적 서류는 내가 여전히 문서로 받고 있는 또 다른 정보 형태다. 우선 한 가지 이유는, 문서에 있는 사인이나 봉인이 진짜임을 증명하기가 쉽다. 그리고 많은 정부 기관과 회사들은 여전히 종이 문서만 접수한다. 유언과 위임장, 그리고 계약서와 같이 가장 중요한 법적 문서를 금고나, 은행 대여 금고에 보관하라고 추천하고 싶다. 이 문서들도 역시 PDF로 만들어 둔다. 보통 로펌은 추가 비용을 받기는 하지만 사인한 계약서의 PDF를 제공할 것이다. PDF는 각각의 법적 서류만큼 대단한 가치를 갖지는 않지만, 자료를 빨리 찾을 수 있도록 도와준다. 중요한 법적 서류의 PDF를 쉽게 얻지 못할 때는 스캔한다. 스캐너가 없다면 복사집이나 사무용품점에서 이용할 수 있다.

법적 서류는 굉장히 중요하고 바꾸기 어려운 데다 값이 나갈 수 있기 때문에, 나는 종이로 된 중요한 법적 서류를 어디에 저장했는지 떠올리면서 그 내용을 내 지메일 계정으로 보낸다. 원본을 어디에 저장했는지 상기하는 이메일에는 해당 문서의 PDF도 첨부한다. 이메일로 작업할 때는, 소냐처럼 그 문서를 열어볼 일이 필요할지도 모르는 누군가에게 복사해 보내기도 한다.

홈 오피스 체계적으로 정리하기

체계적 정리에 대한 전문가들은, 비어 있는 이메일 받은 편지함과 깨끗한 책상이 체계적인 정리의 궁극적 목표라고 말한다. 또 깨끗한 작업대는 매일 새로 시작하고 좀 더 분명하게 생각하며 더 생산적으로 만드는 자유를 준다고 이야기할 것이다.

나는 여기서 다른 이야기를 하겠다.

집에 있는 내 책상은 종이 더미로 덮여 있고 포스트잇이 덕지덕지 붙어 있다. 그걸로도 모자라서, 작업실 벽은 항상 커다란 종이 한 장이 덮여 있다. 여러분이 내 작업실에 오면, 아마 체계적인 정리를 다룬 책의 저자가 사용하는 작업실이 정작 정리되지 않은 모습에 실망할지도 모른다. 하지만 적어도 내게는 정리가 되지 않은 것이 아니다.

내가 원하든 원치 않든 메모와 영수증, 목록 또는 팩스 같은 종이가 내 삶에 모여드는 것은 사실이다. 책상에서 완전히 종이를 없애는 게 내 목표라면, 문서를 받는 순간 그 내용이 언제 어떤 목적으로 필요할지 예상할 수 있어야 한다. 실패할 운명으로 향하는 순간이 어디인지 알도록, 내가 심령술사가 되길 요구하는 것과 같다.

하지만 내게는 심령술사와 같은 능력이 없는 탓에, 아무리 바빠도 필요한 문서가 날라오거나 메모해야 할 일이 있다면 하던 일을 멈추고 필요한 정보를 종이에 적어야 한다. 그리고 그 종이 조각을 중요도에 따라 보관하거나, 어떤 날에는 필요 없는 종이 조각들을 모아서 버려야 할지도 모른다. 12장에서 좀 더 다루겠지만, 이런 상황은 산만해질 뿐만 아니라 뇌에 추가적인 부담을 주면서 상황 전환을 하도록 압박할 것이다. 내게는 작업대를 깨끗하게 하는 자체가 엄청난 일이다.

대신 나는, 문서를 받을 때 가끔 그 문서를 다룰 시간이 없다는 사실을 받아들인다. 그래서 그 제약 조건을 피해서 작업한다. 먼저 책상 위의 문서들을 상황이나 목적에 따라 덩어리로 정리한다. 예를 들어, 한 덩어리는 운동 용품점의 쿠폰이나 영화 축제 카탈로그와 같이 보관하고 싶어 우편으로 받은 내용일 수 있다. 다른 덩어리는 검토한 다음 재활용하거나 파쇄해야 하는 재무 제표가 될 수도 있다. 세 번째 덩어리는 색깔 있는 포스트잇을 붙여서 간직하거나 다시 읽고 싶은 기사가 수록된, 비행기에서 읽은 잡지일 수도 있다. 그리고 자주 쓰는 비밀번호나 전화번호처럼 더미에 묻히지 않았으면 하는 모든 알림과 메모, 또는 일부 정보는, 원할 때 언제라도 꺼내볼 수 있도록 포스트잇에 써 둔다.

이렇게 하면, 불필요한 경우에 문서를 사용하는 잘못된 선택을 피해갈 수 있다. 물론 나는 여전히 관련 있는 더미에 문서들을 올려 두지만, 생각과 노력은 적게 들인다. 또 이러한 문서 더미들은 나름대로, 필요한 자료를 찾았다는 시각적 알림 기능도 선보인다. 문서들이 책상위에 놓여 있지 않거나 벽에 붙어 있지 않으면, 분명 그 내용을 잊어 버린다. 많은 경우, 필요한 행동을 한 다음에는 문서가 더 이상 중요하지 않기 때문에 파쇄기에 넣어버린다. 그게 바로 우리집 작업실에, 간직해야 할 가장 최신 금융/법률 문서가 채워진 서류 캐비닛 서랍이 단 하나밖에 없는 이유일 수도 있다.

따라서 문서 없는 작업대를 만들려고 노력하기보다는, 전후 상황과 여러분의 목표, 또는 잊어버리지 않는다고 확신을 주는 방식에서 필요한 행동에 따라 서류 그룹을 단순화하라고 충고하고 싶다.

작업 공간을 본인이 이해하는 방식으로 이용하는 시간이 길어진다면, 다소 혼란스러워 보여도 문제 없다. 나는 이런 상황을 체계적으로 정리된 상태라고 부른다.

문서의 단점

요약하자면 문서는 이동하면서 빨리 메모할 때, 영감을 떠올려 문제를 해결할 때, 그리고 금융과 법적 서류를 저장할 때 탁월하다. 하지만 다른 상황에서 문서는 종종 시대를 역행한다. 다음은 종이 사용을 추천하지 않는 경우이다.

문서가 너무 많을 때 너무 많은 정보가 특정 순서 없이 정리된 경우라면, 문서는 여러분의 친구가 아니다. 문서로 저장하면 정보를 빨리 검색할 수 없지만 디지털 형식으로는 찾을 수 있다. 게다가 정리되지 않은 수많은 문서에서 정보를 찾을 때면 대개 어디에 뒀는지 기억조차 못하는 상태에서 어떻게든 더미를 뒤져서 찾아내는 수밖에 없다. 더구나 종이 노트와 문서, 파일 폴더는 물리적인 공간을 차지한다. 세련되고 고급스러운 사무실

안에서 서류 캐비닛에 공간을 내주기보다는, 하드 드라이브나 클라우드에 되도록 많은 정보를 저장하는 편이 저렴하고 좀 더 실용적이다.

어디서 혹은 언제 필요할지 모를 때 디지털 형식으로 정보를 저장하면 문서보다 좀 더 융통성이 많아진다. 디지털 도구가 있으면 나중에 그 정보를 언제, 어떻게 또는 어디서 필요로 할지 예견할 필요가 없다.

예를 들어, 지난 밤을 상상해보자. 여러분은 다음 날 아침 일찍 선보일 프리젠테이션을 검토하고 있다. 담고 싶은 몇 가지 요점에 대한 아이디어가 갑자기 떠올랐다. 불행하게도 그 요점을 뒷받침하는 정보는, 차로 30분 거리인 회사 사무실에 종이 문서로 담겨 있다. 이제 여러분은 진짜 최악의 선택과 만났다. 한 시간의 개인 시간을 버리면서 회사를 향해 운전한 뒤 밤 늦게 돌아올 것인가? 아니면 프리젠테이션을 추가하기 위해 다음 날 아침 더 일찍 회사로 갈 것인가? 두 번째 시나리오가 좀 더 손해라고 해도, 두 가지 모두 확실히 잠 잘 시간은 줄어든다. 어쨌든 내가 좋아하는 선택은 아니다.

하지만 그 정보를 디지털로 저장했고 정보가 담긴 노트북을 그날 밤 집으로 가져왔다면, 필요에 따라 갑자기 결정한 정보를 최상의 상태로 얻을 수 있다. 프리젠테이션에 정보를 추가하고 침실로 가면 되니까 좋다. 컴퓨터 가져오는 것을 깜빡 했다고 해도 괜찮다. 온라인 백업 서비스나 구글 문서도구 같은 웹 기반 서비스를 이용해 클라우드에 정보를 저장했다면 문제 없다. 또는 원격 접근법으로 이용할 수 있는 정보일 경우, 집에 있는 컴퓨터를 이용해서 접근할 수 있다. 원격 접근 서비스로는 다른 컴퓨터를 이용하면서 또 다른 컴퓨터에 저장된 파일을 복구할 수 있다.

또 보안이 필요하거나 바꿀 수 없는 형태의 정보를 백업하거나 안전하게 저장하기 위해, 디지털 도구를 이용하라고 권하고 싶다. 나는 2008년 9월 허리케인 아이크^Ike가 텍사스를 강타한 다음 날 벌어진 몇 가지 장면을 기억한다. CNN 기자가 휴스턴 도심을 거닐면서 카메라 앞에 있었다. 창문들이 날아가 바닥에 떨어져 있는 고층건물과 거리 주변에 날아다니고 있는 문서들이 보였다. 기자는 거리를 쓸고 있는 문서 가운데 한 장을 집어 들어 카메라 앞에 선보였다. 종이에는 '기밀'이라고 표시돼 있었다.

이 사례는 보안 문서에 대해 여러분이 바라는 운명은 아니다. 물론 허리케인과 같은 자연재해가 흔히 발생하는 일은 아니다만, 그날 휴스턴 도심을 날아다닌 수많은 문서는 아마 컴퓨터에 저장된 파일을 인쇄한 문서

친구여 그 대답은 / 바람만이
알고 있네
- 밥 딜런, "Blowin' in the Wind"

였을 게다. 하지만 이 뉴스 기사로 또 다른 걱정이 생겼다. 재난이나 예기치 못한 사건이 발생하고 나면, 고객 기록과 같이 문서로 저장된 정보를 복구하지 못할지도 모른다. 하지만 정보가 클라우드나 백업 기반 시설에 저장돼 있다면 심각한 사업 혼란에서 좀 더 빨리 돌아올 수 있다.

다른 사람들에게 필요할지도 모를 때 다른 사람들과 공유해야 하는 정보 역시 가끔은 문서 대신 디지털 형태로 저장하는 편이 좋다. 디지털 정보는 문서보다 좀 더 공유하기가 쉽다. 예를 들어, 누군가에게 디지털 문서를 간단히 이메일로 보낼 수 있고, 또는 컴퓨터의 공유 폴더에 접근하는 법을 알려줄 수도 있다. 또 워드나 PDF 문서처럼 표준 형태의 디지털 파일은 많은 사람이 열고 읽어볼 수 있다. 하지만 문서에 손으로 쓴 정보는 다른 사람들이 읽기 어려울 수도 있다. 심지어 나는 가끔 내가 쓴 손글씨를 읽지 못한다.

환경을 보호할 때 마지막으로, 종이는 곧 나무에서 나온다. 즉 디지털 정보 저장에는 컴퓨터와 서버, 에너지가 필요하긴 하지만, 탄소가 차지하는 비율은 아직 비교적 적다.

클라우드의 장점

디지털 파일도 물론 나름의 약점이 있다. 하나는 디지털 포맷이 항상 바뀌다보니, 플로피 디스크처럼 낡은 매체에 저장한 파일은 접근하기 어려울 수 있다. 일부 파일은 플로피 대신 DVD에 백업했을지 모르지만, DVD가 얼마나 오래 지속될지 그 누가 알 수 있을까? 또 플래시 드라이브 스토리지 같은 더 좋은 장치로 인해, 쇠퇴하게 될 저장 시스템은 무엇일까?

이 문제의 해결책은 클라우드다. 가장 중요한 정보를 온라인에 저장하면, 컴퓨터가 있고 인터넷 연결이 가능할 경우 하드웨어가 구식이 된다는 걱정 없이 오랫동안 파일을 가져올 수 있다. 경고를 하나 한다면, 평판이 좋은 온라인 스토리지나 백업 서비스를 사용하라는 점이다. 불분명한 서비스는 경제가 어려울 때 서비스가 안 될지도 모르기 때문이다. 2009년 초, 머지않아 서비스가 끝나는 온라인 스토리지의 이용자들은, 파일이 지워지기 시작한 이후 마감일 전까지 본인의 파일을 다운로드하기 위해 움직여야 했다. 그러니 잠시 주변을 보며, 사라질 가망성이 없는 회사의 서비스를 고르자. 예를 들어, 마이크로소프트는 최근 25GB 용량의 데이터를 저장할 수 있는 윈도우 라이브 스카이드라이브 skydrive.live.com라는 서비스를 제공한다. 나는 다양한 관련 파일을 온라인에 백업하기 위해 드롭박스

dropbox.com를 쓴다. 나중에 설명하겠지만, 백업 기능을 자체 제공하는 지메일도 사용하고 있다. 드롭박스에 대한 자세한 내용은 부록에 있는 '추천 서비스'에서 찾을 수 있다.

결국 여러분의 정보를 디지털 형식으로 얼마나 오랫동안 접근할 수 있는지 알 수는 없다. DVD와 하드 드라이브, 클라우드 등에 가장 중요한 내용을 여러 번 복사해 관리하는 방식으로 지켜낼 수도 있다. 응급상황에 대비해 배우자와 아이들 혹은 가까운 친구들에게 여러분의 중요한 디지털 파일에 접근할 권한을 주는 방법도 좋다.

메모의 중요성

보다시피 언제 문서를 써야 하는지에 대한 질문은 진부하다. 메모 필기를 예로 들어 보자. 편리한 방식으로 언급했듯이, 빨리 메모해야 할 경우 컴퓨터는 아직 종이를 이기지 못한다. 내가 작은 몰스킨 수첩을 갖고 다니는 이유이기도 하다. 때로는 어떤 수첩에 어떤 내용을 썼는지 기억하지 못하고 찾기 위해 빨리 검색할 수도 없다. 하지만 종이의 장점과 단점을 요약할 필요가 있다.

다양한 수첩에 있는 메모를, 구체적인 주제와 관련 있는 내용으로 나눠서 단점을 최소화할 수 있다. 예를 들어, 건강 문제를 다룬 특별한 수첩이 있을 수 있다. 정보가 아직 단기 기억에 있을 때 의사와 상담하면서 수첩을 들고 있는 태도가 중요하다. 하지만 양말만 신고 있는 상태에서 검사하는 경우라면, 컴퓨터나 블랙베리에 타이핑하는 모습은 굉장히 어색하다.

수첩은 멋지게 요구 사항을 채워준다.

매번 의사를 만나기 전에, 여러분은 이전 방문 시 남긴 메모를 몇 분간 검토할지도 모른다. 다음 약속에서 묻고 싶었던 질문을 작성하고, 상담하는 동안 의사가 말해준 답변들도 급히 적는다. 상담 사이사이 언제라도, 감기와 독감, 알레르기 반응이나 다른 무언가를 메모하면, 그 정보는 온전히 내 것이 된다. 색인으로 나눌 때 색깔 있는 포스트잇을 사용하면, 날짜와 증상 혹은 추적에 중요한 요소에 따라 메모들을 빨리 체계적으로 정리할 수 있다. 잔의 투병 기간을 떠올려보건대, 의사와의 상담에서 극도로 스트레스를 받는 경우도 분명 있다. 그래서 나중에 내용을 쉽게 찾아볼 수 있도록 가능한 체계적으로 정리된 최상의 메모를 만드는 것이 중요하다.

나는 중요할 때 빨리 메모할 수 있도록, 컴퓨터 근처에 메모지나 몰스킨 수첩을 놔둔다. 보통 음성 메시지와 관련한 메모를 하는 것으로, 전화번호와 할 일의 내용을 급히 적기 쉽다. 컴퓨터에 기록하면 나중에 쉽게 검색할 수 있다는 사실을 알고 있지만, 솔직히 음성 메시지를 들으면서 종이에 갈겨 쓰는 게 더 쉽다.

그러나 음성 메시지를 들으며 메모하는 일은 역시 이상적이지 않다. 이 때에는 음성 메시지를 문자로 자동 복사해주는 음성 메시지 문자 복사 서비스를 쓰는 편이 낫다. 그러면 그 문자 내용은 음성 메시지의 원본 오디오 파일에 첨부돼 메일로 온다. 일부 서비스는 옮기는 작업에 실제로 사람을 고용하고, 다른 서비스는 완전히 기술에 의존한다. 나머지 서비스들은 두 가지 형태를 복합적으로 사용한다. 어느 쪽을 선택하든, 보통 해석된 내용은 적어도 메시지를 전한 사람의 요지를 충분히 전할 만큼 정확하다.

음성 메시지 문자 복사 서비스는 장점이 많다. 우선, 종잡을 수 없는 전형적인 음성 메시지를 듣느니 빨리 읽거나 정확하게 내용을 훑어볼 수 있다는 점을 들 수 있다. 또 다른 장점은, 음성 메시지와 이메일 모두를 확인하는 대신 이메일만 체크해도 모든 메시지를 볼 수 있어 시간을 절약할 수 있다. 그리고 한두 달 뒤에 음성 메시지를 삭제하라는 통신사의 강요로 해당 내용을 지우는 대신, 문자로 옮겨지면 영원히 검색 가능한 이메일 아카이브의 일부가 된다. 또 이메일은 음성 메시지일 때보다 전달하기가 더욱 쉽기도 하다. 음성 메시지는 이제 문자이기 때문에, 전달하기 전에 부적절한 메시지 부분을 지우거나 본인만의 코멘트를 추가할 수 있다. 게다가 전화를 건 사람이 음성 메시지에 전화 번호를 남겼다면, 숫자를 적기 위해 내용을 세 번씩 들어보는 대신 연락망에 복사해서 붙여 넣기 할 수 있다. 전체 음성메일 메시지를 남길 때 사람들이 본인의 전화 번호를 남기는 순간까지 전체 음성 메시지를 얼마나 느리고 분명하게 말하는지 주목해 본 적이 있나? 마치 올림픽 경기에 참여한 것처럼 전력질주 하듯 번호를 남기지는 않았나? 음성 메시지가 복사되면, 보통 번호를 클릭하기만 해도 휴대전화가 자동으로 다이얼을 돌릴 것이다.

음성 메시지 문자 복사 서비스는 여타 방법과 마찬가지로, 특히 여러분이 창의적인 작업을 할 때 시간과 노력을 절약해준다. 예를 들어, 휴대전화나 컴퓨터에 직접 메모해 둔 내용을 가볍게 꺼내는 대신 간단히 전화를 걸어 음성 메시지를 남길 수 있다. 그러면 그 서비스는 메시지를 문자로 복사해서 이메일로 보내, 검색 가능한 이메일 아카이브의 일부로 만들어줄 것이다.

짐과 내가 이 책을 쓰기 시작했을 때, 짐은 음성 메시지 이메일 복사 서비스를 이용해 전화 번호를 설정했다. 책과 관련해 실시간으로 떠오르는 생각들을 붙잡아두려는 아이디어였다. 기록들을 짐에게 보낼 때, 나는 디지털 음성 녹음기 대신 늘 몸에 지니고 있는 휴대 전화를 사용했다. 아이디어가 생기면 해당 번호로 전화를 걸어 삐 소리가 난 뒤 말하기 시작한다. 몇 분 안에 짐은 오디오 파일 형태로 첨부된 원본과 함께 이메일로 복제된 내 메시지를 받는다. 가능한 아카이브로 메시지가 전달되어 내 메시지를 복사하지 않아도 되기 때문에 짐도 공을 덜 들이고, 나도 시간과 노력을 절약할 수 있다.

음성 메시지 이메일 복사 서비스도 당연히 몇 가지 단점이 있다. 많지는 않아도 다소의 비용이 든다. 그리고 복사된 내용의 정확도에 변수가 생길 수 있다. 공항 출발 로비처럼 소음이 많은 곳에서 전화를 건다면, 복사 내용이 조용한 사무실 난 절대 똑같지 않을 거야
에서 걸었을 때처럼 정확하기 어렵다. 본인이나 다른 사람들을 위해 메모하는 것 같이, 이 서비스는 여전히 음성 메시지에서 메모를 저장할 때 가장 빠르고 가장 쉬운 방법이다.

난 절대 똑같지 않을 거야
- 인큐버스, 〈Pardon Me〉

문서 없는 사무실에 벌어질 일은?

하찮은 질문과 함께 잠시 쉬어가자. "문서 없는 사무실이 머지 않았다는 몇 가지 믿음"이라는 문장이 〈비즈니스 위크〉지에 기사로 발행된 때는 몇 년도일까?

(a) 1975년   (b) 1997년   (c) 2001년

정답은 두둥… 1975년이다.[2] 사람들은 30년이 넘도록 '문서 없는 사무

실'이라는 개념에 대해 의견을 표출해 왔다. 디스코의 전성기 시절 이래 디지털 기술의 모든 장점에도 불구하고 왜 우리는 지금까지 문서 없는 세상으로 가지 못하고 있을까?

2장에서 설명했던 내용을 되돌아 봐야겠다. 우리는 고수하고 있는 체계가 바뀌는 데에 반대하고 있다. 기술이나 사회적인 변화가 그 체계를 한물 가도록 해서, 체계 너머의 목표가 바뀌고 혹은 시스템이 더 이상 작동하지 않는데도 말이다. 수십 년 동안, 종이 문서는 업무 흐름의 중심이었다. 종이 문서는 환경주의적 관점이나 정보를 저장하는 방식에서 더 이상 가장 효율적인 방법이 아니다. 종이를 내다 버려야 한다 해도, 방식을 바꾸기에 주저한다.

소냐가 좋은 사례다. 소냐는 10년 넘도록 우직하게 데이타이머를 썼다. 데이타이머를 모르는 사람들을 위해 설명하자면, PDA의 장정본 같은 책으로 개인적인 서류 정리 케이스다. 90년대 공공 부문 회사에서 일할 때 소냐는 데이타이머 캘린더에 각 고객에 대한 청구 시간을 기록했다. 또 해야 할 일의 목록과 주소록, 낙서한 메모 등을 저장할 때도 데이타이머를 사용하는 데 익숙해졌다. 데이타이머는 편하고 믿을 만한 친숙한 시스템이었다.

소냐는 데이타이머의 왼쪽에 할 일의 목록을, 오른쪽엔 캘린더 작성하기를 좋아했다. 소냐는 "난 시각적인 기억력이 진짜 좋아."라고 설명하면서 "정리된 할 일의 목록과 일정이 모두 머릿속에 그림처럼 남아 있어서 기억하는 데 도움이 돼."라고 말했다.

그러던 어느 날 재앙이 닥쳤다. 소냐가 데이타이머를 잃어버린 것이다. 잃어버리기 전에 들렀던 모든 곳을 찾아 다녔고, 잃어버린 정보를 다시 만들기 위해 고군분투했다. 소냐는 눈물이 마를 때까지 몇 주 동안 고통에 시달렸다.

PDA를 거절한 소냐는 간단히 다룰 수 있는 또 다른 데이타이머로 교체했다. 소냐는 "기술은 흥미롭지 않아."라고 말했다. 디지털 도구를 익힐 때 쓰는 시간과 에너지의 가치를 보지 않았던 소냐는, 종이 문서 정리 체계가 가진 분명한 약점에도 불구하고 그 체계에 맞춰 나갔다.

모두가 계속해서 데이타이머를 버리라고 회유했지만 완고했던 소냐는 본인 눈에 흙이 들어가기 전까지는 데이타이머를 놓게 할 수 없을 것이라고 말하곤 했다. 다행히 그런 일은 필요하지 않았다. 대신 나는 아내에게 아이폰과 맥북을 줬기 때문이다.

애플의 모바일미 주소록에 소냐의 계정을 만들었다. 모바일미는 주소록과 캘린더, 그리고 이메일 기능을 제공하는 서비스다. 이제 소냐는 웹 브라우저를 열 수 있는 컴퓨터를 이용해, 모든 전화 번호와 주소록, 전화기 주소록에 있는 사람들에 대한 메모에 접속할 수 있다. 다시는 그 정보를 잃어버릴 걱정을 할 필요가 없었다. 나는 소냐가 1990년대 중반 이후 처음으로 2009년에 데이타이머 리필용 속지를 사지 않았다는 점을, 기술력의 놀라운 승리 가운데 하나로 꼽는다.

더 이상 최선의 방법이 아닌데도, 많은 사람이 꾸준히 종이 문서를 사용하는 또 다른 사례를 찾아 보자. 바로 출장이다.

적어도 전체 출장 과정에서 나타나는 하나의 양상은, 종이 문서가 사라지는 추세라는 점이다. 이제 종이 티켓 대신 좀 더 편리한 전자티켓을 받아 온다. 전자티켓을 표로 교환할 수 있도록 공항에서 신분증과 신용카드를 보여주기만 하면 된다. 물론 가방도 꼭 챙기라고 조언하겠다. 항공사는 종이와 우편료에 들이는 비용을 줄일 수 있고 표가 우편으로 오기를 기다리거나 잃어버릴까 걱정할 필요가 없으니 모두가 좋은 방법이다.

그렇기는 하지만, 몇몇 회사들은 여전히 출장 요청서와 승인서를 종이 문서로 제출하라고 요구한다. 회사의 목적은 기본적으로, 직원들이 은근슬쩍 눈빛을 주고 받으며 '훈련' 때문에 뉴욕에 가는지 혹은 '영업 컨퍼런스' 때문에 카우아이Kauai로 가지는 않는지 확인하는 것이다. 좋은 취지지만 나는 출장 승인서 체계에서 종이를 없애는 일이 그리 어렵지 않다는 점을 강조하고 싶다.

초창기 구글은 직원들에게, 출장 비용을 되돌려 받으려면 종이 문서 형태의 내역을 제출하라고 요구했지만, 결국 시간이 흐르면서 이 시스템을 단순화했다. 업무 때문에 출장을 가야 한다면, 언제 어떤 이유로 출장을 가는지 설명하는 메일을 관리자에게 보낸다. 출장에서 돌아오면 간추린 이메일을 인쇄하고 돌려받아야 하는 비용과 관련된 영수증을 첨부한다. 나중에는 이 시스템을 좀 더 단순하게 만들었다. 지출 보고서에 따라 영수증을 스캔하고 그 결과를 PDF 형태로 메일에 보내는 방식이었다. 이 방법은 놀랄 정도로 간단하고 효과적이었다. 하지만 시간이 흘러 내가 떠난 이후, 구글은 더 큰 회사로 성장하면서 수많은 데이터베이스 항목과 여러 건의 승인에 관련해 직원 출장비 상환이 더욱 복잡해졌다. 그리고 불행하게도 더 많은 종이 문서를 사용하게 되었다.

결국 많은 업종이 출장 승인과 같은 체계에서 문서를 없앨 수 없는 이유는, 믿지 않거나 장점을 보지 못해서라 아니라 변화를 반대하고 있기 때문이다. 결과적으로 출장 승인 과정은 필요 이상으로 직원들의 노력과 시간을 소비한다. 이제는 전반적으로 좀 더 효율적인 시스템 개발에 투자해야 할 때다. 비효율적인 시스템이 지배하는 구조에서는 말단부터 변화를 일으키려해도 결과적으로는 비용만 더 들어갈 뿐이다.

선부른 변화

바로 이 순간, 우리는 종이 문서에서 디지털로 변하는 중간 어딘가에 있다. 그런데 어떤 방법으로 바꿔야 할지 찾아낼 수 없기 때문에 혼란스럽다. 금융 기관, 학 교, 고용주, 정부 기관 등 권력층은 변화를 주도하지 않는다. 여전히 낡은 종이 문서 방식을 디지털 문서에 적용하기 때문이다.

언제나 그랬던 것처럼 똑같아
- 토킹 헤즈, 〈Once in a Lifetime〉

슬프게도 이와 같은 선부른 변화가 일반적이다. 매체의 변화를 생각해 보자. 맨 처음 라디오 프로그램은 종종 사람들에게 뉴스와 광고를 전하는 것 외에 다른 기능은 없었고 매일 발행하는 신 문도 똑같은 활동을 몇 년간 계속해왔다. 초창 기 TV 쇼, 특히 저예산 지역 프로그램도 비슷

원을 그리며 나타나는 흔적 /
그 흔적을 찾아 헤맨다
- 콜드플레이, 〈The Scientist〉

해서, 아나운서들은 라디오에서 그랬던 것처럼 종종 마이크 앞에서 자세를 잡거나 뉴스를 읽으며 광고주를 언급하는 모습을 보여줬다. 일부를 제외한 최근의 많은 팟캐스트는, 그저 사람들이 작성한 글이나 블로그를 읽는 정도다.

모두 이해할 수 있는 모습이다. 이런 모습들이 거대한 변화였고 잠시 동안 큰 변화를 흡수할 수 있었다. 하지만 낡은 소통 방법을 새로운 매체에 더 적합하도록 받아들이지 않으면, 새로운 매체 고유의 모든 가능성과 장점을 개발하는 데 실패한다.

종이 문서에서 디지털 문서의 형태로, 우리가 속한 변화도 다르지 않다. 다시 한 번, 재무 제표의 예로 돌아가보겠다. 재무 제표는 종이에서 디지털로의 변화가 특히 고통스러웠기 때문이다.

나의 당좌 예금 계좌는 사실 MMFMoney Market Fund다. 그 만큼 지난 달 계좌 안에서는, 종이로 된 입출금 목록이 수없이 안전하게 거래됐다. 솔직히 그런 변화에 신경 쓰지 않았지만 단지 깔끔하게 써 두었던 수표와, 기록된 예금을 증명하고 싶었다.

나는 금융 기관의 웹 사이트로 가서, 관심 있는 기간의 시작과 끝을 선택해 예금과 입출금액을 검토했다. 하지만 이 방법으로는 정보를 내려 받을 수 없었다. 대신 나는 신경 쓰지 않았던 모든 보고서가 포함된 문서 제표 전체를, 디지털 버전으로 다운로드해야 했다. 이 특정 금융 기관의 운영자들이 디지털 정보를 제공해서 어떤 이점이 있는지 생각하지 않았기 때문에 나는 에너지와 시간을 허비할 수밖에 없었다. 기관의 진짜 역량은, 고객들이 온라인 명세서에 대해 선호하는 정보를 선택할 수 있도록 하는 것은 물론 다양한 다운로드 옵션을 제공할 때 존재한다. 하지만 그 기관은 고객이 실제로 이런 정보를 받는 것을 얼마나 좋아하는지, 그리고 디지털 명세서라는 새로운 매체를 사용하면서 고객의 요구를 얼마나 만족시킬 수 있는지 고려하지 않았다. 대신 종이 문서로 나눠주던 동일한 낡은 명세서를, 형태만 디지털로 바꿔서 제공할 뿐이다.

종이는 여전히 중요하지만…

기술을 맹신하고, 정보를 저장할 때 가끔은 디지털 도구가 가장 효과적인 방법이라고 믿으면서도 종이 문서는 내 삶의 중요한 부분으로 남아 있다. 문서는 그 자체로 구식이긴 하지만, 색깔 있는 펜과 하이라이터를 이용한 정보 필터링과 같이 내가 개발한 믿을 만한 체계적인 정리 시스템의 중심이다. 그 시스템은 오랜 시간에 걸쳐 난독증이라는 과제를 극복하도록 도왔고, 학업과 함께 이후 전문가의 세상에서도 성공할 수 있게 했다.

말하자면 나는 종이 문서 체계가 몇 가지 내재된 실패와 함께 한다고 실감한다. 또 많은 부분에서, 우리도 사회처럼 종이 문서 너머로 움직여야 한다는 사실도 알고 있다. 우리가 사용하는 방식은 다른 곳에 쓸 수 있는 시간과 에너지를 낭비하게 할 수 있기 때문이다.

종이와의 관계가 복잡하다고 내가 말했었나?

여기서는 디지털 장치를 넘어 언제 종이 문서를 쓰고 쓰지 말아야 할지에 대해 말하지 않겠다. 여러분만이 할 수 있는 결정이기 때문이다. 그런 결정을 할 때 정보에 대한 목표와 주제를 항상 염두에 두라는 것이 바로 나의 요점이다. 언제 그 정보가 필요하고, 어떻게 사용할 것인지, 얼마나 오랫동안 갖고 있어야 하는지 그리고 그 정보를 공유하려는 사람이 누구인지 결정하자. 그런 다음에야 논리적인 과정을 통해 편리한 시스템을 쌓아 올릴 수 있다.

항상 사용하는 방법이라는 이유로, 단순히 그런 방식으로 계속 작업하는 것은 좀처럼 좋은 생각이 아니라는 점을 기억하자. 2장에서 배운 대로 사실 그런 방법은 별로 좋지 않은 생각이다. 대신 감정적인 애착과 깊이 밴 습관, 일반적인 선호도나 두려움이 아닌, 정보를 받거나 기록하기 위한 여러분의 진정한 목표에 기초해서 종이 문서나 디지털 도구를 사용하도록 결정하자. 진짜 좀 더 효율적인 모습이 되고 싶다면, 본인만의 세상에서 활용했던 체계적인 정보 정리 방식을 조사한 뒤 할 수 있는 새로운 방식으로 스스로를 깨우자.

요약

몇 가지 이유로, 개인적인 정보를 체계적으로 정리할 때 언제 종이 문서나 디지털 도구를 사용할지 결정하기가 어렵다.

- 종이 문서는 머릿속에 내용을 집어 넣고 꺼낼 때 최상의 도구다. 하지만 특히 디지털 정보 저장 장치와 비교해보면 수많은 한계 또한 갖고 있다.
- 감정과 깊이 밴 습관, 일반적인 선호도, 그리고 믿음과 관련된 주제 또한 정보를 체계적으로 정리할 때 우리가 어떤 도구를 선택할지에 영향을 미친다.
- 우리는 종이 문서와 디지털 도구 사이의 변화 속에 있다. 그리고 권력층은 우리가 좀 더 쉽게 이용할 변화를 만들지 않는다. 많은 경우 디지털 문서는 단순히 종이 문서를 디지털 형태로 바꾼 것에 불과하며, 우리 요구에 더 어울릴 수 있는 새로운 매체의 방식을 개발하지 못한다.

- 종이 문서나 디지털 형식과 관계 없이 가능한 언제든, 그 정보를 어떻게 저장할 것인지 이끌기 위해 삶 속 정보에 대한 목표를 활용하자.

종이 문서를 사용할 때

- 종이 문서는 영감을 떠올리는 최상의 방법이다. 문제를 해결하거나 아이디어를 떠올리는 것이 목표라면, 접착식 칠판에 생각들을 써 내려가고 부분별로 복사해 붙여 넣기 해서 발전된 패턴과 주제를 볼 수 있도록 가까이에 옮기자. 화이트 보드 역시 도움이 된다.

- 인코딩하거나 정보를 흡수하는 것이 목표라면, 화면에서 읽는 대신 문서를 인쇄하라. 컴퓨터 모니터에서는 잡지 못했던 내용을 종이에서 알아챌지도 모른다.

- 수많은 내용으로 머릿속이 어지러울 때 종이에 그 내용을 써보자. 카타르시스를 느끼는 것은 물론 마음을 깨끗하게 하는 데 도움이 된다.

- 디지털 형태로 정보를 저장하는 편이, 종이 문서보다 더욱 효과적이라는 점을 확신하자. 재무 제표가 고전적인 사례다. 디지털 재무 제표는 관리할 때 종이 문서보다 더 많은 작업이 필요하다.

- 종이 형태의 법률 문서는 안전한 장소에 보관하라. 하지만 서류를 어디에 저장해 뒀는지 떠올리도록 본인에게 이메일로 보내두고, 문서의 PDF 버전도 첨부한다. 문서의 복사본과 원본이 어디에 저장돼 있는지 알아야 할 사람에게도 이메일을 보내라.

- 작은 수첩을 항상 휴대하라. 컴퓨터나 전화를 사용할 수 없는 경우 빨리 메모할 때 필요할 수 있다.

종이 문서보다 디지털 도구를 선택할 때

- 일정하지 않은 정보를 얻거나 다른 사람과 공유해야 할 때, 관리 측면에서 정보를 디지털화 해 저장하는 편이 종이 문서보다 오히려 더 낫다. 다양한 방식으로 접근할 수 있고 잘못 둘 일도 거의 없으며, 정보를 쉽게 공유하고 검색할 수도 있다.

- 유언, 계약서와 같이 중요한 기밀 문서의 종이 문서 버전을 항상 갖고 있다 해도, 원본을 잃어버리거나 파손될 경우를 대비해 디지털 형태로 항상 백업한다. 디지털 버전은 빨리 검색할 수 있는 자료로도 활용된다.

- 가장 중요한 서류를 클라우드 서비스로 옮기는 방식을 고려한다. 향후 유효하지 않을 저장 매체에 저장한 데 대해 걱정할 필요가 없을 것이다.

- 가능하다면 음성 메시지 이메일 복사 서비스를 이용하라. 음성 메시지를 듣는 동안 급하게 메모하는 작업을 하지 않아도 된다. 그리고 문자로 구성돼 검색 가능한 아카이브를 제공하기 때문에 다른 사람들과 공유하기 쉽다.

9장
개인정보 관리실, 이메일

체계적으로 정리하려면 정보가 필수이기 때문에, 정보를 더 쉽게 얻을 수록 체계적으로 정리할 기회도 더 많아지기 마련이다. 그게 바로, 내가 클라우드에 정보를 저장하는 게 중요하다고 믿는 이유다. 하지만 클라우드에 저장하려면 정보를 어떻게 저장하고, 언제, 어떻게 접근할지 등 정보에 대해 조금 다르게 생각해야 한다. 사실 여러분이 쌓고 있는 디지털 정보를 다르게 생각하도록 장려하는 게 이 책의 주제 가운데 하나다.

내 경우 디지털 정보는, 공통점 없는 이질적인 데이터 덩어리가 아닌 하나의 구조물로 생각한다. 마치 항상 확장하고 있는 건물 같은 개념인데, 나는 덧붙이거나 접근할 때 이용하는 도구를 정보의 지지체라고 부른다.

아시다시피 지지체는 공사하거나 리뉴얼 중인 다층 건물 주변에 설치한 구조물로, 건물 내부의 어느 층과 마찬가지로 근로자들이 빠르고 쉽게 건물의 외벽을 지날 수 있도록 한다. 이와 비슷하게, 구글의 이메일 서비스인 지메일처럼 내가 디지털 세상에서 사용하고 있는 지지체의 대부분도 지속적으로 늘어나는 정보에 쉽고 빠르게 접근할 수 있게 한다.

노트북이나 아이폰 같은 스마트폰은 지지체를 이용하도록 해주는 도구일 뿐, 그 자체가 지지체는 아니다. 또한 정보 검색은 지지체의 수많은 기능 중 하나이지, 실제로 지지체는 검색 엔진보다 훨씬 더 많은 일을 수행한다. 지지체는, 원하거나 갖고 있어야 하지만 실제로 인코딩할 필요가 없는 디지털 정보를 저장, 검색하고 체계적으로 정리해 접근할 수 있도록 하는 모든 도구다. 따라서 내 삶의 방식에 맞게 지지체를 개인화할 수 있다면 가장 바람직하리라 생각한다.

지금까지 읽어오면서 느꼈을지 모르지만, 내 지지체의 대부분은 지메일과 구글 캘린더와 같은 구글이 제공하는 서비스를 기반으로 한다. 더군다나 구글은 이메일과 캘린더 서비스를 자체적으로 제공하며 '우리 서비스만 사용하세요.'라고 부추기기까지 한다. 나는 2008년 초에 구글을 떠났지만, 구글 도구는 계속해서 본연의 역할에 최선을 다하고 있고 지속적으로 개선되고 있다고 믿는다. 구글에서 일하는 동안 제품의 구석구석을 확실히 배웠다 해도, 그 곳에서 일해 왔기 때문에 구글 제품을 이용하는 것은 아니다. 그보다 요즘 세상에 정보를 체계적으로 정리하도록 필요한 방법에 대한 내 중요한 믿음에 잘 어울리기 때문에 쓴다. 다시 말해, 그 방법에는 중심에 정보를 저장하고 다른 사람과 쉽게 공유하며, 언제든 필요한 정보를 찾을 수 있는 강력한 검색 기능이 포함된다. 내가 구글 도구에 많이 의존하는 이유가 몇 가지 있고, 그 가치 때문에 나와 소냐는 구글의 주주가됐다. 이 책의 마지막에 있는 '추천 서비스'를 보면 내가 쓰는 지지체와 비숫한 대안들도 찾아볼 수 있으니 참고하길 바란다.

이어지는 세 개의 장에서는 내가 디지털 정보에 접근하고 체계적으로 정리할 때 사용하는 지지체와 그것을 이용하는 이유, 체계적인 정리를 할 때 그 지지체가 어떤 도움을 주는지 다루겠다.

9장에서는 지메일에 대해, 10장에서는 구글 캘린더와 함께 할 일의 목록 프로그램인 띵스Things에 대해 이야기하겠다. 11장은 온라인에서 찾은 문서와 정보를 관리할 때 사용하는 지지체를 다룬다. 이어지는 몇 개의 장을 읽으면서, 여기서 설명한 도구들은 내가 글을 쓴 다음에 바뀌었을지도 모른다는 점을 염두에 두길 바란다.

당신의 모든 것, 지메일

이메일과 같은 시스템은 없다. 이메일은 검색 가능한 역사적인 아카이브로, 완성한 작업 프로젝트와 만들어낸 계획, 여러분이 했던 대화, 직접 하지는 않았지만 웃겼던 진부한 농담과 같은 모든 정보를 담을 수 있다. 여러분을 포함한 여러 공헌자들에게서 나온 수많은 요소로 구성된 메일 아카이브는, 어떤 면에서 콜라주 형태를 빌린 여러분의 일대기라고 볼 수 있다.

이처럼 정보 정리의 필수 도구가 된 이메일의 가능성을 개척하기 위해서는 올바른 도구가 필요하다. 물론 컴퓨터로 누군가와 만날 수 있는 다수의 이메일 시스템은 있다. 지메일을 비롯해, 따로 운영하거나 또는 협력 환경에서 마이크로소프트 익스체인지 서버에 연결되는 이메일/일정 프로그램으로 구동되는 마이크로소프트 아웃룩, 로터스 노츠Lotus notes, 선더버드

Thunderbird, MSN 핫메일과 야후! 메일 등이 그 예다.

수년 간의 메시지 전체를 빨리 분류하고 검색할 수 있도록 나를 도와주는 최상의 이메일 시스템은 하나다. 컴퓨터나 인터넷에 접속할 수 있는 전화기로도 이 시스템에 접근이 가능하다. 또 사용하기 편하고 무료 스토리지의 용량이 많아 새로운 메일을 받기 위해 옛날 메시지를 삭제할 필요가 전혀 없다. 스팸을 걸러내는 데도 탁월하다.

바로 지메일이다.

지메일mail.google.com은 내가 가장 자주 사용하는 지지체다. 구글의 무료 계정을 갖고 있는 사람이라면 누구나 지메일과 또 다른 구글 도구를 이용할 수 있다. 기본적으로 나는 다른 사람들처럼 메일을 주고 받는 방법으로 지메일을 쓴다. 하지만 많은 사람이 구글이 제공하는 엄청난 기능들을 실감하지 못한다. 예를 들어, 나는 지메일을 할 일의 목록과 내용을 관리하는 체계로도 사용하며, 확실한 알림 기능의 형태이자 일부 전자 파일을 정리하는 공간으로 만들었다. 지메일은 구글 검색 도구를 활용하기 때문에 몇 가지 전자 문서를 저장하고 체계적으로 정리할 때도 활용할 수 있다. 어떻게 사용하는지에 대해서는 이 장에서 정확하게 설명하겠다.

그건 그렇고, 일터에서 아웃룩을 쓰도록 제한돼 있어서 이 장을 건너뛰고 싶어한다면, 일단 나를 믿어보길 바란다. 우선, 회사에서 제공하는 업무용 이메일 계정이 있다고는 하지만, 개인적인 일을 볼 때 업무용 계정은 바람직하지 않다. 따라서 개인 이메일 계정을 따로 갖고 있어야 하는데, 여기에는 지메일이 최상의 선택이라 자부한다.

게다가 (그럴 리는 없지만) 해고 당했다면, 경고 없이 회사의 이메일 시스템에서 차단당할 수 있다. 사적인 모든 이메일에 접근할 수 없다는 의미다. 그래서 직원용 이메일 계정과 따로 분리된 개인적인 이메일을 관리하고, 지속적으로 늘어나는 정보 창고의 일부로 만들어야 한다.

지메일은 또 훌륭한 이메일 집합체로, 굉장히 쉽게 시도할 수 있는 서비스를 제공한다. AT&T에서 제공하는 가정용 DSL을 쓰고 있어서, AT&T 야후!를 개인 이메일로 사용한다고 가정해보자. AT&T 야후! 계정과 또 다른 이메일 계정에서 받은 메시지를 자동으로 검색하도록 설정해서, 지메일 한 곳에서 모든 메시지를 받을 수 있다. AT&T 야후! 계정에서 검색한 메시지의 답장을 지메일에서 할 때, 지메일은 여러분이 선택한 메시지의 '보낸 사람' 필드에 AT&T 야후! 주소를 자동적으로 넣어줄 것이다. 이 때 메시지를 받는 사람은 여러분이 새로운 지메일 주소를 이용해 답장했다는 사실을 알 수 없다. 메일 주소가 따로 나오면, 왜 새로운 이메일 주소를 알려주지 않았는지 이모에게 설명하듯 번거롭고, 받는 사람들에게는 혼란을 줄 수 있기 때문이다. 이런 지메일의 특징을 활용하는 방법은 이 장의 후반부에서 설명하겠다.

지메일 한 곳에서 모든 이메일을 받으면 체계적인 정리에도 도움이 된다. 첫 번째 이유는, 저마다 다른 이메일 계정으로 전송된 모든 메일 전체를 빠르고 쉽게 검색할 수 있기 때문이다. 그래서 특정 메시지를 찾을 때 좀 더 유용하다. 두 번째로, 모든 메일을 지메일로 옮기면 지메일의 대용량 스토리지의 장점에 따라 기한 제한 없이 모든 메시지를 관리할 수 있다.

혁신

적어도 초기에는 검색 엔진 제공에만 집중했던 구글이 왜 처음으로 이메일 시스템을 개발했는지 궁금할 수도 있다. 놀라운 일은 아니겠지만, 정답은 결국 '검색'과 관련이 있다.

구글에는 격식을 차리지 않는 문화가 있다. 매일 우리는 동료들로부터 다양한 주제로 수십 통의 이메일을 받는다. 이 모든 메시지를 체계적으로 정리하고 유지하기란 굉장히 어렵다. 그래서 구글 엔지니어는 내부 이메일을 쉽게 검색할 수 있는 방식으로 지메일을 만들어냈다. 그 엔지니어는 웹 기반의 검색 가능한 이메일 시스템을 만들었고 회사에 선보였다. 다른 엔지니어들 역시 그 시스템의 가치를 인정했고 직접 사용하면서 기능들을 추가하기 시작했다.

오래지 않아 모든 부문의 구글 직원들이 당시 '카리부Caribou'로 알려져 있던 지메일을 사용했다. 많은 구글 엔지니어가 이메일 시스템에 개성을 더해나갔고 시스템의 수준은 점점 높아졌다. 그리고 모두가 만족할 만한 수준에 오르자, 지메일은 구글을 벗어나 대중에게 공개됐다.

2004년 처음 출시됐을 때, 지메일은 게임의 판도를 바꾸는 혁신이었다. 지메일 이전에 대부분의 웹 기반 이메일 서비스는 겨우 10MB 용량의 스토리지를 제공했다. 당시에는 많은 경우 그랬지만 이메일 스토리지 세계에서 10MB는, 특히 요즘 우리 대부분이 사용하는 PDF와 JPEG, MP3와 같은 대용량 파일을 이메일로 보낸다면 하루가 멀다하고 편지함을 비워야 했다. 스토리지의 이러한 한계는 메시지를 자주 지우거나 새로운 공간을 만들기 위해 컴퓨터에 다운로드 해야 한다는 의미다. 구글은 당시 전례 없던 온라인 이메일 스토리지 1GB 용량을 제공하면서 등장했다. 1GB는 구글이 지속적으로 늘리고 있는 상한선으로, 다른 웹 기반 서비스들도 결국 제공하는 온라인 스토리지 용량을 늘려 경쟁에 뛰어들기 시작했다.

소통 방식이 이메일에만 국한되지 않는 점에서도 나는 지메일이 좋다. 지메일에서 나는 메신저를 사용할 수 있다. 지메일을 사용하는 사람들과 대화한다면, 상대방의 현재 온라인 위치를 볼 수도 있다. 그래서 연락하고자 했던 누군가가 그 순간 온라인에 있다면, 싫증나는 이메일이나 상대방의 음성 메시지만 받을 수 있는 전화 통화에서 벗어나 그 사람에게 빨리 메신저 메시지를 보낼 수 있다. 업무적이든 개인적이든 바로 대화할 수 있도록 도와준다.

또 누군가의 휴대 전화에 바로 문자 메시지를 보내고 지메일 계정으로 답변을 받을 수 있다. 내가 보낸 메신저와 문자 메시지는 검색 지메일 아카이브의 일부가 된다. 컴퓨터 앞에 있을 때 나는 언제라도 지메일로 메신저와 문자 메시지를 보낸다. 아이폰 화면에 있는 키보드보다는 컴퓨터 키보드로 타이핑하는 편이 더 빠르기 때문이다. 화상채팅도 할 수 있다. 화상채팅은 단지 목소리를 듣는 것뿐만 아니라 상대방의 반응도 볼 수 있기 때문에 다른 사람들과 좀 더 풍부한 대화를 할 수 있도록 해준다. 강조하고 싶은 부분은, 지메일 받은 편지함이라는 똑같은 브라우저 화면에서 이 모든 일을 할 수 있다는 점이다.

지메일이 혁신적인 이유는 또 있다. 내 관점에서 볼 때, 지메일은 메시지를 체계적으로 정리할 때 색다르면서 좀 더 실용적인 접근법으로, 체계적인 정리에 있어 자주 반복되는 '받은 편지함을 비워라'라는 주문에 역행한다고 본다. 많은 사람이 받은 편지함이 비어 있으면 성취감과 (잘 정돈한 책상처럼) 좀 더 안정감을 느낀다. 이런 접근법이 잘 맞는다면 이메일 받은 편지함을 항상 비워두는 게 좋다. 하지만 '검색' 기능 덕분에 굳이 이렇게 받은 편지함을 항상 정리할 필요는 없다. 모든 내용을 단순하게 받은 편지함에 보관하고 필요할 때마다 이메일을 검색하면 그만이다.

나는 이 방법이 좀 더 효과적이라는 사실을 알아냈다. 항상 받은 편지함을 비운 상태로 유지하는 데 필요한 모든 시간과 노력을 생각하자. 내가 보기엔 좋지 않은 생각이지만, 아웃룩 받은 편지함을 비우기 위해서 메시지를 지우거나 메일을 폴더 속에 옮겨야 한다. 매일 아주 제한된 주제로 겨우 이메일 몇 개를 받는다면 폴더 시스템이 좋을지도 모른다. 하지만 불행히도 세상은 항상 단순하거나 쉽게 나누어지지 않는다. 이메일로 받는 정보의 각 부분이 남겨진 곳을 찾는 작업은 시간이 들고 비효율적인 일에 그치는 것이 아니라 불가능에 가까울 수 있다. 여러분은 수많은 사람과 협력하며 프로젝트를 수행해 나간다. 그렇다면 함께 일하는 그 많은 사람이 보내는 이메일을 따로 저장할 하위 폴더를 생성해 관리하는가? 프로젝트가 끝날 때쯤에는 폴더 안 이메일 리스트가 어마어마하게 길어졌으리라. 혹은 메일을 각기 다른 폴더에 중복해서 저장하는가? 이 역시 문제가 있다. 대부분의 이메일 시스템은 메시지 하나를 오로지 한 폴더 안에만 저장할 수 있게 하기 때문이다.

엄마, 그게 그렇게 높을 필요가 있었나요?
- 핑크 플로이드, 〈Mother〉

여러분 가운데 일부는 받은 편지함을 비워 있는 상태로 유지하려고 노력할지도 모른다. 많은 회사가 직원들에게 대용량의 업무용 이메일 스토리지 서비스를 제공하지 못한다. 이메일 스토리지 시스템 자체가 매우 비싸기 때문이다. 덕분에 직원들은 아웃룩/익스체인지를 주로 사용한다. 그리고 회사 이메일 서버의 스토리지 공간을 늘리기 위해, 기계적으로 메일을 지우거나 적어도 압축한 아웃룩 파일을 별도로 담은 메시지를 정기적으로 저장해야 한다. 번거롭게 거쳐야 하는 또 다른 과정인 셈이다.

지메일은 이런 문제에 대한 걱정에서 자유롭게 한다. 지메일에서는 무엇이든 폴더에 저장할 필요가 없다. 사실상 지메일에는 폴더가 없다. 그 대신, 모든 내용을 받은 편지함에 놔두고 특정 이

난 방금 길을 잃었어 / 내가 건너려고 했던 모든 강들에서
- 콜드플레이, 〈Lost!〉

메일을 찾아야 할 때는 검색한다. 지메일은 모든 메일을 클라우드에 저장하기 때문에 언제 어디서든 접근할 수 있다.

지메일에는 폴더 대신 라벨이 있다. 라벨은 다른 메일 프로그램과 서비스에서 제공하는 폴더와 어느 정도 비슷하지만 좀 더 나은 방법이다. 나는 지메일에 라벨을 만들고 모든 이메일에 적용되도록 수동 또는 자동으로 설정해둔다. 이 기능은 이메일 검색 결과를 좁히기 위해 특정 라벨로 설정해 둔 메시지를 분류하고 시각적으로 훑어 보도록 한다. 라벨과 필터링 활용에 대한 단계적인 설명을 보려면 '지메일 라벨과 필더 만들기'라는 제목의 관련 내용을 보기 바란다.

이제 어떻게 활용하는지 소개하겠다. 내가 이메일에서 이 책과 관련된 어떤 내용을 찾아야 한다고 가정해보자. 메시지 검색에 도움이 되는 유용한 핵심어가 떠오르지 않을 수도 있다. 그래서 공동 저자인 짐과 편집자인 탈리아에게서 받거나 내가 보냈던 모든 메시지를 자동으로 분류하도록 만들어둔 '책 관련 내용'이라는 지메일 라벨을 클릭한다.

'책 관련 내용' 라벨을 클릭하면 그 라벨이 붙은 지메일의 모든 메시지는, 하사관의 점검을 받기 위해 줄을 선 생도들처럼 규칙적으로 받은 편지

함에 바로 정리된다. '책 관련 내용' 라벨이 없는 모든 메시지는 그 순간 화면에서 걸러지고 '책 관련 내용' 메시지에만 집중할 수 있다. 그 다음 '받은 편지함'을 클릭해서 지메일 받은 편지함에 있는 가장 최근 메시지가 위에 올라오도록 해서 모든 메시지를 다시 볼 수 있다.

이 기능은 지메일의 최고 장점으로, 대부분의 이메일 프로그램이 단 하나의 폴더에 메시지가 채워진다는 한계를 갖는 것과 상반된다. 라벨을 추가하면 좀 더 융통성있게 이메일을 분류하고 체계적으로 정보를 정리할 수 있다. 예를 들어보자. 이 책과 관련된 대부분의 메시지는, 내가 설정한 지메일 필터를 통해 자동으로 '책 관련 내용'이라는 라벨 표시가 붙었다. 하지만 그 메시지에 또 다른 라벨을 붙일 수 있다. 자세한 내용은 잠시 뒤에 설명하겠다.

나는 유용하게 자주 사용하는 '해야 할 일'이라는 라벨도 갖고 있다. 많지는 않지만 이 책과 관련된 일부 내용과 함께 모든 메시지를 분류할 때 이 라벨을 설정했다. 공통 분모는 분명, 내가 뭔가를 잘 하도록 '할 일'로 라벨 표시한 모든 메시지다. 그래서 책과 관련 있는 할 일을 빨리 보고 싶을 때는 지메일 검색창에 *label:책 관련 내용 label:해야 할 일*이라고 타이핑한다. 지메일에서 메시지를 빨리 찾는 방법에 대한 아이디어는 지메일 검색 팁에서 구글에 질문하면 된다. 지메일은 바로 '해야 할 일'과 '책 관련 내용'이라는 라벨이 붙지 않은 모든 메시지를 걸러낼 것이다.

지메일 라벨은 필터와 함께 사용할 때 최상의 효과가 있다. 짐, 탈리아와 주고 받은 메시지에 자동으로 '책 관련 내용'이라는 라벨이 붙도록 설정한 것처럼, 지메일 필터는 이메일에 자동으로 설정되는 규칙이다.

물론 메시지에 자동으로 라벨을 추가하는 것이, 그 메시지 확인을 피한다는 의미는 아니지만 메시지를 읽을 때 먼저 읽어야 할 내용에 우선순위를 준다. 도착한 이메일에 자동으로 설정한 라벨이 없다면, 어떤 메시지를 먼저 읽어야 할지 몰라 스트레스로 작용할 것이다.

라벨을 이용한 지메일 메시지 필터링은, 내가 대학에서 교과서의 각장을 필터링했던 방법과 일정 부분 유사하다. 중요한 내용에 빨리 집중하도록 해서, 시간이 지난 후에 중요하지 않은 내용을 무시할 수 있다. 지메일 필터는 내 인생에서 정보의 흐름을 체계적으로 정리하기 위해 사용했던 방법 중 가장 중요한 방법과 원리가 같다. 시도해 보자. 설정에는 몇 분 걸리지 않지만 엄청난 결과를 얻을 수 있다.

어떻게 보든지 라벨은 폴더보다 좀 더 유동적이고 효과적이다. 아직도 확신이 들지 않나? 여러분이 아웃룩 2007 폴더에 메시지를 한 가득 넣었다고 생각해 보자. 나중에 그 폴더가 더 이상 의미 없다고 판단되면 폴더 이름을 바꿀 수 있다. 하지만 그 메시지를 일반적인 받은 편지함으로 다시 불러 오고 싶거나 또 다른 폴더에 넣어두고 싶다면, 말 그대로 메시지를 새로운 공간으로 끌고 와서 옮겨야 하므로 시간이 걸린다.

하지만 지메일로는, 해당 라벨의 영향 없이 원한다면 언제든 메시지의 라벨을 지우거나 다시 이름 붙일 수 있다. 애초에 메시지가 폴더에 담긴 것이 절대 아니기 때문에 폴더에서 메시지를 끌어 올 필요가 없다. 가장 중요한 것은 메시지를 동시에 하나 이상의 폴더에 담는 것이 어렵거나 불가능하다는 것이다. '책 관련 내용'과 '해야 할 일'에 대한 이야기에서 언급했듯이, 지메일은 이메일에 원하는 만큼 많은 라벨을 설정하게 한다. 라벨은 실제로 이메일에 어떤 작업을 하기 위한 시간이나 지적 능력의 낭비 없이, 모든 메시지를 체계적으로 정리할 때 유동적인 체계다.

대화 형식

지메일은 라벨과 필터 외에, 다른 방법으로도 이메일을 체계적으로 정리하도록 도와 준다.

지메일 계정이 있다면 지메일이 관련 있는 메시지를 자동으로 대화 형식에 이어주거나 그룹핑한다는 사실을 알고 있으리라. 계정이 없다면 하나 만들기를 추천한다.

지메일 라벨과 필터링 만들기

지메일의 라벨과 필터는 엄청난 콤비다. 함께 사용하면 들어오는 이메일을 체계적으로 정리할 수 있고, 나중에 메시지를 좀 더 쉽게 찾을 수 있다. 다음은 이용 방법이다.

1. 라벨 만들기로 시작해보자. 여러 방법이 있는데, 가장 쉬운 방법으로, 라벨을 붙이고 싶은 이메일을 연다. '라벨'*을 선택한 뒤 드롭 다운 메뉴에 만들고 싶은 라벨 이름을 타이핑한다. 타이핑하는 동안, 지메일은 타이핑하는 곳의 아랫부분에 라벨의 이름을 보여준다. 지메일 같은 이름을 선택하면 새로운 라벨을 만들고, 한 번에 그 라벨을 모든 메시지에 적용할 것이다.

   조심해야 할 두 가지가 있다. 하나는 지메일 라벨을 만들 때 가능한 한 구체적으로 만들어야 한다는 점이다. 예를 들어, '기타' 라벨이 붙은 이메일은 이래저래 별 의미 없는 메일이란 것 외에 아무런 단서도 주지 못한다. 그리고 지메일은 다양한 방법으로 이메일을 분류하는 기능을 제공하므로, 혹시 한 메일에 두세 개 이상의 라벨을 주고 싶은 경우가

---

* 2011년 바뀐 새 디자인 정책에 따라 메뉴 기능이 단순화됐다. 문자로 표기돼 있던 기존의 '라벨' 대신 상단 메뉴 오른쪽에 있는 라벨 모양 이미지를 클릭해서 이용할 수 있다. 메뉴에 마우스 오버하면 이미지가 뜻하는 메뉴를 볼 수 있다. – 옮긴이

발생할지도 모른다. 따라서 라벨 이름을 정할 때 최대한 구체적으로 명시해주는 편이 좋다.

또 다른 하나는 라벨을 색으로 나눌 수도 있어서, 복잡한 지메일 받은 편지함에 라벨 처리된 메시지들이 정렬된다는 부분이다. 나는 간단하게 '책 관련 내용' 라벨을 항상 빨간 색으로 보이게 설정한다. 그 방식을 통해 책과 관련된 모든 이메일은 자동으로 내 주의를 끈다. 색을 추가하려면, 구글 전체 페이지 왼쪽에 있는 라벨 목록의 화살표를 클릭한다. 그러면 색상 추가처럼 라벨 관련 작업을 할 수 있는 메뉴가 열릴 것이다. 단, 모든 라벨에 색상 처리를 하면, 애초 라벨에 색상을 지정하려했던 목적이 희미해질지도 모르니 주의하길 바란다.

2. 일부 라벨이 생겼으면, 필터를 만들어볼 차례다. 라벨을 만들 때처럼 필터를 만드는 방법도 여러 가지다. 가장 쉬운 방법은 이메일을 열었을 때 새로운 필터를 만드는 것으로, 여러분은 그 메시지와 비슷한 앞으로의 메시지를 필터링하려고 한다. 간단한 예로, 여러분은 친구 닉이 보낸 이메일을 읽으면서 닉이 보낸 모든 메시지를 '친구들' 라벨에 자동으로 설정하고 싶다. 그렇게 하려면, 닉이 보낸 메시지가 열려 있을 때 '더보기'의 드롭 다운 메뉴를 클릭한 다음, '유사한 메일 필터링'을 선택한다. 필터 아래 빈 칸에 구체적인 문자 등 또 다른 기준을 삽입할 수도 있다. 그 다음 '이 검색 기준으로 필터 만들기'를 클릭하고, '라벨 적용:'옆에 있는 작은 박스에 체크표시를 할 수 있다. 그리고 '라벨 선택' 드롭 다운 메뉴에서, 닉이 보낸 모든 메시지를 자동으로 적용하고 싶은 라벨을 선택한다. 언제든 이 메뉴에서 새 라벨을 추가할 수 있다. 지메일은 닉이 앞으로 보낼 이메일 뿐만 아니라 이미 받았던 메시지에도 라벨이 적용될 수 있도록 옵션을 제공한다. 작업을 마치고 '필터 만들기'를 클릭하면 완성이다.

이 책에서 설명한 다른 부분과 마찬가지로, 내가 이 내용을 쓸 당시 이 단계들은 정확했다는 것을 알아주길 바란다. 기술이기 때문에 여러분이 이 부분을 읽게 될 즈음에는 조금 달라져 있을 가능성도 있다. 어쨌든 체계적인 각각의 이메일과 그에 대한 회신 내용은, 지속적인 대화 줄기 속에 아랫부분에 가장 최근의 메시지를 보여주면서 연대순으로 정리된다. 여러분이 나에게 메시지를 보내고 내가 회신한 뒤에 여러분이 내 답변에 다시 회신하면, 이 세 개의 메시지는 지메일에서 하나의 대화처럼 함께 그룹핑된다. 이메일을 얼마나 주고 받았는지, 누가 참여 했는지, 그리고 해당 주제로 가장 최근에 말한 내용이 무엇인지 한 눈에 볼 수 있어 모든 메시지에 전후 상황을 더해준다. 이제 여러분도 나에게 전후 상황이 얼마나 중요한지 알 수 있을 것이다.

이 방법이 얼마나 시간을 절약해 주는지 보여주는 사례를 들어보겠다. 내가 몇 가지 이유로 의사결정 과정에 참여하지 못했다면, 온라인에 돌아왔을 때 특정 주제에 대한 다양한 이메일을 보게 될 수 있다. 모든 내용을 다 읽기보다는 해야 할 행동이 뭔지 결정하면서, 줄기 상에서 가장 최근 메시지를 스크롤할 것이다. 이 부분은 내가 알아야 하는 정보, 아니면 적어도 주어진 주제에 대한 가장 최근의 견해를 알게 해준다. 그리고 누군가 이미 주제에 대한 행동을 취했다면, 중복된 노력에 시간을 낭비하지 않고 올바른 방법을 찾을 수 있을 것이다. 어떤 일을 도와야 할지 확신이 서지 않는다면, 저마다 다른 수많은 메시지를 분류할 필요 없이 대화 줄기의 처음이나 중반부로 돌아갈 수 있다.

이메일 대화 형식은 또, 절대 잘못된 이메일로 회신하지 않도록 도와준다. 이메일에 접속하지 않고 한 시간 이상 사무실을 나가 있었다고 가정해보자. 돌아와서 고용주가 여러분과 동료 몇 명에게 보낸 정보 요청서를 발견했다. 메시지를 읽자 마자 회신을 보낸다. 그 다음 받은 편지함을 스크롤하다가 누군가 이미 질문에 대한 회신을 한 뒤 여러분에게 전달했다는 사실을 알았다. 게다가 관련 정보를 찾거나 기억해 내고 불필요한 회신을 작성하기 위해 시간과 에너지를 낭비했다. 하지만 지메일을 사용하면, 여러분이 회신하기 전에 고용주의 질문에 대한 다른 사람들의 답변을 볼 수 있을 것이다. 이 기능이 나에게 얼마나 많은 도움을 줬는지 모르겠다.

지메일 주소에 플러스 표시 더하기[*]

내가 자주 쓰는 지메일의 또 다른 멋진 체계적인 정리 기능은 이메일 주소의 플러스(+) 표시다. 스팸 메시지는 다양한 이메일 주소로 배달되기 때문에 걸러내기 힘들지만, 누군가에게 메일을 보낼 때 지메일 주소에 플러스(+) 표시를 더해서 스팸 메시지를 자동으로 걸러낼 수 있다.

온라인 쇼핑을 생각해보자. 각각의 전자 상거래 사이트는 영수증 발송과 배송 확인 등의 목적으로 이메일 주소를 요구한다. 하지만 그 사이트가 온라인 쿠폰과 향후 서비스에 대한 정보, 게다가 스팸을 보낼 때도 그 이메일 주소를 사용할 수 있다는 점을 생각해야 한다. 이들 사이트의 향후 메시지는 구입에 있어 중요한 정보를 담고 있을 수도 있기 때문에 스팸 필터로

---

[*] 국내에서는 서비스되지 않음 - 옮긴이

추가하는 것은 좋은 방법이 아니다. 더구나 그 업체들은 같은 사이트에서 정렬되는 다양한 주소로 메일을 보내기 때문에 예측해서 필터를 적용하기가 힘들다. 다시 말해 여러분은 받은 편지함을 가득 채우는 전자 상거래 사이트의 쓸데 없는 이메일 더미를 원하지 않는다.

구입한 온라인 사이트에서, 각 회사에 대한 이메일 주소를 만든다는 선택 사항이 있다. 귀찮고 비효율적이라 느껴진다. 자, 우리는 지메일에서 플러스(+) 표시만 하면 된다.

어떻게 하는지 소개하겠다. 지메일 주소가 여러분의 이름@gmail.com 이라면, 물건을 구입한 각각의 전자 상거래 사이트에 여러분의 이름+쇼핑shopping@gmail.com으로 주소를 기입한다. 이메일 주소 때문에 새로운 지메일 계정을 만들 필요가 없다. 단지 여러분의 이메일 ID와 @gmail.com 사이에 플러스(+) 표시만 추가하면 된다.

그 다음 여러분의 이름+쇼핑shopping@gmail.com 계정으로 들어오는 모든 메시지를 아카이브에서 자동으로 필터링하도록 설정할 수 있다. 이렇게 해서 모든 전자 상거래 사이트에서 오는 메시지를, 실제 받은 편지함에서 분리해 지메일 아카이브에 자동으로 보낼 수 있다. 그렇게 하면 메시지들이 시선 밖에 있기 때문에 여러분을 혼란스

갖고 있던 것을 잃어버렸어 / 모든 걸 가지지 못한 것보다 낫지 않아?
- 콜드플레이(Feat . 제이-Z), "Lost+"

럽거나 초조하게 만들지 않는다. 하지만 검색이나 받은 편지함에서 검토할 때 여전히 활용 가능하다. 선택에 따라 '쇼핑'과 같은 라벨에 자동으로 추가하거나 여러분의 이름+쇼핑shopping@gmail.com으로 들어온 모든 메시지에 대한 필터를 만들 수 있다. 원한다면 전자 상거래 활동과 관련된 모든 메시지를 검토하고 분류할 수 있다.

이 모든 내용의 요점은, 읽고 싶거나 원치 않는 이메일을 체계적으로 정리하기 위한 쉬운 자동화 방식이라는 점이다. 플러스(+) 표시는 기본적으로, 온라인 쇼핑에 대한 모든 이메일에 바로 적용하는 자동화 필터를 제공하기 때문에 하나의 필터를 설정하기만 하면 된다.

할 일 목록, 그리고 또 다른 지메일 활용

이메일 이외에 내가 지메일을 활용하는 몇 가지 방법이 있다.

할 일의 목록을 유지할 때

이메일은 때로 '할 일 목록'의 역할도 한다. "첨부된 프리젠테이션을 읽고 되도록 빨리 코멘트를 주세요", "첨부된 송장에 사인하고 다시 팩스로 주세요" 아니면 모두가 선호하는 "이 메시지에 회신하면 은행 계좌에 백만 달러를 양도할 수 있습니다"와 같은 내용만 봐도 그렇다.

나는 매일 어떤 행동을 요구하는 수십 통의 이메일을 받는다. 빨리 읽은 메시지에 대한 시각적 알림 기능을 만들기 위해, 지메일에서 아이콘을 클릭해 이메일 옆에 노란색 별표를 추가한다. 별표는 메시지에 대해 더 알아보도록 하는 시각적 신호다.

나중에 나는 지메일에서 '별표 표시함'을 클릭해서 노란색 별표를 추가했던 메시지들만 바로 볼 수 있다. 지메일 라벨과 같은 원칙이다. 별표가 없는 모든 메시지는 그 시점에서는 바로 걸러진다. 남아 있는 것은 별표 표시된 메시지로 구성된 간단한 할 일의 목록이다. 나는 할 일의 목록에 수동으로 내용을 입력할 시간이 없다. 후속 처리해야 하는 메시지가 무엇인지 기억할 수도 없다. 하루가 끝날 무렵, 추가 조치를 마쳤다고 확인하기 위해 별표 표시가 된 모든 지메일 메시지를 검토한다. 검토가 끝나면 별표를 제거한다.

지메일 메시지에 별표를 더하는 작업은 아웃룩에서의 '깃발' 기능과 유사하다. 두 가지 모두 이메일의 후속 관리에 대한 시각적인 알림 기능을 더해주기 위해 제공된다. 아웃룩 메뉴에서 깃발 아이콘을 클릭하면 다른 모든 메시지를 가장 아래로 내려 보내고 깃발 표시가 된 모든 이메일은 받은 편지함의 가장 위에 놓인다. 하지만 깃발 표시가 되지 않은 내용도 화면에서 숨겨지지 않기 때문에 효율적이지 않다. 중요하지 않은 정보를 시각적으로 필터링하고자 한다면, 지메일의 별표 표시함이 좀 더 집중할 수 있게 도와준다.

후속 관리에 있어 지메일 메시지에 깃발을 시각화하는 다른 방법도 있다. 하지만 내 생각에 별표 표시를 하는 편이 가장 쉬운 최상의 방법이다. 이메일 옆에 있는 별표 아이콘을 클릭하는 한 단계만 거치면 되기 때문이다.

본인과 다른 사람들에게 알림 내용을 보낼 때
가끔 나는 특별히 시의성이 없는 내용들을 떠올리기 위해, 나의 지메일 주소로 메시지를 보낸다. 그 메시지는 보통 웹 링크나 첨부 문서처럼 일부 전후 상황이 필요한 내용이다.

예를 들어, 이전 장에서 나는 계약서와 같이 중요한 종이 문서를 받으면 PDF 복사본을 만들거나 스캔해야 한다고 설명했다. 그리고 그 메시지를 나의 지메일 계정으로 보낸다. 메시지에는 종이 문서 원본을 저장한 장소에 대해 알리는 내용도 담는다. 또 검색할 때 쉽게 이메일을 찾을 수 있도록 메시지에 몇 가지 핵심어를 더하기도 한다.

어쨌든 이 점은 중요하며, 사실상 '나중에 쉽게 찾을 수 있도록 디지털 정보에 연관 핵심어를 추가하라'는 체계적인 정리에 대한 내 18번째 원칙이기도 하다.

> **나중에 쉽게 찾을 수 있도록 디지털 정보에 연관 핵심어를 추가하라**

마지막으로 나는 원본 서류의 PDF를 첨부해서 소냐에게 복사하고 '보내기'를 누른다. 그러면 메시지와 문서는 검색 가능한 지메일 아카이브의 일부가 되고, 이제 스마트폰이나 다른 컴퓨터에서 접근할 수 있다.

웹 사이트에 새로운 이용자 ID와 비밀번호를 등록할 때도, 이와 비슷하게 내 지메일 계정으로 상기할 수 있는 이메일을 보낸다. 메시지에는 이용자 ID와 비밀번호 힌트, 사이트의 URL이 포함된다. 이 각각의 메시지에 '자격'이라는 라벨을 붙이면 필요에 따라 지메일에서 그 메시지를 빨리 분류할 수 있다. 비밀번호를 좀 더 안전하게 만들 수 있는 아이디어에 대해서는 이 장에 있는 '비밀번호 정리 방법'의 내용을 보길 바란다.

주소록 관리하기

지메일에는 이메일을 주고 받은 사람들에 기반해 자동으로 주소록을 만들어주는 주소록 유틸리티가 있다. 아웃룩과 야후! 그리고 다른 곳에서 주소록을 가져올 수도 있고 새로운 주소록 내용을 만들 수도 있다.

지메일 주소록은 굉장히 편리하다. 새로운 메시지의 '받는 사람' 칸에 주소 작성을 시작할 때, 지메일 주소록에 있는 사람이라면 이메일 주소 타이핑이 자동으로 끝난다.

하지만 지메일 주소록 유틸리티는 주소록으로 볼 때 상당히 기본적이다. 나는 보통 메시지에 회신할 때, 주소가 저장된 사람들의 이메일 주소를 자동으로 저장하기 위해 이 서비스를 이용한다. 하지만 지메일 주소록보다 더 많은 기능을 제공하는 애플의 모바일미 서비스에서도 주소록을 관리한다. 주소록에서의 모든 변화를 모바일미에 바로 보내면, 그 변화 내용은 맥과 아이폰 주소록에 자동으로 보내진다. 또 모바일미의 인터페이스가 눈에 띄게 쉬운 것도 선호하는 이유다. 웹에 있는 데이터나 주소록에 바로 들어갈 수 있고, 모바일미와 아이폰, 맥북 에어 사이의 동기화는 꽤 믿음직하다. 아이폰과 맥북 모두 함께 사용하면 모바일미를 더욱 선호하도록 만든다.

이 장의 처음에, 언제든 새로운 장치를 추가하는 대신 이미 갖고 있는 도구를 이용하는 게 중요하다고 언급했다. 하지만 정보를 체계적으로 정리하기 위해 여러분이 만든 체계에 맞는 올바른 도구를 이용하는 것 역시 중요하다. 알다시피 때로 이 두 가지 원칙은 충돌한다. 충돌이 일어나면 여러분의 목표를 기억해야 한다. 이번 경우 내 목표는, 갖고 있는 모든 장치와 잘 맞고 장치 업데이트도 쉬운 주소록 저장에 집중하는 것이다. 그러한 목표 때문에 이미 사용하고 있는 도구인 지메일 주소록보다 모바일미를 최상의 도구로 쓰기로 결정했다.

아웃룩 이메일 활용

여러분은, 내가 지메일을 아웃룩으로 정말 선호한다는 사실을 알게 됐다. 이 글을 쓰면서 아웃룩 2010을 체험할 기회가 없었기 때문에 그 이전 버전인 아웃룩 2007에 관해 이야기해보겠다. 사실상 많은 회사가 아직 아웃룩을 쓰길 바라고 있고 회사 이메일로 아웃룩을 쓰고 있다면, 마이크로소프트 아웃룩을 필적할 만한 지메일 같은 방식을 추가하는 것은 물론 아웃룩 이메일을 좀 더 효과적으로 정리할 수 있는 방법들이 있다. 그리고 아웃룩을 좀 더 쾌적한 공간으로 만들어주는 추가 유틸리티를 설치할 수 있다(관련 아이디어를 얻으려면 '추천 서비스' 부분을 찾아 보길 바란다).

예를 들어 앞서 언급했듯이, 지메일에서 쓰는 별표처럼 아웃룩에서는 깃발을 사용할 수 있다. 사실 아웃룩 깃발은 매우 유용한 추가 기능이다. 메시지 위에서 마우스를 오른 클릭하고 팝업 메뉴에서 '추가 작업'과 '미리 알림 추가'를 연이어 클릭하면, 컴퓨터 화면과 전화기에 팝업 형태로 알려주도록 할 일을 설정할 수 있다. 제 날짜에 완수해야 하는 업무나 일의 흐름을 유지할 때 훌륭한 방법이다. 지메일에도 업무 도구가 있다. 다른 이메일에서 받은 새로운 일이나, 메시지와는 상관없는 일을 만들어 주는데, 각 업무에 대한 날짜는 구글 캘린더에서 배분할 수 있다.

아웃룩 2007의 '대화로 정렬' 옵션은 지메일의 대화 형식 줄기 개념과 비슷한데, 아웃룩 2010에는 대화 창이 개선됐다. 모질라의 선더버드(www.mozilla.org/ko/thunderbird/)와 조호의 클라우드 이메일 서비스(www.zoho.com)를 포함한 다른 프로그램도 대화 창을 제공한다. 아웃룩 2007에서 시도하려면, 상단 메뉴 바에서 '보기'를 누른 다음 '정렬 기준'과 '대화'를 차례로 누른다. 그러면 아웃룩은 같은 주제를 하나로 묶어 다양한 메시지를 그룹핑할 것이다. 하지만 지메일은 여전히 가장 단순하면서 가장 명확한 대화 창을 제공하기 때문에 나는 지메일에 한 표를 줬다.

아웃룩 2007은 적어도 지메일 라벨과 거의 비슷한 몇 가지 기능을 제공한다. 색상 처리된 카테고리를 만들어서 구체적인 사람이나 정확한 주제로 받은 이메일을 자동으로 적용할 수 있다. 하지만 카테고리별로 메시지를 분류하는 과정은 굉장히 복잡하다. 메시지를 먼저 선택해야 하고 카테고리 이름을 정한 뒤 색상을 할당해야 한다. 그 다음 새 규칙을 만들고 그 규칙에 대한 조건을 선택해서 규칙 설명을 편집한 다음, 규칙을 적용해야 할 사람들의 모든 연락처를 선택한다. 그 다음 규칙에 대한 예외사항을 선택하고 그 규칙에 이름을 붙인 다음, 나중에 켜면 된다. 앞서 설명했듯이 난해하다. 내가 왜 지메일의 라벨 기능이, 편리하고 쉬운 사용성으로 아웃룩의 카테고리를 전적으로 압도한다고 보는지 알 수 있을 것이다.

메일 통합 채널: 지메일

이 장의 초반에 언급했듯이, 지메일은 다양한 이메일 계정에서 들어오는 이메일을 훌륭하게 처리한다. 지메일 받은 편지함 하나에 다양한 이메일 계정을 쉽게 한데 모아 주는데, 다른 이메일 주소를 이용해 메시지를 보내고, 다른 이메일 계정 서버에 지메일로 전달된 모든 메시지의 복사본을 남긴다. 연락을 주고 받는 사람들에게 혼란을 주거나, 여러분의 이메일을 주소록에 업데이트하라고 요청할 필요 없이 지메일을 쉽게 이용하게 해주는 셈이다. 또 지메일이 잘 맞는지 결정하는 동안, 원한다면 다른 이메일 서비스를 계속해서 사용할 수 있다.

다른 계정에 있는 이메일을 지메일로 받아보며 메일도 전송하는 기능은 다음과 같이 설정한다. 우선 '환경설정'에서 '계정' 탭을 클릭한다. 'POP3를 사용하여 메일확인' 옆에 있는 '내 POP3 메일 계정 추가'를 누른다. 이메일 계정에 사용자 이름과 비밀번호를 입력한다. 원한다면, '가져온 메일의 사본을 서버에 남겨둡니다' 옆에 있는 박스를 체크한다. 또 인터넷 서비스 제공자(ISP)의 보안 요구사항에 따라 '메일을 가져올 때 항상 보안 연결(SSL)을 사용합니다'를 체크해야 할 수도 있다. '계정 추가'를 클릭해 작업을 마친다.

뭘 망설이고 있는 건가요?

회사가 업무용 이메일로 아웃룩을 쓰라고 요청한다 해도, 나는 여전히 개인 메일로는 지메일을 사용하라고 추천한다.

지메일은 공과 사의 일에서 나온 모든 정보를 체계적으로 정리하는 거의 이상적인 지지체다. 지메일은 사용하기도 쉽고 실제로 무한한 스토리지를 갖고 있으며, 수년간의 메시지를 빨리 검색할 수 있다. 업무, 닥치는 대로 온라인에서 얻은 데이터들, 중요한 서류, 계약서 등 수많은 정보 형태들을 체계적으로 정리할 수 있고, 언제라도 그 정보에 접근할 수 있다. 지메일 페이지는 내가 선호하는 인터페이스를 잘 보여주면서 산뜻하고 깔끔하다. 광고가 별로 눈에 띄지 않기 때문에 정보와 업무에 정신적인 집중을 할 수 있게 해준다. 지메일은 이메일 주소를 바꾸지 않고도 사용해볼 수 있고, 다양한 이메일 계정을 손쉽게 하나의 계정으로 통합해준다. 게다가 무료인데 뭘 망설이고 있나?

요약

- 지지체는 디지털 정보를 저장하고 체계적으로 정리하며 검색하기 위한 디지털 도구다. 지메일은 이상적인 지지체에 가깝다. 무료이면서도 사용하기 쉽고 대용량의 스토리지를 제공한다.
- 지메일은 폴더 대신 좀 더 효율적이고 유동적인 라벨을 사용한다. 하나의 메시지에 다양한 라벨을 적용할 수 있고, 배분된 라벨에 따

라 메시지를 걸러낼 수 있다. 폴더로는 이런 작업을 할 수 없다.

- 지메일은 대화 형식으로 그룹핑하기 때문에 맥락을 더해준다. 이 기능은 얼마나 이메일을 주고 받았는지, 누가 참여 했는지, 그리고 주제에 대해 가장 최근에 말한 것은 무엇인지 빨리 볼 수 있게 해준다.

- 지메일 주소에 플러스(+) 표시를 더하고, 주소를 분명한 발신자로만 정해서 해당 발신자가 보낸 메시지를 자동으로 걸러낼 수 있다.

비밀번호 정리 방법

여러분은 21세기에 살아가면서 사이트에 자주 방문하기 위해 아마 수십 개의 이용자 ID와 비밀번호를 모았을 것이다. 아이디 도둑과 해커로부터 신상 정보를 보호하기 위해 안전한 비밀번호를 고르는 것이 중요하다. 하지만 좋은 비밀번호를 선택하기란 항상 충분하지 않다. 정말 안전해지려면, 적어도 6개월마다 한 번씩 비밀번호를 바꿔야 한다. 내가 말하는 '비밀번호 바꾸기'는 처음과 끝에 있는 숫자 하나만 바꾸는 게 아니라 완전히 바꾸는 것을 의미한다. 또 어떤 비밀번호도 중복하지 말자. 사용하는 사이트마다 특이한 비밀번호를 설정해야 한다. 그래야만 누군가 비밀번호 하나를 훔치거나 바이러스에 걸리더라도 다른 모든 사이트에 대해 안심할 수 있다.

하지만 모두가 항상 바뀌는 길고 복잡한 비밀번호를 갖고 있다면, 어떻게 정보를 안전하게 저장하고 유지하는지 기대할 수 있을까?

이런 작업을 책임지는 소프트웨어 유틸리티와 브라우저 도구는 수없이 많다. 하지만 이미 알고 있는 것을 사용할 수 있다면 또 다른 도구를 배울 필요가 없다. 지메일은 민감한 정보를 오래 저장할 때 적합한 서비스다. 나는 이용자 ID와 나만이 쉽게 풀 수 있는 비밀번호의 단서 목록을 저장할 때 지메일을 사용한다. 지메일이나 다른 계정의 비밀번호를 정확히 쓰라고 추천하지 않겠다. 대신 뇌가 부담을 느끼지 않도록 충분히 힌트를 주자.

예를 들어보자. 이베이 계정의 새로운 비밀번호를 상기하는 이메일에서, 나는 '아내 고향의 네 번째 철자+어머니 생일+내가 가장 덜 좋아하는 도시의 끝에서 6번째 철자' 등을 쓸 수도 있다. 이 단서가 떠올랐을 때 비밀번호를 기억하기 위해 지적 능력을 추가로 쓸 필요 없이 그 자체로 나에게 의미가 있기 때문이다. 그리고 나한테는 충분히 구체적인 정보지만 아마 소냐를 제외하고 그 비밀을 파헤칠 사람은 없기 때문에 내 비밀번호는 여전히 안전하다.

가장 최악의 비밀번호는 모두가 여러분의 개 이름이라고 알고 있는 '타이런'과 같은 하나의 단어. 최상의 비밀번호는 합리적으로 절대 단어가 될 수 없는 숫자와 문자의 긴 조합이다. 하지만 임의의 숫자와 문자 조합은 기억하기 힘들다. 그게 바로 내가 이 체계를 만든 이유다.

가장 좋아하는 노래 가사처럼 기억할 문구를 모은다. 그 다음 가사에 있는 각 단어의 첫 번째 철자는 대문자로, 나머지는 소문자로 적는다. 이제 여러분은 강력한 비밀번호를 가졌다.

여러분이 가장 좋아하는 아티스트가 핑크 플로이드라고 가정해 예를 들어보자. 그렇지 않다고 해도 핑크 플로이드는 여러분 인기 순위 10위 안에 들테니까 말이다. 그리고 그들의 걸작인 '더 월(The Wall)'을 특히 좋아할 수 있다. 더 월(The Wall) 앨범에서 잘 알려진 타이틀 곡과 밴드를 합쳐, 핑크 플로이드 어나더 브릭 인 더 월(Pink Floyd Another Brick in the Wall)이라는 문구에서 강력한 비밀번호를 만들 수 있다. 나는 보통 스티비 닉스 의 노래를 기반으로 비밀번호를 만들곤 했지만 이제 바꿔야겠다.

그 문구에 있는 각 단어의 첫 번째 글자를 모으면 PFABITW가 만들어진다. 그 다음 인용 부호를 찍어 PFABITW!와 같이 더욱 강력한 비밀번호를 만들 수 있다. 각 철자의 크기에 변형을 주면 PfAbItW!가 생긴다. 이 비밀번호가 충분히 안전하지 않다고 생각한다면, 배우자와 만났던 날짜 같은 숫자들을 비밀번호에 더할 수도 있다. 그 날이 1998년 6월 3일이라면 비밀번호는 PfAbItW!19980603이 된다. 이제 누군가 또는 비밀번호를 알아내는 자동화 도구가 찾기 힘들 정도로 굉장히 강력한 비밀번호를 만들었다.

그 다음 선호하는 밴드와 그 밴드의 베스트 앨범에서 좋아하는 노래, 대문자와 소문자를 번갈아 쓰고 감탄사를 더하고 배우자를 만난 날짜를 추가하는 등 기억력을 살짝 엿볼 수 있는 실마리를 담아 스스로에게 지메일을 보낸다. 솔직히 일이 많고 어쩌면 과잉 대응일 수 있다. 하지만 아이디어를 얻어서 본인에게 편한 것을 적용할 수 있다. 개인 정보를 안전하게 해야 할 때 나중에 후회하는 것보다 조심하는 것이 낫다는 것이 내 철학이지만, 여러분은 본인만의 규칙을 따르지 못할 지경에 이르러서 안전 수준을 높게 설정하고 싶지 않는 것이다.

CIA 정보원 같은 자신감을 만들어줄 비밀번호를 갖고 있다 해도 여전히 신중해야 한다는 점을 기억하라. 예를 들어, 세 번째 커피를 가지러 간 사이에 여러분 자리를 지날지도 모르는 누군가에게 열려 있는 이메일 애플리케이션이나 서비스를 남기지 말라. 자리를 비우게 될 때는 항상 이메일 로그아웃을 하는 게 이상적이다. 물론 다소 고통이 될 수도 있다. 좀 더 쉬운 옵션으로는 사용하지 않은 지 15분이 지나면 절전모드로 바뀌도록 컴퓨터를 설정하는 것이다. 그 다음 화면 보호기 모드나 절전 모드에서 돌아올 때는 비밀번호가 필요하게 설정해 둔다.

- 지메일의 별표 기능은 행동이 필요한 메시지에 시각적인 단서를 더해준다. 별표 표시가 된 메시지만 보면 업데이트된 할 일의 필수 내용이 뭔지 알려준다.
- 적어도 하루 한 번, 필요한 내용을 후속 작업할 수 있도록 별표 표시된 지메일 메시지를 검토한다.
- 본인이나 다른 사람들에게 알림 메시지를 보낼 때, 그리고 문서 백업을 위해 저장하고 검색할 때도 지메일을 사용할 수 있다.
- 새로운 도구에 시간과 돈을 투자하는 것보다 익숙한 도구를 사용하라.
- 항상 지메일 계정처럼 접근하기 쉬운 공간, 즉 클라우드에 실질적인 비밀번호가 아닌 비밀번호 힌트를 저장하라.

10장
클라우드 캘린더 서비스

나도 여러분처럼 회사 업무와 개인적인 일들로 뒤섞인 복잡한 인생을 산다. 한 가지가 다른 한 가지와 항상 겹쳐서, 밤과 주말에 회사 일을 하기도 하고 가끔은 일하는 동안 개인적인 업무를 보기도 한다. 왜 나는 공과 사에 관련된 약속들을 기반으로, 인생이라고 알려진 전체 캘린더를 정리해야만 할까? 이렇게 하면 좀 더 정리된 삶을 사는 데 도움이 되나?

> 시간을 만들어낼 때야…길에서 우리가 버렸던 그 시간을
> – 크로스비 스틸스 앤 내시, 〈Wasted on the Way〉

도움이 되지 않는다. 기업들이 널리 사용하고 있는 마이크로소프트 아웃룩/익스체인지 모델은, 기본적으로 요즘 우리에게 필요한 것과 어긋나 있기 때문이다.

이메일과 다른 기능이긴 하지만 아웃룩/익스체인지는 회사 직원들을 위한 사내 일정 체계에 필수다. 예를 들어, 그 시스템은 업무용 캘린더에 맞춰 성벽을 쌓고 요새화한다. 여러분은 그 성 안의 사람들과 일정을 공유할 수는 있지만 그 안에 들어갈 방법은 없다. 나는 이렇듯 사람들이 쌓아올린 성벽 안으로 들어가려고 내 청년기를 낭비했다. 다시 말해 여러분의 아웃룩/익스체인지 캘린더는 조직 밖에 있는 누군가와 공유하도록 만들어지지 않았다. 집에 있는 컴퓨터에서 아웃룩을 개인용 일정 프로그램으로 쓴다 해도 마찬가지다.

물론 아웃룩/익스체인지 방식을 이용하는 데는 타당한 이유가 있다. 회사는 가능한 한 회사 내 정보를 내부적으로 직접 관리하고 싶어 한다. 하지만 이런 시스템은 공과 사가 구분된 삶을 영위하고자 하고자 하는 사람들에겐 절대 도움이 되지 않는 방식으로 설계됐다. 나는 개인적으로, 언제든지 본인이 원하는 사람들과 정보를 공유할 수 있는 캘린더 시스템이 훨씬 더 바람직하다고 본다. 한 가지 이유는 여러분이 활용하는 장치와 상관없이 언제나 똑같은 접근이 가능하다는 점이고 또 하나는 무척 쉽게 검색할 수 있기 때문이다. 검색을 통해, 관계된 일부분이 아닌 삶 전체의 궤도를 유지할 수 있다.

구글의 온라인 일정 시스템인 구글 캘린더google.com/calendar는 위에서 이야기한 모든 기능을 수행한다. 이 장에서는 내 일정과 삶을 체계적으로 정리할 때 가장 중요한 지지체 가운데 하나인 지캘린더를 어떻게 활용하는지 소개하겠다.

검색/공유용 캘린더

나는 지캘린더와 같은 하나의 일정 관리 시스템을 쓰는 게 이상적이라고 믿는다. 그러나 업무 일정을 확인할 때 아웃룩/익스체인지 외에 다른 도구를 쓸 기회가 없을 수도 있다. 그렇다면 9장에서 개인용 이메일로 지메일을 사용하라고 했던 것과 같은 이유로 지캘린더에 개인적인 캘린더 일정을 관리하라고 추천한다. 캘린더 일정은 개인 고유의 검색 가능한 데이터베이스 중 일부로 생각해야 한다. 다시 말해 아웃룩/익스체인지와 지캘린더 등 적어도 두 개의 캘린더를 유지해야 한다는 뜻으로, 정신을 바짝 정신 차리지 않으면 이 도구들은 삶을 더 복잡하게 만들 뿐만 아니라 실수를 유발하게 할 수 있다. 불완전한 세상에 살고 있기 때문에 나는 이 귀찮은 상황이 궁극적으로 고통을 더해준다고 생각한다. 여러분의 IT 이웃들이 지캘린더가 포함된 구글 앱스^{Google Apps}로 회사 전체를 옮기는 쪽으로 고려해 볼 수 있도록, 항상 예의 있게 제안했으면 하는 바람이 있다. 동료들에게 이 링크(www.google.com/apps/intl/ko/business)를 알려주면 된다.

어쨌든, 구글 캘린더 동기화처럼 아웃룩과 지캘린더 일정을 자동으로 동기화 해주는 다양한 도구가 있고, 구글 캘린더 싱크^{google calendar sync}는 검색해서 찾을 수 있다. 싱크는 보통 까다로울 수 있는데, 구글 캘린터 싱크의 경우 동기화하려면 인터넷 연결이 활성 상태여야 한다. 어떤 이유에서든 아웃룩에 묶여 있지만 지캘린더도 사용하고 싶다면, 구글 캘린더 싱크 같은 도구를 사용해보길 바란다.

지캘린더는 아웃룩과 다른 프로그램에 있는 캘린더와 마찬가지로 꽤 잘 작동한다. 약속을 추가하거나 다른 사람들의 초대장을 받아들이면 자동으로 일정이 추가된다. 새로운 지캘린더 일정을 만들려면, 구글 캘린더 로고 아래 있는 '만들기' 버튼을 클릭하거나 지캘린더를 열어둔 상태에서 키보드의 C를 누른다. 그 다음 '금요일 저녁 7시, 소냐와 저녁 식사'와 같은 내용을 집어 넣으면 지캘린더는 정확한 시간과 날짜를 일정에 더해주고, 세부적인 내용도 덧붙일 수 있다.

하지만 지캘린더에는 다른 모든 캘린더 체계가 제공하지 않는 몇 가지 유용한 특징이 있다.

지캘린더는 지메일처럼 검색하기가 굉장히 쉽고 검색 내용도 빠르고 빈틈없다. 비어 있는 검색창에 핵심어나 문구를 써 넣고, 검색창 옆의 파란색 돋보기 모양 버튼을 클릭하면 된다. 고급 검색 옵션은 시작일, 장소, 참석자, 설명을 통해 구체적인 일정을 검색하게 해주고, 어떤 말로 된 캘린더 아이템은 배제하기도 한다. 지캘린더의 비어 있는 검색창 오른쪽 끝에 보이는 역삼각형을 누르면 고급 검색 기능이 나타나므로, 각 항목에 원하는 정보를 입력하면 된다.

다양한 일정 알림 기능도 좋다. 한 번뿐인 알림 기능으로는 항상 부족하기 때문에, 팝업창과 이메일 혹은 문자 메시지 등의 다양한 방법으로 알림 기능을 받을 수 있다. 나는 항상 휴대하고 있는 아이폰에 문자 메시지로 알림 기능을 받을 수 있게 설정하는 방법을 제일 좋아한다. 언제 어떻게 알림 기능을 받을지는 새로운 일정을 기록할 때 구체화할 수 있다. 현재 지캘린더는 개별 일정마다 시간대별로 5번씩 알림 기능을 제공한다.

지캘린더에는 작지만 믿을 수 없을 정도로 유용한 기능들이 있다. 캘린더 화면 오른쪽에 날씨 예보를 배치할 수 있어서 부산에서 레인코트를 입을지 말지 알 수 있다. 날씨 예보를 더하려면 '설정'의 '일반' 카테고리에 있는 '위치' 부분에서 우편번호를 기입하거나 도시를 설정한 다음 섭씨나 화씨를 선택한다. 날씨 예보는 그 날의 날씨에 따라 구름을 동반하거나 해만 있는 작은 아이콘으로 나타나고, 아이콘에 커서를 갖다 대면 기온의 높낮이 차이도 볼 수 있다.

또한 이바이트Evite.com처럼 일정 알림이나 초대 서비스로도 지캘린더를 이용할 수 있다. 새로운 지캘린더 일정을 설정할 때, 오른쪽에 상자가 나타나는데, 이 곳에 콤마로 구분한 각각의 이메일 주소를 추가해서 참석자를 더할 수 있다. 지캘린더를 통해 누가 회신을 했고 얼마나 많은 사람이 오게 될지 등의 내용도 따라 잡을 수 있다.

가장 유용한 기능 가운데 하나를 꼽자면, 지캘린더는 일정을 다른 사람들과 쉽게 공유할 수 있도록 해준다는 점이다.

소냐와 나는 다양한 지캘린더 일정을 꾸준히 관리하면서, 구체적인 인물이나 그룹과 맺은 각자의 일정을 공유한다. '공유' 기능은, 다른 사람들이 지캘린더를 이용하지 않는다고 해도 개인 컴퓨터의 웹 브라우저를 이용해 내 지캘린더 일정 중 하나를 볼 수 있다는 것을 뜻한다. 그 사람들이 지캘린더를 이용한다면 본인의 일정과 내 일정을 볼 수 있고, 나는 다른 사람들에게 내 일정을 보는 것은 물론 내 일정을 더하고 바꾸고 혹은 지울 수 있는 특권을 줄 수도 있다.

나는 출장과 업무 관련 일정을 중심으로 지캘린더를 하나 관리하고 있는데, 이 일정들은 그 내용과 관련돼 있는 비서, 그리고 소냐와 공유한다. 내 출장 스케줄이 빡빡한 만큼 소냐는 공연 티켓을 구하거나 저녁 파티 초대에 대한 동의를 물을 때, 혹은 무엇이 됐든 내가 언제 돌아 오는지 알 필요가 있다. 소냐가 원할 때마다 나와 연락하기가 언제나 쉽지는 않기 때문에, 온라인으로 내 일정에 접근할 수 있게 되면 일정 관리가 좀 더 쉬워진다.

소냐는 나를 비롯해 몇몇 동료들과 공유하고 있는 또 다른 지캘린더에 업무 일정을 정리한다. 또 콘서트와 파티, 휴가 등 우리가 함께 하는 다른 활동에 대한 지캘린더, 여행 일정과 다른 약속을 적는 또 다른 지캘린더도 관리한다. 이 일정들은 애완견 돌봄이처럼 우리 활동에 영향을 미치는 사람들과 공유한다. 이쯤에서 여러분은 "개인용 일정과 업무용 일정을 따로 관리하는 건 좋지 않다고 한 것 같은데?"라고 생각할지 모른다. 그렇다. 지캘린더의 매력은 이렇게 구분돼 있는 일정들을 체계적으로 정리된 하나의 거대한 일정으로 볼 수 있는 점이다. 게다가 검색과 필터링 기능이 있으며, 색상 구분도 가능하다.

해야 할 일 체계적으로 정리하기

여러분은 지캘린더와 지메일, 아웃룩, 아이캘린더(iCal)와 다른 일정 프로그램을 이용해 업무 목록을 만들 수 있다. 하지만 할 일을 관리하고 체계적으로 정리할 때는 일정 관리용 프로그램의 강점이 필요없다. 그래서 나는 할 일을 관리할 때 집중할 수 있는 띵스(culturedcode.com/things)를 이용하기로 했다.

띵스는 아이폰과 맥을 위한 앱으로, 공과 사라는 두 가지 영역의 업무 동기화를 훌륭하게 해낸다. 또 할 일들을 체계적으로 정리할 수 있는 수많은 방법을 제공한다. 그래서 나는 프로젝트에 따라 그룹핑하고, 마감일을 정하거나 '언젠가 할 일' 카테고리에 넣어두고, 각각의 할 일에 검색 가능한 태그를 붙이면서 다양한 할 일의 목록을 관리한다.

앞서 말했듯이 나는 항상 이미 알고 있는 도구를 사용하는데, 이 도구가 손에 제대로 익으려면 최소한의 시간이 필요하다. 그래서 지메일을 켜두고 있을 때, 어떤 행위가 필요한 메일에 '할 일' 라벨을 붙이거나 별표를 해 둔다.

하지만 다른 모든 할 일을 위해서는 좀 더 탄탄한 체계적인 정리 능력과 함께 어디서나 꺼내볼 수 있는 도구가 필요하다. 그 도구가 바로 띵스다.

빨간색=업무, 파란색=즐거움

지캘린더에 다양한 일정을 챙기는 작업은 혼란스럽거나 어려울지도 모른다. 하지만 사실 생각보다 더 단순하다.

일단 지캘린더에서는 하나의 캘린더에서 다른 캘린더로 약속을 복사하기가 상당히 쉽다. 새로운 약속을 만들면 우선은 하나의 캘린더에만 지정할 수 있다. 하지만 만들어낸 다음에 그 일정을 다시 한 번 클릭해 창을 열면, 왼쪽 아래편에 '내 캘린더에 복사copy to my calendar'라는 링크가 뜬다. 이 링크를 클릭한 뒤 복사해 넣고자 하는 캘린더를 선택하고 '저장save' 버튼을 누르면 복사가 완료된다. 각각의 일정에 대해 이런 행동을 반복해야 할지도 모르지만 전 과정에 불과 몇 초만 투자하면 된다.

나는 또 지캘린더 창 하나에서 모든 캘린더의 전체 일정을 볼 수 있고, 각 일정에 색상 처리를 해서 그 일정이 속한 캘린더가 뭔지 알 수 있다. 예를 들어, 나의 지캘린더에서 업무 관련 일정은 빨간색, 소냐와 함께 하는 일정은 파란색이며, 소냐의 업무 일정은 초록색으로 표시돼 있다. 그래서 하나의 지캘린더 창에 섞여 있는 모든 일정을 보면서, 어떤 일정이 나와 소냐의 업무 일정을 나타내는지 한눈에 설명할 수 있다. 혼합돼 있는 캘린더 창에서 캘린더 이름을 클릭하는 것만으로 캘린더를 추가하거나 없앨 수도 있다.

이제 여러분은 "어쨌든 하나의 커다란 일정에 전체 정보를 보여줄 경우, 애완견 돌봄이를 좀 더 편하게 해준다는 것 말고 일정표를 따로 갖고 있는 것의 이점이 뭘까?"라고 생각할지도 모른다. 그 질문에 확실히 답변하기 위해 7장의 주제를 떠올려 보자. 내게 있어 특정 사람들과의 구체적인 일정 공유는 필터링 관점에서 상식을 넓혀 준다.

예를 들어, 애완견 돌봄이는 내 업무 일정표나 우리 부부의 사회 생활 일정의 세부사항을 알 필요가 없다. 하지만 소냐와 내가 우리 두 사람 사이에 하나의 커다란 캘린더를 유지하면서, 그 내용을 애완견 돌봄이와 공유한다면 분명 정신이 없어 쳐다보기도 싫을 것이다. 본인과 관련 있는 내용들만 쉽게 찾을 수 없을지도 모른다. 하나의 거대한 캘린더가 그 사람에게는 오히려 역효과가 될 수도 있다.

애완견 돌봄이와 공유하는 캘린더에는 그 사람에게 영향을 주는 일정만 담고 있고, 소냐와 나는 사실상 그 사람을 위해 우리 캘린더를 필터링하고 있다. 우리가 애완견 돌봄이와 캘린더를 공유하는 기본 목표, 그러니까 애완견 돌봄이가 언제 필요한지 본인 스스로 좀 더 쉽게 알 수 있도록 하려는 목표를 충족시켜 준다.

일정 공유는 또, 다른 사람과 여러분의 일정을 조율할 때 종종 생기는 이메일과 전화 주고받기 횟수를 최소화 해준다. 하지만 그 시점에 관심 없는 일정 보기를 쉽게 걸러낼 수 있다는 것이 가장 중요하다. 업무 관련 일정에만 집중해야 한다면, 나는 개인적인 일정이나 소냐의 업무 일정 때문에 산만해지지 않을 것이다. 정해진 시점에 볼 필요가 없는 정보를 필터링하는 기능은, 계속해서 정신을 집중할 때 굉장히 중요하다. 1장에서 기억하고 있듯이 뇌는 한 번에 몇 가지만 집중할 수 있기 때문에 바쁜 두 사람의 빽빽한 일정으로 인해 쉽게 압도당할 수 있다. 결론적으로 한 순간에 모든 내용을 봐야 한다면, 나는 할 수 있다.

예를 들어, 소나에게 깜짝 생일 파티를 열어줄 준비 중이라고 하자. 파티를 계획하려면 소나가 다음 날 휴가를 냈는지, 나에게 아무런 일이 없어 충분히 파티를 준비할 시간이 있는지 등 서로의 일정을 알고 눈치채지 못하게 파티 당일 날 저녁 시간을 함께 비워줘야 한다. 나는 이런 복잡한 서로의 일정을 우리가 공유한 지캘린더를 통해 한 눈에 파악할 수 있다.

지캘린더는 팀이나 그룹 행사처럼 많은 사람이 참여하는 활동을 조율할 때 효과적인 방법이다. 자녀가 속해 있는 축구 팀은, 공유하고 있는 지캘린더에 팀의 게임 일정을 올릴 수 있다. 여러분이 지캘린더 이용자라면, 지캘린더 설정에 그 축구팀 일정을 추가할 수 있어 최종 지캘린더 창에 모든 게임 일정이 나타난다. 적어도 지금쯤이면 지캘린더 사용을 고려할 것으로 기대하지만, 이용하고 있지 않다면 브라우저에서 일정을 볼 수 있도록 웹 링크를 따라갈 수도 있다.

물론 지캘린더가 유일한 클라우드 일정 시스템은 아니다. 예를 들어, 내가 9장에서 이야기했던 모바일미도 캘린더 기능을 제공한다. 하지만 나는 모바일미 캘린더를 사용하지는 않는다. 맥의 아이캘린더와 윈도의 아웃룩을 포함한 데스크탑 일정 프로그램, 그리고 아이폰과 아이팟 터치 플레이어에 있는 일정 프로그램과 클라우드에 있는 모바일미 사이의 일정들을 자동으로 동기화하는 훌륭한 작업을 한다.

내 전형적인 일과는 회의와 약속들로 꽉 차 있다. 몇 시간의 짬이 생기면, 몇 가지 기술적인 화제에 대한 화상회의부터, 직속 부하와 함께 하는 회의와 예산 회의로 넘어가야 한다. 최악의 시나리오는, 다음 회의를 준비하면서 "어떤 내용을 다루더라?"라고 말하는 스스로를 발견하는 것이다.

그런 상황을 막기 위해, 나는 몇 가지 상황 정보를 포함시켜서 모든 일정 기입을 확실히 해둔다. 새로운 회의를 캘린더에 더할 때, 내 비서는 회의의 주제나 목적, 어떤 사람들이 참석하는지 등을 말해주면서 일정이 기입된 곳에 바로 메모를 적어 둔다. 참석자 중에 내가 모르는 사람이 있으면, 비서는 직급과 함께 그 사람이 최근 수행한 프로젝트 등 당사자에 대한 간략한 메모도 추가할 수 있다.

이와 비슷하게 나는 주소록을 적을 때도, 가능한 언제든 상황 정보의 일부를 추가한다. 여러분과 내가 만나 훗날 함께 일하게 된다면, 나는 여러분을 위해 누가 우리 두 사람을 소개했는지 또는 어디서 만났는지를 주소록 기입란에 적어둘 것이다. 또 여러분의 배우자 이름과 생일, 또는 여러분에 대해 기억해야 할 중요할지도 모르는 내용들도 함께 추가할지 모른다. 나중에 여러분을 찾아갈 일이 생길 것이라 예상한다면, 나는 여러분 집이나 회사로 운전할 수 있도록 구글 지도 링크를 포함시킬 것이다.

그리고 다양한 모바일미(지금은 서비스하지 않음) 캘린더를 만들어서 관리할 수 있다. 예를 들어, 웹 브라우저 내에서 모바일미를 활용할 때 화면 왼쪽 하단에 있는 + 표시를 클릭하고 '새 일정'을 선택한 다음 그 일정에 이름을 더하고 색상을 입힐 수 있다. 모바일미는 또 그룹 일정도 만들 수 있다. 책 읽기 모임과 배구팀 게임을 그룹 지어서 '활동'이라는 하나의 일정 카테고리에 넣고 별도의 일정으로 관리할 수 있

한때 난 열쇠를 쥐고 있었고 / 다음 순간 벽들은 나를 가둬 버렸지
- 콜드플레이, 〈Viva La Vida〉

다. 그리고 클릭 한 번으로, 혼합돼 있는 모바일미 일정 창에 이 두 가지 일정을 나타나거나 나타나지 않게 하는 옵션이 있다. 캘린더나 캘린더 그룹의 이름 옆에 있는 체크박스를 클릭해서 일정을 열거나 닫을 수 있다. 또 일정 그룹 내에 있는 각각의 캘린더를 개별적으로 열거나 닫을 수 있다.

결론적으로, 지캘린더와는 달리 모바일미 캘린더는 다른 사람들과 공유하도록 디자인돼 있지 않다. 그리고 여기서 썼듯이, 애플은 웹 브라우저 내에서 모바일미 일정의 검색 방법을 제공하지 않는다. 모바일미는 일정을 짤 때 여러 가지 면에서 딱딱한 서비스인 반면, 지캘린더는 검색과 공유가 굉장히 쉽기 때문에 내 목표와 가장 잘 맞는다.

요약

- 마이크로소프트 아웃룩/익스체인지는 우리가 살아가는 방법에 맞지 않고, 체계적인 정리에도 도움이 되지 않아 일과 개인적인 약속 사이에 장벽이 된다.
- 더 나은 해결책은 클라우드에 다양한 일정을 유지한 다음, 그 일정에 영향을 받을 수 있는 사람들과 일정을 공유한다. 지캘린더는 쉽게 공유할 수 있게 해준다.
- 지캘린더는 검색하기가 굉장히 쉽다. 검색 속도가 빠르고 빈틈이 없으며, 무료다.
- 여러분의 지캘린더 일정을 공유하는 사람들이 지캘린더 이용자일 필요가 없다. 여러분의 일정을 보기 위해서 브라우저와 인터넷 연결

만 돼 있으면 충분하다.

- 특정 사람들과 구체적인 일정을 공유해서 본인의 일정을 걸러낼 수 있다.
- 일정 공유는 다른 사람들과의 일정을 조율할 때 발생할 수 있는 연락 주고 받기 시간을 줄여주기도 한다.

11장
문서와 웹 컨텐츠 정리하기

지금까지 일반 우편과 종이 문서, 이메일과 메신저, 문자 메시지, 주소록과 캘린더 일정, 할 일 목록 등 우리가 거의 메일 다루는 정보에 대해 알아 보았다. 이 장에서는 텍스트 파일과 같은 서류와 웹 컨텐츠 등 우리 삶에서 중요한 다른 디지털 정보와 그 정보를 관리할 때 내가 사용하는 지지체를 설명하겠다.

문서로 시작해보자. 우리 대부분은 마이크로소프트 워드 파일과 같은 문서를 만들고, 다른 사람들에게 도움이 되도록 이메일을 보내곤 한다. 하지만 이런 과정에서 실수를 유발할 수 있다. 다양한 버전의 프로그램 기능을 따라가기 어려운 데다, 어떻게든 그 문서를 백업해 둬야 하는 부담까지 더해진다.

나는 대신 구글 문서도구를 활용해 개인적인 문서를 만들고 저장한다.

구글 문서도구(docs.google.com)는 마이스크로소프트 오피스와 같은 소프트웨어를 사거나 설치할 필요가 없다. 그 대신 웹 브라우저에서 모든 일을 할 수 있고, 이미 워드 문서나 다른 프로그램으로 만든 서류도 업로드할 수 있다. 설명서 활용법에 대해서는 '구글 문서도구 시작하기'를 참고하자. 아니면 구글 문서도구에서 텍스트와 스프레드시트, 프리젠테이션과 서식 등 새로운 파일을 바로 정렬할 수도 있다.

컴퓨터든 스마트폰이든 브라우저가 설치돼 있기만 하다면 구글 문서도구 파일을 볼 수 있다. 게다가 구글 문서도구는 오프라인 모드도 제공하기 때문에 군이 온라인에 접속하지 않아도 된다. 또한 강력한 백업 기능까지 제공한다. 얼마 전 공항에서 노트북을 잃어버린 적이 있었는데, 그나마 구글 문서도구로 작업한 내 워드 문서들은 안전하다는 사실에 조금이나마 안도할 수 있었다. 자료들은 내 컴퓨터가 아닌 클라우드에 살아 있기 때문이다. 사실 내 목표는 웹 브라우저와 운영 체제, 그리고 몇 가지 멋진 스티커들을 활용해 노트북이 아닌 곳으로 저장 공간을 분산시키는 데 있다.

특히 구글 문서도구는 다른 사람들과 문서를 공유해 공동으로 작업할 수 있는 이점을 제공한다. 예를 들어, 얼마 전 소냐와 나는 대대적인 집 수리 작업을 마쳤는데 구글 문서도구가 작업 전반에 도움을 줬다.

베이 지역에서 로스앤젤레스로 집을 옮기기로 결정한 다음, 우리는 할리우드에서 마음에 드는 집을 발견했다. 그 집은 드라큘라 연기로 유명해진 배우 벨라 루고시가 한창 활동하던 1930년대에 지어졌고, 말장난을 좀 하자면 거대한 '뼈대'만 남은 데다 몇 년에 걸쳐 황폐해져 있었다. 정말 재미있게도 루고시는 집에 특별한 관심을 기울이지 않았다. 집의 역사를 알고 있는 그 다음 주인이 괴물 석상들과 오싹한 성 분위기의 장식물로 꾸며

났지만 나와는 맞지 않았다.

그래서 소냐와 나는 우리 인생에 있어 엄청난 변화를 겪어야 하는 와중에 집 수리 작업까지 관리해야 했다. 여타 프로젝트에 임할 때와 같이 집 수리 작업에도 역시 정보의 체계적인 정리와 효과적인 공유 과정이 필요했다.

중요한 서류 저장하기　몇 가지 작업이 수행되기 전에, 집 수리 프로젝트에 대한 다양한 점검 내용이 필요했다. 대부분의 점검 보고서는 구글 문서도구에 업로드할 수 있는 PDF 형태로 들어왔고, 받은 파일들을 우리 둘 다 어디서든 접근할 수 있는 공간에 저장했다. 소냐와 나는, 굴뚝이나 그 외 집의 다른 부분에 대한 점검자의 보고서가 필요할 때 못 찾겠다고 걱정할 필요가 없었다.

최종 할 일의 목록 유지하기　소냐와 나는 마무리해야 하는 모든 작업에 대한 구글 문서도구 스프레드시트 최종 버전을 만들었다. 우리 둘 중 누구라도 컴퓨터나 아이폰을 통해 이 스프레드시트에 내용을 추가할 수 있었고, 수리가 진행되는 동안 내가 상당 부분 런던에 머물 때도 굉장히 유용했다. 하고 싶은 일이 뭔지 추적하고 언제 어떤 작업을 끝냈는지 메모할 때 이 스프레드시트를 이용했기 때문이다. 어떤 경우에는 내가 완성된 내용을 스프레드시트에 썼는데 소냐가 그 작업이 만족스럽지 않다고 생각한다면 미완성이라고 표시하면서 문서를 수정하기도 했다. 이런 시스템은 대부분의 대형 집 수리 작업에서 전형적으로 나타나는 불가피한 혼란과 스트레스를 최소화하는 데 도움을 줬다.

자금의 흐름 관리하기　우리는 집 전반에 필요한 다양한 작업에 대해 많은 계약자와 하도급 업자에게서 입찰을 받았다. 소냐와 나는 서로가 쉽게 접근할 수 있는 방법으로, 이들 입찰 기록을 보관해야 했다. 그래서 계약자와 자금에 특히 초점을 맞춰서 구글 문서도구에 별도의 스프레드시트를 만들었다. 이 스프레드시트에는 우리가 고용한 다양한 계약자와 하도급 업자들이 각각 하고 있는 작업과 지불해야 할 시기, 금액 등에 대한 목록을 저장했다. 프로젝트가 진행되는 동안 어느 때라도 우리가 얼마나 돈을 쓰고 있는지 시각적으로 빨리 볼 수 있도록 구글 문서도구에 있는 그래픽 기능을 이용했다.

전체적으로 구글 문서도구와 컴퓨터, 아이폰과 같은 도구 덕분에, 대형 집 수리 프로젝트가 거의 1년 안에 마무리되도록 관리할 수 있었다. 덕분에 고전 영화 〈벨라 루고시, 브룩클린 고릴라를 만나다〉를 보며 차를 마시는 여유를 만끽할 수 있었다.

실시간 공동 작업

내가 공동 작업의 도구로 구글 문서도구를 이용하는 또 다른 방법은 회의 시간에 메모하기다. 나는 가끔 회의에서 몇 분 후에 발송될 내용을 기록하는 역할을 담당한다. 하지만 메모를 일단 발송하고 나면 그 내용을 바꾸기 어렵기 때문에, 나중에 발송하는 것은 이상적이지 않다. 회의 동안 나는 노트북을 이용해, 구글 문서도구 텍스트 파일로 메모를 하고 참석한 모두가 그 문서에 접근할 수 있도록 편집한다. 사람들에게 읽기 전용으로 구글 문서도구 파일에 접근하거나 해당 파일을 수정할 수 있도록 권한을 부여할 수 있다. 이용하는 방법은 보조 내용으로 첨부돼 있는 '구글 문서도구 시작하기'에서 설명하겠다. 나는 또 누구나 이용할 수 있는 회사 네트워크와 회의실 프로젝터에 내 노트북을 연결해 둔다. 실제 회의에 참석했지만 컴퓨터를 가져 오지 않아 프로젝션 화면을 봐야 하는 사람은 물론 집에 있는 개인 컴퓨터로 회의에 참여하는 원격 참석자들이, 연결된 노트북으로 내가 작성

나는 개별 상담을 할 시간이 없어
- 더 처치, 〈Under the Milky Way〉

하는 내용을 그대로 볼 수 있다. 또 노트북을 갖고 회의에 참석한 모든 사람과 원격 회의 참여자들은, 내가 타이핑하고 있는 동일한 문서에 자신만의 메모를 더할 수도 있다.

누군가는 회의 동안 내 메모를 읽고 "내가 의미한 것은 그게 아니고…"라고 말할 수도 있다. 구글 문서도구에 실시간으로 메모를 타이핑하면, 그 지점에서 곧바로 내용을 수정해주니 문제 없다. 내 시스템은 또, 원격 회의 참여자들이 돌아가는 상황을 좀 더 이해하도록 도와준다. 회의실에서 누군가 움직이고 종이를 흔들거나 조용히 이야기하면, 스피커폰으로 회의 내용을 듣는 사람들에게 어려움을 줄 수도 있다. 하지만 원격 참석자가 본인의 컴퓨터 화면으로 회의 노트를 보다가 어떤 부분을 놓치면, 내 메모를 통해 놓친 부분을 따라잡거나 분명히 할 수 있다.

혼자 종이에 회의 내용을 갈겨 쓰려는 노력은 실시간 공동 작업으로 발달한다. 내 메모는 더 이상 어떤 말이 오갔는지 정리한 것에 그치지 않는다. 회의에 참석한 모든 사람이, 좀 더 나은 맥락을 갖추고 지식과 관점의 범위를 넓히면서 함께 만드는 풍부한 역사적 기록인 셈이다. 우리가 포착한 메모는 나중에 좀 더 깊고 더욱 생산적인 논의로 이끌어 갈 수 있다. 또 그 메모는 회의에 참석하지 않은 사람들이, 회의 동안 누가 어떤 말을 했는지 이해하는 데 도움을 준다.

구글 문서도구의 가장 큰 단점은 워드와 엑셀, 혹은 파워포인트와 같은 마이크로소프트 오피스 응용 프로그램에서 이미 사용하고 있는 기능과 비슷한 부분이 없다는 점이다.

예를 들어, 짐과 나는 처음 이 책을 쓸 때 구글 문서도구를 활용하기로 했다. 하지만 길고 복잡하며 각주 처리된 부분을 다루기 위한 실질적인 구성이 돼 있지 않았기 때문에, 결국 구글 문서도구를 활용하지 않았다. 활용할 수 있었다면, 번거롭게 버전을 조절해야 하는 상황은 피하면서, 필요할 때마다 노트북을 통해 파일을 열어볼 수 있었을 것이다. 구글 문서도구는 회의 메모와 같이 실시간 공동 작업이 주요 목적인 곳에서 단순한 문서를 작성할 때 더 적합하다.

좀 더 복잡한 문서 작업을 할 때는, 구글 문서도구와는 달리 유용한 '변경 내용 추적' 기능을 사용할 수 있는 워드 프로세서로 대략적인 초고를 쓰고, 본인은 물론 그 내용이 필요한 사람들에게 메일로 발송하는 편이 더 낫다. 해당 파일을 지메일 계정으로 보내면, 첨부된 파일이 하드 드라이브는 물론 클라우드에 저장된다. 그리고 마지막으로 업데이트한 날짜를 포함해 훌륭하고 자세하게 설명한 라벨을 붙여두면 나중에 필요할 때 그 위치를 쉽게 검색할 수 있을 것이다.

수명이 짧은 내용 정리하기

구글 문서도구는 쉬운 실시간 공동 작업을 통해 컨텐츠를 발전시키는 데 유용하다. 하지만 뉴스 내용과 제품 리뷰, 블로그 포스트와 같이 다른 사람들이 만들어낸, 여러분의 삶과 관련 있는 웹 컨텐츠라면 어떨까? 나중에 필요할지도 모르는 정보를 온라인에서 찾았다면 어떻게 담아낼 수 있을까?

구글 문서도구 시작하기

무료 구글 계정을 갖고 있는 누구나 구글 문서도구를 쓸 수 있다. 사이트(docs.google.com)에 가서 지메일 주소와 비밀번호로 로그인하거나 새로운 구글 계정을 만든다. 지메일에 접속하면 나타나는 받은 편지함 웹 브라우저 페이지의 왼쪽 상단 구석에 있는 '문서도구'를 클릭할 수 있다.
현재 구글 문서도구에 들어와 있나? 여기 활용할 수 있는 몇 가지 내용이 있다.

1. 새로운 문서를 시작하기 위해 '만들기'를 클릭한 다음 드롭다운 메뉴에 있는 '문서', '프리젠테이션', '스프레드시트', '양식' 혹은 '문서 그룹'을 고른다. 문서 윗부분에 있는 '제목 없음' 부분을 클릭해서 새로운 문서 제목을 타이핑하면, 이 프로그램은 여러분의 새로운 파일을 자동적으로 신속하게 저장한다. 문서 이름을 다 만들었으면, '확인' 버튼을 클릭한다.

2. 문서 작업을 마치면 문서가 자동으로 저장되고 '공유'를 누를 수 있다. '공유'의 드롭다운 메뉴에서는 문서에 대한 편집 특권을 갖고 공동 작업자가 될 다른 사람들을 초대하는 이메일을 보낼 수 있다. 또는 편집 기능을 주지 않고 문서를 보기만 하는 사람으로만 초대할 수도 있다. 다

른 옵션에는 첨부 파일이나 공개 웹 개시와 같은 발행 형태로 문서를 누군가에게 바로 전송하는 기능도 포함돼 있다.

3. 아니면, 이미 컴퓨터에 만들어 놓은 문서를 업로드할 수도 있다. 이 때 지원하는 파일 형식에는 마이크로소프트 워드(doc, docx), 서식 있는 텍스트 형식(rft), 마이크로소프트 파워포인트(ppt, pps), 마이크로소프트 엑셀(xls, xlsx)와 PDF(pdf) 등이 있다. 파일을 한 번 업로드하면, 구글 문서도구 파일로 할 수 있는 것처럼 실시간 공동 작업을 위해 다른 사람들과 그 문서를 공유할 수 있다.

사람들은 나중에 돌아보고 싶은 웹 페이지에 북마크한다. 북마크는 빠르고 쉽다. 하지만 정보를 체계적으로 정리하는 시스템에서 북마크는 적어도 세 가지의 약점이 있다.

여러 대의 컴퓨터를 사용한다면, 다른 컴퓨터에 필요할지도 모르는 북마크를 어느 한 대에만 하게 되는 상황에 처할 수 있다. 북마크를 내가 사

당신이 찾던 것을 알고 싶어
- 더 처치, 〈Under the Milky Way〉

용하는 모든 컴퓨터에 동기화해서 관리하는 이유이기도 한데, 어떤 컴퓨터를 쓰든

상관없이 북마크를 항상 유용하게 활용할 수 있다.

이런 목적으로 나는 보통 폭스마크Foxmarks로 부르는 엑스마크Xmarks를 사용한다. 엑스마크(www.xmarks.com)는 내가 선택한 모질라 파이어폭스와 마이크로소프트 인터넷 익스플로러, 애플 사파리 브라우저에 무료로 추가할 수 있는 유틸리티로, 엑스마크 서버에 설치한 무료 온라인 계정에 북마크를 저장한다. 하나의 컴퓨터에 저장된 북마크는 서버에 자동으로 복사되고, 다른 컴퓨터로 온라인에 접속할 경우, 마지막으로 열어본 북마크가

지금 사용하고 있는 컴퓨터 브라우저에 자동으로 다운로드된다.

북마크의 또 다른 문제는 시간이 지날수록 많은 북마크가 쌓여 목록이 길어질 뿐만 아니라 체계적으로 정리되지 않을 수 있다는 점이다. 내가 파이어폭스 브라우저를 사용하는 이유는 북마크를 만들 때, 그 북마크에 기본적으로 키워드 태그를 추가해서 브라우저 가운데서도 최상의 작업을 하기 때문이다. 태그들은 북마크를 쉽게 검색할 수 있도록 해준다.

나인 인치 네일스의 주역인 트렌트 레즈너Trent Reznor가 어떻게 트위터를 사용하고 있는지에 대해 다룬 〈마이애미 헤럴드〉의 온라인 기사를 우연히 발견했을 때를 이야기해보자. 나는 기사에서 이 밴드가 웨스트 팜 비치West Palm Beach에서 콘서트를 여는 동안 앙코르를 건너뛰었고 레즈너는 기계적인 결함 때문에 그런 일이 발생했다는 설명을 재빨리 트윗했다는 내용을 읽었다. 밴드가 소셜미디어를 활용한 방법이 흥미로워서 그 기사를 북마크했다. 파이어폭스에서 북마크하기 위해서는, 메뉴의 '북마크Bookmarks'를 클릭한 뒤 드롭 다운 메뉴에 있는 '이 페이지 북마크하기 Bookmark This page'를 클릭한다. 혹은 윈도우에서는 컨트롤(Ctrl)+D, 맥에서는 커맨드(Command)+D의 단축키를 활용해도 된다.

'북마크된 페이지' 화면이 나타나면 북마크 이름을 바꿀 수 있어 때때로 유용하다. 북마크 이름은 당연히 웹 페이지 제목과 같다. 파이어폭스에서는 북마크 이름의 단어를 검색할 수 있기 때문에, 나중에 검색으로 북마크를 더 많이 찾을 수 있도록, 가능하면 설명하듯이 이름을 다시 정하고 싶을지도 모른다. 이런 경우, 북마크 이름은 당연히 '나인 인치 네일스의 트렌트 레즈너, 트위터-인물면-마이애미헤럴드-MiamiHerald.com'이 된다. 분명하게 묘사돼 있지만 불필요하게 길기 때문에 나는 '트렌트의 트윗'

과 같은 내용으로 북마크 텍스트를 바꿀 것이다.

그 다음, 같은 '북마크된 페이지' 화면에서 각 태그를 쉼표로 분류해서 앵코르, 기술적 결함, 트위터, 웨스트 팜 비치를 태그로 덧붙인다. 이제 나인 인치 네일스가 기술적인 결함 때문에 앵코르를 건너 뛰었고 트렌트 레즈너가 그 내용을 트윗했다는 내용이 어디 있는지 나중에 기억하고 싶다면, 트위터, 트렌트, 웨스트 팜 비치, 기술적 결함, 트윗, 앵코르 등의 단어로 만든 조합을 이용해 파이어폭스에서 특정 북마크를 찾을 수 있다. 파이어폭스에서 북마크를 검색하려면 메뉴에 있는 '북마크^{Bookmarks}'에 가서 '관리하기^{Organize bookmarks}'를 선택한 다음 검색창에 단어를 타이핑하면 된다.

북마크의 세 번째 과제는 때로 웹 페이지 수명이 짧다는 점이다. 두 달 전에 북마크한 페이지는 다시 찾았을 때 더 이상 존재하지 않을지 모른다. 온라인에서 찾은 정보가, 트렌트 레즈너의 트위터 활동보다 오랫동안 갖고 있어야 할 만큼 중요하다면, 웹 페이지 컨텐츠를 복사해서 본인의 메일로 붙여넣기 하길 제안한다. 또 웹 페이지가 여전히 존재하고 있다는 가정 하에 나중에 구체적인 페이지를 찾아보고 싶을 경우에는, 웹 페이지 주소도 이메일에 복사하고 붙여넣기 해본다. 웹 페이지를 복사하기 전에 많은 웹사이트가 제공하고 있는 '인쇄 미리보기'를 클릭하면, 보통 복사하고 싶지 않은 광고와 다른 요소들을 없애주기 때문에 도움이 된다. 그 다음 스스로에게 메시지를 보낸다. 지메일을 이용하고 있다면, 나중에 찾아보는 데 도움이 되도록 메시지에 라벨을 더할 수도 있다. 나인 인치 네일스의 예를 활용하면, 나는 스스로에게 보낸 지메일 메시지에 기사를 포함해 '소셜미디어', '트위터', '나인 인치 네일스'와 같은 라벨을 붙일 것이다. 그러면 이런 라벨을 이용해 메시지를 분류하거나 지메일에서 검색할 때 해당 기사를 볼 수 있다.

대서양 너머에서도 매력적인 두뇌

물론 온라인에 있는 광범위한 정보들을 체계적으로 정리하거나 저장할 필요가 없을지도 모른다. 단순히 훑어보면서 건너뛸 수 있다. 하지만 그 정보를 관리하거나 기억할 필요가 없다고 해도, 정보를 검색하는 방법을 명확히 해두면 체계적인 정리에 도움이 된다. 정보를 얻기 위해 인터넷에서 해야 하는 모든 작업을 최소화해주기 때문이다. 그게 바로 내가 구글 리더를 사용하는 이유다. 구글 리더는 모든 최신 뉴스와 블로그 포스트, 그리고 내가 흥미로운 다른 정보를 모두 한 곳에 모아주기 때문에 몇 분 안에 그 내용을 훑어볼 수 있다.

구글 리더(www.google.com/reader)는 RSS^{Really simple Syndication} 피드 종합 서비스다. 그 의미를 알고 있다면 다음 두 단락은 지나쳐도 좋다.

RSS는 블로그 포스트와 뉴스 헤드라인과 같이 수시로 업데이트되는 웹 컨텐츠를 자동으로 모아주거나 '피딩'해주는 표준화 시스템이다. RSS '피드'를 구독하면서, 한 곳에서 모든 피드를 받을 수 있도록 구글 리더와 같은 RSS 피드 종합 서비스를 이용한다. 브라우저 내에서 아웃룩의 RSS 피드 또는 다른 RSS 종합 서비스/리더를 통

> 피드 유어 헤드Feed your head*
> – 제퍼슨 에어플레인, 〈White Rabbit〉

---

* 히피문화를 대표하는 곡인 화이트 래빗의 가사로서 환각제를 흡입하는 상황을 묘사한 부분이다. – 옮긴이

해 배달된 컨텐츠를 구독하고 읽을 수 있다.

여기서 여러분이 책에 관심이 있고 특히 〈뉴욕타임스〉의 도서면을 즐긴다고 가정해보자. 새로운 세계 문학이 나왔는지 보기 위해 매일 타임스 사이트를 들락거리는 대신, 단지 타임스 도서면에 대한 RSS 피드를 구독할 수 있다. 언제든 타임스 웹 사이트가 책에 관련된 새로운 기사와 기사에 대한 간단한 설명 또는 기사를 요약한 한 두 문장을 발행하면, 구글 리더와 같이 여러분이 선택한 RSS 종합 서비스에 자동으로 보내진다. 전체적인 기사를 읽으려면 RSS 종합 서비스에 보내진 기사 설명 속의 링크를 클릭해 타임스 웹 사이트의 해당 기사를 읽을 수 있다. 많은 피드 발행자가 여러분 같은 사람들을 본인의 사이트에 불러 오기 위해 피드를 사용한다고 해도, 블로그와 같이 RSS 피드를 통해 전체 기사와 결합하는 부분은 컨텐츠에 다가가는 단계를 덜 거치도록 해준다.

구글 리더의 정말 유용한 구글 검색창은, RSS 항목을 검색하는 다양한 방법을 제공한다. 지메일 메시지에 별표 표시를 하듯 항목에 별표를 할 수 있는데, 별표 표시가 된 항목만을 검색하는 방법 등으로 이미 읽은 항목만을 검색할 수 있다.

나는 구글 리더가 아이폰에서도 잘 구현된다는 점이 특히 마음에 든다. 그래서 길게 늘어선 공항 보안 대기 줄에 서 있는 동안에도 흥미 있는 내용을 따라잡을 수 있다. 또 구글 리더는 친구나 동료들과 함께 항목을 쉽게 공유할 수 있게 해준다. 공통의 관심사에 대한 정보를 이용해 공동 작업할 수 있는 또 다른 방법인 셈이다.

언급했듯이 구글 리더를 이용해 어떤 RSS 항목에도 별표를 할 수 있어서 항목들을 체계적으로 정리하기가 쉽다. 그래서 지금은 우선 순위가 아닌 모든 내용을 걸러낼 수 있고, 가장 중요한 내용에만 집중할 수 있다. 또 다른 이점은 구글 리더가 오프라인에서 구현되는 것으로, 인터넷 연결 없이 대서양 너머를 비행하고 있을 때도 뉴스와 블로그를 따라잡을 수 있다. 하지만 오프라인에서 구글 리더를 처음 쓸 때는 몇 가지 단계를 거쳐야 한다. 먼저 오프라인 구현이 가능한 다른 구글 제품과 리더를 사용할 수 있도록 해주는 기술인 구글 기어스를 설치해야 한다.* 대신 구글 웹 브라우저인 크롬을 쓰고 있다면 이 단계를 건너뛸 수 있다. 그 다음, 구글 리더를 열었을 때 브라우저 윈도우의 오른쪽 상단 구석에 있는 초록색 '내려받기' 아이콘 클릭하기를 기억해야만 하다. 이 작업은 오프라인일 때도 구글 리더가 항목들을 보여줄 수 있도록, 컴퓨터 하드 드라이브 캐시에 최신 RSS 항목을 다운로드 하라고 구글 리더에게 알려줄 것이다.

여러분이 남긴 빵 부스러기

여러분은 이제 내가 쓰는 가장 중요한 지지체, 그리고 그 지지체를 사용하는 방법과 이유를 알게 됐다. 머릿속에 정보를 넣기 위해 사용하는 방법과 머릿속에서 정보를 끄집어낼 때 의존하는 도구로, 나중에 필요할 때 빠르고 쉽게 정보를 검색하기도 했다. 딴 건 몰라도 지난 몇 장의 내용이, 매일 찾아 오는 모든 정보의 조각들을 어떻게 체계적으로 정리해야 할지에 대해 여러분에게 아이디어를 줄 수 있었기를 바란다.

정보는 체계적으로 정리해야 제대로 활용할 수 있으므로, 본인만의 지

---

* 구글 기어스는 2011년부터 서비스가 종료됐다. – 옮긴이

지체를 세워 계속해서 높이 올라가는 정보라는 빌딩을 체계적으로 관리하는 법을 깨달아야 한다. 여러분이 요즘 사용하는 지지체로 말미암아 실망해본 적은 없는가? 어떤 면에서 한계인가? 더 나아지기 위해서 어떻게 할 수 있을까? 여기서 내 모든 방법을 이야기하지는 않겠다. 하지만 내 생각에, 앞선 장들에서 내가 작성한 지지체들은 우리 뇌, 그리고 우리가 현재 살고 있는 세상이 잘 움직이도록 하는 데 가장 적합하다.

또한 검색은 체계적인 정보 정리 작업에 정말 중요한 기능이므로, 지지체를 선택해 사용하다보면 검색에 대한 관점도 달라질 수 있다. 검색은 단지 다른 사람들이 인터넷에 올려둔 내용을 찾는 일이 아니라, 본인만의 정보를 이용해서 수행하는 모든 작업에 통합돼야 한다. 무언가에 대해 이메일 알림 기능을 만들 경우, 하루, 한 주 혹은 10년 후에도 상관 없이 그 이메일을 다시 찾을 때 사용할 수 있는 키워드를 생각하라. 새로운 지지체를 평가할 때는 내용을 검색할 때 얼마나 잘 맞고 안 맞는지를 고려해보자.

다시 말해, 나중에 생각하기보다 사전에 심사숙고하자.

이런 이야기를 해도 될지 모르겠지만 조언을 더 하자면, 아이폰을 구입하라. 아니면 구글 안드로이드폰이나 대형 화면에 빠른 인터넷 접속, 가능하면 컴퓨터에서 얻을 수 있는 내용과 비슷한 웹 브라우저 경험을 할 수 있는 어떤 전화기도 좋다. 그 다음 문서와 연락처, 약속, 이메일과 같은 중요한 정보를 클라우드에 저장해보자.

언제, 어디에서든 여러분에게 중요한 정보에 쉽게 접근할 수 있을 것이다. 정보가 필요할 때는 검색하고, 누군가에게 그 정보가 필요할 때는 공유한다. 정신없고 혼란스러워 스트레스만 가중되는 복잡한 현실과 조금은 거리를 두어 좀 더 쉽게 숨쉴 수 있으리라 믿는다.

검색은 산소다.

요약

- 사실상 언제라도 나는 구글 문서도구를 이용해 개인적인 문서를 만들고 클라우드에 저장한다.

- 구글 문서도구는 특히 기본적인 문서에 한해 다른 사람들과의 공동 작업에 대한 내 목표를 이뤄준다. 나는 종종 구글 문서도구 텍스트 파일을 활용해 내 컴퓨터에서 회의 메모를 작성한다. 문서에 실시간으로 접근해서 편집할 수 있는 특권을, 다른 참석자들과 함께 공유하기도 한다. 우리는 함께 누가 어떤 이야기를 했는지에 대해 좀 더 풍부한 역사적 기록을 만들어낸다.

- 웹 컨텐츠는 체계적인 정리에 대한 많은 과제를 제기한다. 여러 대의 컴퓨터를 사용한다면, 엑스마크와 같은 부가적인 브라우저를 이용해 모든 컴퓨터 사이의 북마크를 동기화하자. 그 방법으로 한 컴퓨터에서 저장한 북마크가 자동으로 다른 컴퓨터에 복사된다.

- 북마크는 시간이 지날수록 정리가 안될 수 있다. 최고의 브라우저로 생각하는 모질라 파이어폭스를 이용해 북마크에 태그를 붙이고 쉽게 검색할 수 있다.

- 웹 페이지는 수명이 짧을 수 있다. 온라인에서 찾은 정보가 정말 중요하다면, 검색 가능한 아카이브의 일부가 되는 이메일에 복사해서

붙여넣기 해둔다.

- 온라인에서 찾아낸 정보를 체계적으로 정리하는 것도 똑같이 중요하다. 구글 리더처럼, 흥미로운 내용이 한 곳에 몰리도록 자동으로 모아주는 RSS 피드 종합 서비스를 이용하라.

체계적인 정리의 원칙 되돌아보기

1. 뇌의 부담을 최소화하자.
2. 가능한 한 빨리 머릿속에서 버려라.
3. 멀티태스킹은 효율적이지 않다.
4. 이야기를 활용해 기억을 떠올리자.
5. 항상 같은 방식을 고수할 필요는 없다.
6. 지식은 힘이 아니다. 지식의 공유가 힘이다.
7. 현실적인 제약 조건을 정리하라.
8. 스스로에게 솔직해져라.
9. 제약 조건을 무시할 수 있는 시기를 파악하라.
10. 시동을 걸기 전에 여러분이 어디로 가는지, 어떻게 갈 것인지 명확히 알자.
11. 목표 수행 방법에 유연해져라.
12. 정보를 쌓아 두지 말고 검색하라.
13. 정말 필요한 정보만 기억하라.
14. 큰 덩어리는 여러 개의 작은 덩어리로 쪼개라.

15. 주요 정보를 검토할 수 있는 시간을 매주 만들어라.

16. 완벽한 정리 시스템은 없다.

17. 익숙한 도구를 사용해라.

18. 나중에 쉽게 찾을 수 있도록 디지털 정보에 연관 핵심어를 추가하라.

3부

스마트 라이프 플래닝

12장
몰입, 몰입, 몰입

새벽 5시 반 알람이 울리면 나는 토스터기에서 달궈진 토스트 조각처럼 벌떡 일어난다. 한 시간 뒤에 화상회의를 진행하고 오전 10시까지는 행정 분야와 전략적 의제를 모두 아우르는 회의가 이어진다. 다음 회의는 10시 반에서 11시 사이에 임용 관련 주제로 이뤄지고, 11시에는 내가 담당하고 있는 사업 계약에 대한 또 다른 화상회의로 넘어간다.

재빨리 점심을 해결한 뒤에, 두 명의 직속 부하와 각각 전혀 다른 주제로 1:1 화상회의를 한다. 그곳에서 주요 고객을 만난 다음, 겨우 비집고 들어가 30분이라는 시간 동안 수많은 이메일에 회신한다. 그 다음 금융 분야의 누군가와 또 다른 회의를 마치고 내 자리로 돌아오면 서로 관련 없는 대여섯 개의 업무가 놓여 있다. 모두 비교적 예민하고 주의해야 하는 내용들로, 확인해야 하는 음성 메시지들은 말할 필요도 없다. 일과가 끝났다는 사실을 깨닫기도 전에 나는 회사를 떠나 식료품 가게로 뛰어 들어가서는 가족과 함께 할 저녁거리를 집어 든다.

비교적 전형적인 나의 일과다. 확실히 나는 더 심한 편이지만 여러분도 마찬가지라고 생각한다. 그날을 굉장히 힘들게 하는 특정 회의나 업무가 없는 날이라고 해도, 연이은 회의가 누적되면서 나는 심적으로 지치기 일쑤다.

특정한 정보, 과제, 혹은 일의 형태 한 가지에 집중하다가 또 다른 뭔가로 옮겨갈 때, 여러분은 상황 전환을 한다. 때로 그런 전환 작업은 복잡하고 조화롭지 않으며, 다른 때에는 그 내용에 주목조차 하지 않는다. 친구가 사업 문제에 대한 조언을 얻기 위해 전화를 걸었을 때 여러분은 고객에게 이메일을 보내고 있다. 친구와 이야기를 나눈 다음 다시 이메일 작업으로 돌아간다. 실감하지도 못한 채, 여러분은 몇 분 동안 상황 전환이 두 번이나 이뤄졌다.

상황 전환은 유익하다. 여러분이 진도가 나가지도 않고 좀 더 지치게 만드는 업무 프로젝트를 끊임 없이 만들어내고 있다고 가정해보자. 동료들

내 인생은 내가 주도해 / 아니 인생이 나를 주도하나?
- 레이디 앤터벨룸, 〈I Run to You〉

과 점심을 먹으면서 스포츠에 대한 이야기를 나눈다. 다시 프로젝트에 돌아올 시간이 되면, 그 프로젝트와 얼마간의 거리감이 생긴다. 이제 여러분이 계속 일에 잡혀 있던 이유를 알 수 있고 명백한 해결책도 보인다.

상황 전환 없이는, 수렁에 빠져 되지도 않는 일을 반복하며 하루 전체를 소비한다. 엄청나게 지루하다는 이야기다.

하지만 상황 전환이 잦으면 당면한 일에 집중할 수 있는 능력을 악화

시켜 굉장히 산만해질 수 있다. 최악의 경우, 뇌의 저장 공간을 심각하게 소모시킬 수 있다. 왜 그런지는 몰라도 전날 밤 잠을 얼마나 잤는지는 상관없이 피곤하고 오후 4시까지 집중할 수 없나? 모든 회의와 이메일, 음성 메시지, 복도에서의 대화, 전화 그리고 일과 중 있었던 업무 사이의 전환들이 감정을 고갈시키면서 어마어마한 지적 능력을 사용했기 때문이다. 감정적인 에너지가 없을 때는 규모가 크든 작든, 급하든 여유롭든, 기대했든 예기치 못했든 상관없이 과제에 대해 분명하게 생각할 수 없다. 왜 그런지는 잠시 후에 설명하겠다.

2부에서는 삶 속에서 정보를 체계적으로 정리하기 위해, 여러분이 갖고 있는 모든 도구를 마음대로 가장 잘 활용하는 방법에 대한 요점과 전략을 제공했다. 이제는 더 큰 그림을 볼 시간이다. 3부에서는 매일 마주치는 크고 작은 과제들을 수월하게 만날 수 있도록 삶을 체계적으로 정리하는 방법에 대한 팁과 전략을 공유하겠다. 좀 더 집중하도록 하루를 체계적으로 정리하는 방법과 일상의 산만함을 최소화하는 방법, 그리고 뇌에 부담을 주고 여러분을 지치게 하는 상황 전환을 최대한 줄일 수 있는 방법을 보여주겠다. '일과 삶의 병행', 좀 더 정확하게 일과 삶을 통합하는 방법을 어떻게 이뤄낼지 살펴보자. 스트레스를 최대한 줄이면서 삶의 커다란 위기 관리를 잘 준비할 수 있도록, 삶을 체계적으로 정리하는 방법은 정말 중요한 전략이다. 이제 시작해보자.

저녁식사 결정이 어려운 이유

잠시 동안 뇌가 어떻게 움직이는지에 대해 다룬 1장의 주제로 돌아가보자.

언급했듯이, 간단한 업무라 할지라도 정보가 있어야 처리할 수 있다. 여러분이 무슨 일을 하든 간에, 여러분의 뇌는 장기 기억에서 단기 기억으로 인코딩한 정보를 꺼내 행동할 수 있게 돕는다.

예를 들어, 최근 참석했던 산업 회담에서의 소감을 되새기면서 동료에게 이메일을 쓰고 있다고 상상해보자. 메일을 쓰는 동안 뇌는 회담에서 여러분이 한 행동, 여러분과 이야기를 나눈 사람, 여러분이 논의하고 배운 내용 등 관련된 정보를 장기 기억에서 되찾아 온다. 인코딩한 정보는 이메일 작성이 끝나거나 그 이전까지 잠시 동안

침묵의 작은 천사들 / 내 침대로 올라와 속삭이네

— 카운팅 크로우즈, 〈Angels of the Silences〉

단기 기억에 다시 살아난다. 그 다음 정보는, 나중에 여러분이 다시 떠올리지 않으면 오랫동안 희미하게 남아 있을 장기 기억으로 되돌아간다.

여러분이 이메일을 쓰는 동안 새로운 정보가 단기 기억으로 들어온다. 아마도 무역 박람회에서 사람들과 나눈 대화를 다시 떠올렸거나 이야기나 트렌드가 마음 속에 갑자기 나타났을지 모른다. 그러니까 그 순간의 기억은 새로운 정보인 셈이다. 그 정보는 잊혀지거나 장기 기억 속에 옮겨질 때까지 역시 단기 기억에 존재한다.

하지만 단기 기억은 한 번에 겨우 5개에서 9개 사이를 저장할 수 있다고 말한 내용을 기억하고 있나? 상황을 바꿀 경우, 뇌는 새로운 아이디어와 관찰, 알림 내용 등 단기 기억에 있는 무엇이든 장기 기억에 옮기려고 애써야 한다. 새로운 상황에 필요한 정보가 들어갈 단기 기억 속 공간을 만

들기 위해, 기존의 정보가 딴 곳으로 이동해야 한다는 뜻이다. 예약이 초과된 비행기와 똑같다. 몇몇 승객들이 자리를 포기하기 전까지 비행기는 절대 이륙하지 않는다.

물론 여러분이 상황을 바꿀 때, 일부 정보는 내쫓긴 불행한 승객들처럼 절대 단기 기억에서 장기 기억으로 옮겨가지 않는다. 흘러 들어오는 새로운 정보와 같이 버려질 뿐이다.

그리고 이런 일은 하루 종일 매일 계속된다. 상황 전환이 많아지고 관련 없는 상황일수록, 지친 뇌는 많은 공간을 만들기 위해 단기 기억 속 정보를 옮겨서 저장하고 털어내는 작업을 한다. 그리고 더 이상 필요하지 않은 정보를 떨쳐낼 뿐만 아니라 제대로 작용하는 능력에 있어 중요한 부분까지 소모시킨다. 여러분은 각각의 새로운 상황들에 대해서도 목표를 결정해야 할지도 모른다. 동료에게 왜 메일을 쓰고 있는가? 회의를 함께 할 사람들이 누구이고 그 사람들은 여러분에게 뭘 원하는가? 회의의 주제는 무엇인가?

새로운 상황에 뇌를 적응시키는 일은 어렵다. 길었던 하루 동안 동시에 많이 만들어낸 각 상황 전환과 관련된 노력이 늘어나는 만큼, 저녁으로 뭘 먹을지 결정하기가 어려운 것도 이상한 일이 아니다.

전화벨이 울리네 / 너는 나를 달려가게 했어
- 앨리스 쿠퍼, 〈Under My Wheels〉

하루 종일 전환되는 많은 상황은 스트레스도 더해준다. 구체적인 일을 하기 위해 집중하려고 노력 중인데 계속 산만하다면 금세 지칠 것이다. 지치고 나면 스트레스가 가중되며, 스트레스를 많이 받을수록 집중은 더 어려워질 수 있다. 추락의 소용돌이에 빠지고 마는 것이다.

상황 전환을 위한 전략

종종 조절할 수 없는 상황 전환도 생기게 마련이다. 여러분이 골똘하게 마케팅 전략을 세우고 있는데 사장이 갑자기 예산 회의를 위임하겠다고 전화를 했다. 어떻게 대답하겠는가? "감사하지만 갑자기 상황 전환을 할 여유가 없네요."라고 말하겠는가?

좋은 소식으로, 여러분이 매일 만드는 상황 전환 횟수를 줄일 수 있는 몇 가지 방법이 있다. 그리고 더 중요한 것은 부작용을 최소화하면서 각 상황이 뇌에 주는 피해를 줄일 수 있다는 점이다.

시작해볼 만한 비법이자 체계적인 정리에 대한 내 19번째 원칙이기도 한 '나중에 상황 전환할 때 도움이 되도록 메모하라'가 있다. 10장에서 설명했듯이, 나는 항상 새로운 일정을 기입할 때 배경 정보를 더하려고 애쓴다. 업무 회의라면, 비서나 내가 약속을 기입하면서 누구와 만나고, 회의의 주제는 무엇이며 오프라인 약속인 경우 해당 위치의 주소와 운전 방향 등의 메모를 덧붙일 것이다. 그렇게 업무 회의의 상황으로 전환할 때 도움이 되는 몇 가지 배경 정보를 구한다. 회의 주제가 무엇인지 등 장기 기억에서 기본 내용을 떠올리기 위한 누군가의 노력과 내 시간을 낭비할 필요가 없다. 회의라는 새로운 상황으로 전환하는 데 필요한 정보가 깔끔하게 정리돼 준비를 마치고 나를 기다린다. 게다가 검색이 가능하기 때문에 내가 필요하다고 느낄 때면 언제든 다시 찾아볼 수 있다.

나중에 상황 전환할 때 도움이 되도록 메모하라

가능한 한 유사한 상황의 일이나 회의 등의 업무가 이어지는 방향으로 하루를 구성하는 방법도 좋은 생각이다. 같은 주제나 프로젝트와 관련있는 업무라든가, 단순히 뇌의 똑같은 부분을 활용해 처리해야 하는 일 등을 모아서 처리하면 좋다는 뜻이다. 예를 들어 정해진 한 주 일정을 알고 있다면, 나는 분기별 수행능력에 대한 회의를 세 번 열어야 할 때 연속해서 일정을 잡으려 할 것이고, 이렇게 하면 어느 순간 갑자기 예산 관련 회의에서 빠져 나와 상황을 전환할 필요가 없다. 회의를 좀 더 생산적으로 만들기 위한 생각에 대해서는 '회의는 정말 필요한가요?' 부분을 참고하라.

　혹은 내가 작업하고 있는 프로젝트와 관련 있는 프리젠테이션에 참석해야 한다고 가정해보자. 프리젠테이션 이후 그 프로젝트와 관련 있는 몇 가지 일에 착수하기 위해 시간을 한쪽으로 몰아 넣을 것이다. 내가 그 작업을 하게 될 때 뇌는 이미 그 상황에 들어있기 때문에 좀 더 생산적이고 집중할 수 있다. 하나의 상황에서 유사한 다른 상황으로 옮겨 가면, 단기 기억을 밀어낼 필요도 없고 새로운 상황의 목적이 뭔지 기억하려고 애쓸 필요도 없기 때문에 뇌도 좀 더 부담을 덜 수 있다. 정신적 노력은 거의 없이 바로 새로운 일에 뛰어들 수 있다. 신체적인 운동을 할 몸이 움직이는 방식과 같아서, 뇌가 이미 준비운동을 하고 나면 바로 운동을 시작할 수 있는 셈이다. 결국 각 업무가 서로 동떨어진 완전히 다른 일이 아니기 때문에 전체적으로 할 일이 줄어들어, 저녁 무렵에는 정신적으로 좀 덜 지칠 수 있다. 이 생각은 '유사한 업무는 묶어서 처리하자'라는 체계적인 정리의 20번째 원칙의 근거와 같다. 하루를 설계할 때, 여러분이 움직이게 될 다양한 상황을 생각해보고 유사한 내용끼리 함께 묶어보자. 또 다른 상황보다 더 부담이 큰 상황에 주의를 기울인다. 예를 들어 이미 알고 있는 정보를 찾는 사람들의 전화에 회신하는 것 같이 쉬운 일은 정신적으로 가장 많이 피곤할 때를 대비해 아껴둔다.

유사한 업무는 묶어서 처리하자

나는 3장에서 본인만의 방법으로 얻었던 개인적인 제약 조건 인지하기에 대해 이야기했다. 여러분이 매일 만드는 자발적인 상황 전환에는 어떤 경우가 있는가? 파워포인트로 회의 준비를 하던 중 갑자기 웹 쇼핑을 즐기지는 않는지? 갑자기 프리젠테이션 준비가 너무 버겁게 느껴져 겁이 났을 수도 있고 단순히 지루해졌을 수도 있다. 집중해서 일하기에 가장 큰 문제가 바로 여기에 있다. 본인이 쉽게 산만해지는 편이라 생각하나? 가까운 사람들이 일을 지연시키는가? 어떤 이유든 그 내용을 정의하고 정리해보자.

여러분이 쉽게 산만해지는 유형이라고 가정해보자. 아마도 요즘 가장 산만한 작업은 이메일이 아닐까 싶다. 이메일 수신을 알려주기 위해 컴퓨터에서 소리가 나면 여러분도 모르게 하던 일을 멈추고 메시지를 읽는다. 뿐만 아니라, 급한 일이 아님에도 불구하고 이메

상황이 조용해질 때까지 기다려봐
/ 살면서 배우는거야
- 앨라니스 모리셋, 〈You Learn〉

일에 바로 답장하도록 나도 모르는 재촉을 받고 있다. 그리도 또 다른 일, 또 다른 일, 그리고 잠깐, 이메일에 답장을 쓰기 전에 여러분이 하던 일은 무엇인가?

이와 비슷한 상황이라면, 새로운 메시지가 도착해도 컴퓨터에 소리가 나지 않도록 이메일 소프트웨어 설정을 바꿀 때다. 아니면 새로운 메시지

를 확인하기 위해 보내기/받기 버튼을 수동으로 열어보도록 설정한다. 그 다음 힘든 어떤 작업에서 휴식이 절대적으로 필요할 때, 가장 마지막으로 확인한 이후 쌓인 메시지들에 대해 후속 작업을 할 수 있다. 체계적인 정리에 대해 다룬 많은 책은, 이메일을 확인하고 회신할 시간을 따로 정하라고 추천하는데, 그 방법이 좋은 이유가 있다. 이렇게 하면 업무 프로젝트와 이메일 보내기 사이의 상황 전환이 하루 수십 번에서 불과 몇 차례로 줄기 때문에 좀 더 효과적으로 집중하게 하면서 뇌의 부담도 최소화해주기 때문이다.

이메일은 여러분을 산만하게 하는 디지털 도구 가운데 하나의 예다. 나는 문자 메시지를 받고 트위터 트윗을 보내고 팔로우하기도 하며 유튜브를 좋아한다. 이 모든 일은 힘든 작업을 하는 동안 마음의 휴식을 얻을 때 훌륭하다. 하지만 훈련돼 있지 않으면 이런 일들도 지장을 줄 수 있다. 일거리들 사이에는 휴식을 취하기 위한 디지털 오락 활동을 제한하도록 노력한다. 사람들이 생각하는 것과는 다르게, 이유 있는 휴식은 실제로 사람을 좀 더 생산적으로 만든다. 도전적인 업무 사이에서 뇌의 휴식은 정신적인 에너지를 충전하고 생기를 되찾아 새로운 일에 착수하는 데 도움을 준다. '휴식'의 개념을, 일을 피하기 위한 방식보다는 업무 수행에 대한 보상 정도로 생각하길 바란다.

항상 조정할 수 없는 상황 전환, 타인들

다른 사람들이라고 부르는, 매일 맞닥뜨리는 본의 아닌 상황 전환들도 많다. 특히 좁은 사무실에서 일하고 있다면 이런 상황 전환을 절대 피할 수 없다. 누구든 여러분을 새로운 상황에 던져버릴 수 있기 때문이다. 그 사람들의 목적이 의심스럽긴 하다만, 항상 효과는 있다.

이런 상황이 언제나 나쁜 것만은 아니다. 사실상 회사가 실질적으로 좁은 사무실에 모든 사람을 배정해 놓은 이유는 직원들 간의 공동 작업 환경을 조성하고 비용을 아끼기 위해서다. 하지만 마감작업을 해야 할 시간대가 있다. 모든 지적 능력을 발휘해야 하고 잦은 방해에 대꾸할 시간도 없다. 좁은 사무실에서 일할 때 저런 산만함을 방지하려면 어떻게 해야 할까?

작업 공간을 재배치하고 사무실 출구에 등을 맞대고 앉을 수 있다. 그렇게 그 곳을 지나가는 사람들에게 쉽게 방해 받지도 않고, 그 사람이 쉽게 여러분의 주의를 흐트러뜨릴 수도 없다. 하지만 거기서 멈추지 말고 '마감 중이니 방해하지 마세요'라는 문구나 그와 비슷한 효과를 내는 무언가를 달아 놓을 수도 있다. 그 내용을 사무실 출구 쪽 잘 보이는 곳에 붙여 둔다. 귀마개를 사용해도 좋고, 음악을 들을 때 집중할 수 있는 사람 중 하나라면 아이팟으로 음악을 들어도 좋다. 주변의 소음을 잔잔하게 만들 수 있는 모든 일을 하고 휴대폰이나 회사 전화의 수화기는 꺼둔다. 전화기의 발신자 확인 서비스를 보이지 않게 바꾸면 누가 전화한지 볼 수 없고, 그 사람이 왜 전화했는지 기대하면서 답변하는 작업의 유혹을 받지 않아도 된다.

개인 사무실에서 일한다 해도, 또 다른 커피 한 잔을 가지러 탕비실로 향할 때 동료들과 부딪칠 수도 있다. 갑자기 동료가 여러분 책상에서 여러분이 작업했던 내용과 완전히 관련 없는 무언가에 대해 이야기하길 원한다. 하지만 이 모습은 좋은 상황 전환이다. 직장에서 나누는 잡담은, 새로운 아이디어와 혁신 혹은 적어도 강력한 우정을 이끌 수 있다. 게다가 커피 한 잔 하며 쉬고 있었다면, 어떤 일을 하고 있든 뇌에 휴식이 필요하다는 의미다.

여러분이 매일 할 수 있는 가장 중요한 일은, 아마 10분에서 15분이라도 스스로를 위해 시간을 할애해 주는 것이다.

특히 업무 캘린더에 대강의 계획을 세우면 누구도 함부로 접근할 수 없다. 마음을 비우고 업무들을 체계적으로 정리하기 위해, 아니면 다음에 벌어질 일 이상으로 생각하기 위해 시간을 사용하라. 현재 목적 속의 위치, 나중에 있고 싶은 위치, 그리고 그 방식의 기준을 생각하라. 나무가 아니라 숲을 보자. 목적을 이루는 데 도움을 줄 수 있는 사람들과 함께 공동 작업하는 방법을 좀 더 생각해보자. 그리고 언제나처럼 메모하자. 나중에 필요할지도 모른다.

회의는 정말 필요한가요?

분명히 인기는 없지만 업무 세계에서 회의는 필수적이다. 가장 좋은 것은 생산적인 회의다. 반면 최악의 회의는 실제로 완료한 작업에서 밀려나 있는 것처럼 느끼게 하면서, 단지 주변에 앉아 사람들이 나누는 하찮은 이야기를 듣고 있는 회의다.

많은 회사가 좀 더 생산적인 회의 분위기를 조성하고자 노력해왔다. 어떤 회사는 모두가 집중하도록 하기 위한 노력의 일환으로 컴퓨터와 블랙베리, 그리고 다른 장치들을 금지한다. 전형적으로 15분간 이뤄지는 회의인 스크럼(Scrum)이라는 과정도 생겼는데 모든 참석자는 그 자리에 머물러 있어야한다. 여러분도 상상할 수 있듯이, 이 방식은 회의를 간결하고 집중적으로 만드는 데 도움을 준다.

훌륭하고 멋진 회의지만 그 당사자들과 여러분에게 단순한 질문을 하겠다. 이 회의 자체가 여러분에게 꼭 필요한 과정인가?

회의를 주재할 때는 목적을 틀림없이 분명히 해두자. 이메일이나 전화 같은 다른 방법으로 쉽게 이룰 수 있는 목적은 아닌지 스스로에게 되묻자. 하지만 이메일과 전화 대화에 지나치게 의존하지는 않도록 주의하자. 사람은 의견을 공유하고 우정을 발전시킬 수 있도록 가끔씩 함께 얼굴을 맞댈 필요가있다. 그리고 모두에게 꼭 참석하라고 확실히 요구한다. 하는 일과 완전히 관련 없는 회의에서 하루 시간을 낭비하는 것보다 더 지치거나 비생산적인 일은 없다.

회의가 정말 필요하다면, 모두가 그 상황으로 좀 더 쉽게 전환될 수 있도록 노력한다. 예를 들어, 논의할 주제를 사전에 알려준다. 이 방법은 회의에 참석하기 전에 필요한 정보를 준비하는 데 도움이 되고, 참석자들의 뇌에 부담을 덜 주면서 회의 상황으로 전환하도록 도와준다. 또한 모두가 시간을 절약할 수 있고 논의도 좀 더 생산적일 수 있다.

나는 회의를 30분 이하로 제한하도록 애쓴다. 30분밖에 없다는 제한 조건을 알고 있는 만큼 집중할 수 있어서 나를 포함한 모든 사람에게 도움이 된다. 게다가 사람들은 회의가 너무 길어지면 흥미를 잃어버리는 경향이 있다. 진행한 회의가 생산적이었으며 분위기가 고조돼 시간이 더 필요한 경우라면, 잠시 함께 회의실에 머물러 휴식을 취한 뒤 다시 진행한다. 분위기를 유지하며 휴식하면 중간에 발생할지 모르는 불필요한 상황 전환을 방지해 좀 더 효율적으로 추후 과정을 이어나갈 수 있다. 30분 이하로 진행하는 회의가 효과적이긴 하지만, 항상 그렇지는 않다는 점은 명심하자.

몇 명의 특정 참석자들과 원격으로 회의해야 한다면, 11장에서 설명했던 것처럼 참석자들과 실시간으로 회의 노트를 공유한다. 산만함을 줄이는 데 필수적이지는 않지만 어떤 이야기가 나오고 누가 발언하는지에 대해 원격 참석자들의 이해를 도와줄 것이다.

빠른 인터넷 연결과 좋은 장비가 제공된다면 화상회의는 전화 회의보다 좀 더 효과적일 수 있다. 적어도 화상회의에서는 상대방의 반응이 어떤지 볼 수 있는 것은 물론, 전화 회의에서는 절대 얻을 수 없는 유용한 정보를 얻을 수 있다. 지메일과 스카이프(skype.com), 그리고 다른 메시지 서비스로 1:1 화상 채팅을 이끌 수도 있다. 맥에 무료로 내장돼 있는 애플의 아이챗 소프트웨어로 여러 사람들과 화상 채팅을 할 수 있다. 사이트스피드 비즈니스(sightspeed.com/business)와 우부(oovoo.com)와 같이 적당한 가격의 수많은 서비스들도 함께 화상 채팅 할 수 있도록 다양한 회선을 제공한다.

정기적으로 스스로에게 '그냥 생각할' 시간을 주고 그 시간을 지켜보면, 현시점에서 미래로 바뀌는 궁극적인 상황 전환을 위한 준비를 좀 더 잘할 수 있다.

잊을 뻔했는데 역시 밤에 충분히 잠을 자야 한다. 여러분과 뇌가 쉬고 있을 때 상황 전환은 상당히 쉬워진다.

요약

- 하나의 특정 환경에 있을 때나 특정 과제 또는 일련의 정보에 집중해야 할 때, 여러분은 상관없는 일을 하면서 상황 전환을 한다.
- 상황 전환을 할 때 뇌는 새로운 정보가 들어갈 공간을 만들기 위해 현재 단기 기억에 있는 무엇이든 장기 기억으로 옮겨야 한다. 그 방식에 따라 일부 정보는 빠져 나간다.

- 상황 전환이 잦을수록, 관련 없는 상황일수록 뇌는 더 힘들다.
- 상황 전환을 없앨 수는 없지만 그 영향을 줄일 수는 있다. 몇 가지 예가 있다.

- 나중에 상황 전환이 필요한 경우를 대비해 관련된 내용은 메모해 놓는다.
- 유사한 업무는 묶어서 처리한다.
- 어떤 방해 요인이 불필요하고 잦은 상황 전환을 만드는지 정의하면 그 원인을 줄일 수 있다.
- 집중을 방해하면서까지 지속적으로 이메일을 관리할 필요는 없다. 휴식 시간에만 확인하자.
- 집중해야 할 때는 전화기를 꺼라. 전화기의 발신인 표시 화면도 숨겨두면, 그 자체로 발신인을 궁금해하느라 겪어야 하는 불필요한 상황 전환을 방지할 수 있다.
- 좁은 사무실에서 일한다면, 마감의 압박 아래 있을 때 '방해하지 마세요'라는 문구를 걸어 둔다. 귀마개를 사용해 주변 소음을 막거나, 사무실 출구와 등을 맞대고 앉으면 지나다니는 사람들로부터 방해 받지 않을 것이다.
- 10분에서 15분이라도 모든 일과 시간 동안 스스로를 위한 시간을 남겨둬라. 공유하고 있는 업무 캘린더에 대강의 계획을 세우면 누구도 함부로 접근할 수 없다.

- 제안한 각각의 회의가 필요한지 자문하라. 회의가 확실히 정의된 목적이 있는지 확인하고, 모든 사람이 그 내용을 이해하도록 한다. 다른 사람들의 상황 전환에 도움이 되도록 사전에 배경 정보를 나누어 준다.

13장
살며 사랑하며 일하며

이전 장에서 밤에 숙면을 취하는 것이 중요하다고 말한 것을 기억하는가? 나는 밤 9시 반인 현재 런던에서 이 장의 초고를 쓰고 있다. 대개 밤 10시면 잠이 들곤 하지만, 내가 떠나온 캘리포니아 시간으로는 현재가 오후 1시 반인 탓에 시차에 적응하지 못한 내 몸과 정신은 아직 쉴 준비가 돼 있지 않다. 런던 시간으로 아침 7시, 즉 내 몸과 정신은 전날 밤 11시부터 잠도 자지 않은 채 계속 일하고 있는 셈이

> 오늘 내 자신에게 상처를 주었어 /
> 아직은 아픔을 느낄 수 있나 봐
> - 나인 인치 네일스, 〈Hurt〉

다. 아 당장이라도 락 콘서트에 달려가고픈 심정이지만 할 일이 있으니 참기로 한다.

누군가 '일과 삶의 균형'에 대해 언급했나? '일과 삶의 균형'이라는 것이 정확히 무엇이며, 달성하기 힘든 이유는 무엇일까?

'일과 삶의 균형'이란 삶을 좀 더 체계적으로 정리해 더 큰 성취감을 느끼고자 하는 사람들의 궁극적인 목적이다. 좀 더 효과적으로 일하면 삶에 쏟아 부을 시간도 더 많아진다. '일과 삶의 균형' 뒤에 있는 생각은 벽돌 담에 올라가는 담쟁이 덩굴처럼 일에 관련된 생활이 개인적인 삶을 추월하도록 하지 않는 데 있다. 여러분은 열심히 일한다. 하지만 일과 다른 것들 사이의 경계를 유지하기 위해서 또한 열심히 일한다.

좋은 생각이지 않은가? 하지만 '일과 삶의 균형'을 맞추는 일이 여러분의 능력을 넘어선 것 같다는 생각을 해본 적 있나? 요즘 우리 고용주들은 보통 더 적은 자원을 이용해 우리가 더 많이 일하기를 기대한다. 호황일 때는 모든 사업 기회를 유지하기 위해 오랜 시간 동안 일한다. 경제가 하향 곡선을 그릴 때는 우리 일을 지키고 싶은 데다 해고된 동료들이 해야 할 작업까지 해야 하기 때문에 오랜 시간 동안 일한다. 집에서 이메일과 블랙베리, 화상회의, 집에서의 빠른 인터넷 접속, 저렴한 통근 비용, 그리고 여러 다른 진보된 기술의 혜택을 받고 살고 있음에도, 전보다 일을 손에서 놓기란 더 어려워졌다.

게다가 오전 9시부터 오후 5시까지 일하는 근무 체제는 현재의 삶과 맞지 않다. 다른 시간대에 있는 사람들이 함께 일해야 하거나 원거리 통근을 하는 사람들에게는 특히 더 지키기 어렵다. 캘리포니아에 살고 있는 사람이 현재 오전 9시라고 해서, 시간대가 다른 유럽의 동료들과 자기 시간으로 오전 9시부터 오후 5시까지 함께 일하길 바라는 게 논리적으로 맞다고 생각하는가? 시간차 문제 하나만 봐도, 전통적인 근무 체제가 글로벌을

지향하는 현실과 얼마나 동떨어진 개념인지 알 수 있다.

내가 '일과 삶의 균형'에 왜 인용 부호를 계속 쓰고 있는지 궁금하지 않은가?

'일과 삶의 균형'이 노래였다면, 쉐릴 크로의 〈어려운 종류The Difficult Kind〉와 공연 음악인 〈이룰 수 없는 꿈The Impossible Dream〉 사이 어딘가에 놓아둘 것으로 믿기 때문에 인용 부호를 썼다. 다시 말해, 그 말이 실존한다고 믿지 않는다. 확실히 '일과 삶의 균형'에 대한 바람은 사실이다. 고도의 스트레스 받는 직업을 갖고 열심히 일하는 사람은, 네덜란드가 바다에서 땅을 개간하듯이 일과로부터 개인 시간을 되찾을 필요성을 자포자기할지도 모른다. 오랫동안 일하는 맞벌이 부모의 가족은, 함께 있을 시간을 많이 빼앗기면서 특히 영향을 받는다.

그러면 '일과 삶의 균형'을 어떻게 이뤄낼까? 간단히 말하자면, 할 수 없다. 요즘의 화이트 칼라 세상에서 '일과 삶의 균형'은 신기루이기 때문이다.

자세히 들여다보면, 많은 사람이 '일과 삶의 균형'을 말할 때 결국 진정 원하는 것은 '일을 적게' 하는 삶이라는 사실을 알 수 있다. 괜찮다. 나 역시 그렇게 생각한다. 하지만 미안하게도 여러분이 "보세요, 구글 관계자가 내가 일을 적게 해야 된다고 말했어요."라고 말하면서 사장의 손을 밀칠 수 있는 장을 제공하지는 않을 작정이다.

하던 일 때려치워/더 이상 하고 싶지 않아
– 데드 케네디즈, 〈Take This Job and Shove It〉

스트레스와 억울함을 줄임과 동시에 생산성은 높이고, 삶의 기쁨을 맛보며 도전하는 데 합당한 동기를 부여하는 방법으로 삶과 일을 통합하는 방법은 어떠한가? 좀 더 현실적이지 않은가? 체계적인 정리에 대한 내 21번째 원칙은 다음과 같다.

'일과 삶의 균형'을 맞추는 대신 삶과 일을 통합하라

다르게 생각하기

삶과 일을 통합하려면 우선 이 둘의 개념을 이전과는 다르게 생각할 필요가 있다.

우선 일과 삶을 굳이 구분지으려 해서는 안 된다. 그 대신 개인적인 삶 속의 내 모습이 대부분 일터에서 형성되듯이, 내 삶의 상당 부분이 직업에 맞춰 돌고 있다는 사실을 받아들이길 바란다. 나는 때로는 너무 많은 일을 해야 하고 또 다른 때는 많이 놀기도 한다는 사실을 받아들였다. 물론 이 두 가지 모두를 하루에 하는 삶이 이상적이긴 하다. 하지만 일하는 동안 삶이 이뤄지므로, 절대 일을 손에서 완전히 놓고 놀지는 못한다는 사실을 알고 있다. 나는 일과 삶이라는 각각의 요소를 억지로 고유의 공간에 담으려는 노력을 포기했다. 모든 일이 나를 괴팍하고 피곤하게 만들었다.

삶에 일을 통합하는 방법은 많이 있다. 작은 것부터 시작해보자.

10장에서 캘린더를 일과 개인적인 약속의 구분이 아니라, 그 일정에 접근할 필요가 있는 사람을 통해 체계적으로 정리하는 이점에 대해 이야기했다. 작지만 일과 삶을 통합하기 위해 중요한 단계다. 예를 들어, 출장과 저녁 약속을 구체화한 구글 캘린더가 있다고 가정해보자. 가족과 그 캘린더를 공유하면 가족들은 언제 여러분을 볼 수 있고 볼 수 없는지 알 수 있다.

이제 전형적인 일과를 살펴보자. 몇 시간의 차이가 있을지 몰라도 여러분은 일반적으로 9시부터 5시까지라는 대부분의 일과를 사무실에서 보낸다. 하지만 일과 동안 다소 느긋해지는 시간은 없나? 9시에 있을 필요가 없거나 5시까지 머무를 필요가 없는 날들은 어떤가? 내 경우도 이런 날이 있다. 때때로 일하다가 소강 상태가 되면 1시 반즈음 집으로 간다. 소냐, 개들과 함께 시간을 보내거나 내게 휴식이 될 만한 무언가를 한다. 그 다음 다시 회사로 돌아가 몇 시간 이상을 일한다.

우주인은 말해, "모두 아래를 봐 / 네 머릿속에 있는 거야"
- 킬러스, 〈Spaceman〉

하지만 출근하는 데 오랜 시간이 걸린다면, 집에 가서 낮잠을 자는 일은 선택사항이 아니다. 하지만 근처에 체육관이나 공원이 있나? 살짝 몸을 피할 수 있는 극장이 있나? 잠시만이라도 가서 뇌를 쉬게 해줄 만한 공간이 있나? 어떤 일을 하더라도 일할 때 잠깐 취하는 휴식은 느리게나마 마음을 비우는 데 도움이 된다.

이것이 열쇠다. 스트레스를 받는 이유 중 일부는 단지 9시부터 5시까지 일하는 것만이 아니라 그 시간을 넘어 업무용 이메일에 회신하기와 같이 더 많은 일을 하기 때문이다. 하지만 여러분은 그래야 한다고 생각하는 방식에 맞춰 삶을 체계적으로 정리하려고 애쓰기보다는 실제로 보이는 일과의 기준에 맞춰 습관을 조절한다. 작업이 더딜 때 낮 동안 스스로를 위한 시간을 갑자기 만들고, 무려 밤 10시라도 할 일이 있을 때 일하면서 말이다.

이 전략에는 또 다른 이점이 있다. 나는 때때로 일과 관련된 이메일에서 벗어나지 못하며 이에 곧바로 대처(답장)하지 못해 뒤처진다는 사실에 마음이 불편해지곤 한다. 하지만 조금 한가한 낮 시간이나 개인적인 밤 시간을 활용한다면 일을 제대로 못하거나 뒤처진다는 느낌을 받지 않으면서 일을 처리할 수 있다. 개인생활을 침해받는다거나 희생한다고 생각하지 말고, 어떤 보상을 받는다고 생각하자.

그럼 이제 주말에 일하는 것에 대한 질문이 생긴다. 주말 동안 도처에서 일과 관련된 음성 메시지와 이메일을 챙겨야 한다는 1번 문, 월요일 아침에 가장 긴급한 메시지의 맹공격과 만나야 하는 2번 문 사이에서 선택해야 한다면, 나는 기꺼이 1번 문을 택하겠다. 주말에 일과 관련된 메시지를 챙겨야 할지라도, 슈퍼마켓 계산대에 서 있을 때와 같이 지루한 일을 하는 동안 아이폰으로 이메일을 확인하면 된다. 이 방법으로는 타블로이드 신문의 헤드라인을 살펴볼 기회를 제외하고는 즐겁거나 가치 있는 무언가를 포기했다는 느낌이 없고, 오히려 쓰지 않는 시간을 현명하게 잘 활용했다는 생각에 뿌듯하기도 하다.

일과 삶의 통합에 또 다른 중요한 전략은 '현명하게 일하기'다.

작업을 체계적으로 잘 정리하지 않고, 늑장부린다면, 책상에서 경기 점수를 확인하거나 온라인 뉴스를 읽는 데 많은 시간을 낭비한다면, 여러분의 뇌는 휴식을 취하지 못한 채 항상 일과를 연장하며 일하는 수밖에 없다. 휴식은 책상과 컴퓨터에서 멀리 떨어져 뇌에 휴식을 줄 수 있는 무언가를 한다는 의미의 진정한 휴식일 때만 원기가 회복된다. 이렇게 하면 일할 시간이 됐을 때 일을 체계적으로 정리하고 집중할 수 있다. 또 나중에 친구들이나 가족과 함께 하거나 스스로 시간을 즐길 수 있는 기회도 제공해준다.

이 모든 내용이 쉬워 보일지 모르겠다만, 사실은 그렇지 않다.

블랙베리를 '크랙베리'라고 부르는 이유가 있다. 언제 어디서나 일과 관련된 작업에 뛰어 들 수 있으며, 실상 우리가 하는 일이기도 하다. 종종 중독돼 있다는 것조차 알지 못하기 때문에 좀 더 위험한 마약이나 마찬가지다.

나는 이런 현상을 자주 본다. 종종 소냐와 레스토랑에 있을 때 주변의 테이블을 둘러 본다. 휴대폰으로 메일을 확인하며 신경질적인 표정을 짓는 사람들이 보인다. 이런 모습은 '일과 삶의 균형'이 아니다. 여러분 삶인 것처럼 보이지만 그 안에 '삶'이란 존재하지 않는다.

좋아하는 사람과 저녁을 먹으면서 이메일을 확인하는 것과 슈퍼마켓 계산대 줄에 서서 확인하는 것의 차이점은 무엇일까? 첫 번째 시나리오에서 여러분은 즐거운 삶의 경험에 바쳐야 할 시간을 자진해서 놓쳤다. 무례한 행동이라는 점은 언급하지도 않겠다.

하지만 두 번째 상황에서 여러분은 계산대 줄 서는 일을 좋아하지 않는 한 어떤 것도 포기하지 않았다. 대신 보통은 지루하고 달갑지 않은 일을 하는 시간을 생산적으로 보냈다. 내 생각에 이런 행동은 손실이 아니라 오히려 이득이다. 사실 나는 해야 할 일에 쓰는 애플리케이션인 땡스에 '15분 업무' 목록을 관리한다. 소소한 일이지만, 절대 어려운 일이 아니며 하고 있는 다른 작업과 특별히 연계되지 않는다. 알아챘을지 모르겠지만 주어진 이름대로 그 일에 보통 5분의 여가가 소요된다. 예를 들어, 한 가지는 좋아하는 레스토랑에서 발렌타인데이를 보내기 위한 저녁 식사 예약이 될 수 있다. 또 다른 일은 회사 직원이 보낸 메일에 답을 하거나 홈 미디어 서버 설치를 도와달라고 친구에게 전화를 걸 수도 있다. 보통 이 모든 일의 목록을 식품점이나 약국, 혹은 세차장이나 세탁소에서 줄을 서 있는 동안 쉽게 확인한다. 이게 바로 내가 말한 일과 삶의 통합이다.

휴가지에서 메일 확인?

일과 삶을 통합하기보다 여전히 균형을 맞기 위해 노력한다면 휴가는 특히 어려운 시간이 될 수 있다.

휴가지에서 이메일과 음성 메시지를 확인하려 하나? 긴급한 전화를 받거나 음성 메시지로 전환되도록 하나, 아니면 사무용 전화는 집에다 두고 개인 전화만 갖고 다니나? 아니면 전화기를 전혀 갖고 다니지 않나?

여기서 천편일률적인 규칙을 제공할 수는 없다. 사실은 우리 중 일부는 일에 대해 생각하는 것에서 벗어나 휴식이 필요하다. 일주일정도 휴가지의 주민처럼 지내보는 건 어떤가? 하지만 많은 사람이 자리에 없는 동안 쌓여 있는 이메일과 음성 메시지에 대해 걱정하면서, 휴가 동안 메일을 챙기지 못하면 가만히 있지를 못한다. 그리고 휴가가 끝날 때까지 그 일로 인한 정리 가능성을 두려워하며 황금같은 시간을 소비한다.

나는 후자의 범위에 들어간다. 휴가 동안 적어도 각 날짜의 일부분이라도 업무를 꽤 챙긴다. 그렇지 않으면 다시 일터로 돌아가 컴퓨터를 켰을 때, 누군가 크루즈선의 객실 문을 열자 약 20여 명의 사람들이 텀블링 하면서 나오던 막스 형제의 영화 〈오페라의 밤〉의 한 장면처럼 될 것 같아 걱정스럽다.

하지만 단지 내 이야기다. 1년에 한두 번 정기적인 휴가에 완전히 쉬어야 하는 쪽이라면 그것도 멋지다. 휴대폰은 집에 두고 뉴질랜드로 번지점프 여행을 가라. 사람들에게는 여러분이 연락되지 않는다는 것을 알려주고, 돌아왔을 때 부재 중에 연락했던 사람이 누구인지 알려주는 이메일 자동 응답 기능을 설정하라. 지메일과 다른 대부분의 이메일 시스템은 이메일 자동 응답 기능을 제공한다. 이 기능은 주소록에 있는 사람들에게만 가기 때문에 스팸 발신인에게 이메일 주소를 무심코 알려줄지 모른다고 걱정할 필요는 없다. 반면 결국 쉬거나 즐기는 것이 휴가를 보내는 우선적인 핵심인데도 그럴 수 없을 만큼 회사에 돌아가서 벌어질 일에 대해 상당히 걱정하는 유형이라면, 하루 한 번 아침에 메시지를 확인할 수도 있다. 그러면 일에 대해서는 잊고 깔끔한 마음으로 하루의 휴식을 즐길 수 있다. 어떤 일을 선택했든 휴가를 떠나기 전에 계획을 세우고 계획을 그대로 실천하길 바란다.

잦은 어려움

잦은 해외 출장은 내가 정기적으로 마주치는 일과 삶의 커다란 과제 가운데 하나다. 나는 수많은 시간을 공항에서, 공항을 오가는 택시 안에서, 하늘 위에서, 호텔에서, 그리고 다른 시간대에서 보낸다. 긴 출장은 엄청난 양의 시간을 잡아 먹고 나를 지치게 한다.

충분히 투덜거리고 불평할 만한 상황이며, 실제로 난 불평을 늘어놓기도 한다. 하지만 그렇다고 상황이 나아지는 건 아니다. 그래서 나는 이 기나긴 출장에서 피할 수 없는 대기(이동) 시간을 좀 더 가치있게 활용하려 노력한다. 예를 들어, 비행 중에는 보통 몇 시간 동안 일을 한다. 이 책의 대부분도 대서양 너머 어딘가에서 썼고, 사실상 다시 집으로 돌아왔을 때 글 쓰는 시간이 줄어 소냐, 그리고 개들과 함께 좀 더 많은 시간을 보낼 수 있었다.

출장 갈 때는 아마존 킨들 전자책 리더도 챙기는데 비행기나 공항의 대기 줄에 서 있을 때, 내가 읽고 있는 책은 무엇이든 읽을 수 있다. 휴대용 가방에 넣어 다니는 킨들에 보통 많은 전자책을 담아두기 때문에, 여행 중에 한 권을 다 읽으면 다른 책을 읽을 수 있다. 또는 몇 분 안에 킨들 온라인 스토어에 가서 새로운 전자책을 살 수도 있다. 킨들은 아마존 킨들 스토어에서 연결할 수 있는 무선 와이어리스 네트워크를 이용한다. 나는 또 뉴욕타임스나 다른 신문과 잡지에서 제공하는 오늘의 책을 사서 킨들에 다운로드할 수도 있다. 게다가 PDF 파일과 같이 일과 관련된 많은 문서를 받거나 그런 포맷으로 저장하고, 킨들에 그 문서를 이메일로 보낼 수도 있다. 그 기능은 내가 가장 좋아하는 공상 과학 소설을 읽어야 한다고 추천해 주기도 한다. 비행 중 전자 장치를 사용할 수 없을 때를 대비해 나는 항상 몇 권의 잡지를 가지고 다니거나 구입한다.

11장에서 언급했듯이, 구글 리더의 오프라인 모드를 이용해서 오랜 비행 동안에도 뉴스와 블로그 등 다른 정보를 읽을 수 있다. 하지만 이런 도구 없이도 생산적으로 대기 시간을 이용할 수 있다는 사실을 알아냈다. 출장 시간을, 일할 때 당면한 문제들이나 미래를 위한 계획을 세우는 시간으로 쓰도록 애쓴다. 몰스킨 수첩이나 일반적인 메모장을 갖고 다니면서 이런 생각들을 종이에 써 내려가기도 한다.

피로와 시차 등의 문제로 생산성이 떨어지지 않도록, 여행길에서 스스로를 챙기려고 애쓰기도 한다. 예를 들어, 해외 출장을 갈 때 항상 오후 중간쯤에 도착하도록 노력하고, 그 지역의 시간대가 잘 시간이라고 말하기 전까지 평안하게 먹고 쉴 수 있는 시간을 갖는다. 추가적인 휴식이 필요하다는 것을 알기 때문에 출장 첫 날 밤에는 잠을 많이 자려 노력하기도 한다. 나에게는 운동이 중요하기 때문에 매일 아침, 적어도 5분 정도는 호텔 방에서 운동을 한다. 운동은 기분 좋게 하고 스트레스를 덜 받게 하며 뇌를 쉬도록 해준다.

내 뇌에 대해 이야기하자면, 시차병은 뇌를 정말 엉망으로 만든다. 시차 적응이 되지 않을 때 좀 더 잘 잊어버리고 오랜 기간 동안 집중할 때 더 문제가 생기는 경향이 있다. 어떤 장소와 시간대에서 다른 시간대로 옮겨가는 상황 전환 과정이, 잠을 줄어들게 하면서 지적 능력을 대폭 감소시키기 때문이다.

하지만 체계적인 정리를 위해 내가 개발한 도구와 체계를 이용한 몇 가지 방법이 있다. 예를 들어, 해외 출장을 갈 때면 기억력이 약해진다는 사실을 알고 있으므로, 단기 기억에서 관리할 정보의 양을 최소화하는 데 다음과 같은 노력을 한다.

한 가지는 '호텔에 모닝콜 요청하기'와 같이 명백해 보이는 일이라고 해도, 아이폰에 있는 할 일 관련 애플리케이션인 띵스에 모든 새로운 일을 기입한다. 곧 해야 하거나 집에 가서 할 일이라면 무엇이든 떠오르는 즉시 바로 써 내려간다. 어떤 할 일에 대해서도 분류하거나 우선순위를 두지 않고 단지 머릿속에서 그 내용을 끄집어내고 싶을 뿐이다. 그 다음 돌아온 후에, 기입해 놓은 일들을 전체적으로 분류한다. 내가 떠나있는 동안은 가치가 없다고 생각했지만 일단 내가 집에 있을 때는 종종 그 할 일들이 중요해 보이기도 한다. 이 정도면 됐다. 적어도 뇌에 가하는 스트레스를 줄였으니 꼭 기억해야 할 중요 정보는 놓치지 않았다.

여러분에게 잡담을 하려는 건 아니지만, 잦은 해외 출장의 가장 나쁜 점이 무엇인지 알고 싶은가? 아내와 개들, 우리집, 내가 가장 좋아하는 오렌지 주스가 그립다. 집과 오렌지 주스는 그렇지 않더라도 아내와 개들은 나를 그리워한다. 하지만 운 좋게도 오늘날 우리가 사용하는 모든 놀라운 대화 도구 덕분에 출장 중에도 좀 더 쉽게 사람들과 연결될 수 있다. 화상 채팅은 물론, 함께 있는 것과 똑같지는 않지만 집에서 멀리 떨어져 있는 외로움을 조금이나마 완화시키면서 그 옆에 있는 것처럼 사랑하는 사람들을 볼 수 있다.

EMI에 있을 때 런던과 로스엔젤레스 사이에 주어진 8시간의 시간차는, 연결 상태를 유지하는 것이 중요한 과제였다. 소냐가 일어나면 나는 오후 회의에 있었고 아내가 햇살 아래 멋진 점심을 먹고 있을 때 나는 저녁 회의를 마무리 짓고 있었다. 내가 잠자리를 준비할 때 소냐는 오후의 중간 쯤을 보내는 식이었다.

그래서 우리 부부는 한 가지 계획을 마련했다. 런던에서 내가 일어나면 가장 먼저 개인 이메일을 확인했고, 소냐는 항상 잠자리에 들기 전에 본인의 하루에 대해 이야기하면서 저녁 인사 이메일을 보냈다. 그 이메일은 소냐가 개인적으로 나에게 '잘자요' 또는 '잘 잤어요?'라고 말해주는 것 같았다. 나는 아내의 이메일 내용에 답하면서 아내가 잘 잤는지 묻는 이메일을 보냈다. 낮 동안 우리는 서로에게 몇 개의 문자 메시지를 보냈다. 그 메시지는 빽빽하게 구성된 일과 동안 우리가 보내는 모든 시간에 대한 내용이었다. 내가 잠자리에 들 때는 내 방식대로 저녁 인사 이메일을 소냐

태양이 하늘에 당밀처럼
걸려 있네
– 엘레나 마일즈, 〈Black Velvet〉

에게 보냈다.

이런 의례적인 일을 통해 우리 사이의 거리에도 불구하고 가능한 한 가깝게 지낼 수 있었다. 내 몸과 뇌는 다른 시간대에 있지만 나는 소냐가 본 누군가가 신고 있던 우스꽝스러운 부츠나 친구와 나눴던 재미있는 이야기, 혹은 개들과 있었던 일들에 대한 모든 것을 알고 있었다. 머릿속에 이러한 소소한 정보들을 담으면서 마침내 나는 잠 속으로 빠져들 수 있었다.

요약

- '일과 삶의 균형'은 체계적인 정리에 대해 생각할 때 많은 사람이 마음속에 갖고 있는 궁극적인 목적이다. 하지만 우리가 살고 있는 지금 세상에서는 보통 비현실적인 목적이다.
- '일과 삶의 균형'에 대해 이야기할 때 대부분의 사람들이 진짜 하고 싶은 말은 '일을 적게'하고 싶다는 것이다. 하지만 고도의 경쟁 사회인데다 항상 세계와 연결돼 있는 오늘날 이런 바람은 정말 불가능하다. 스트레스를 줄이고, 생산성을 북돋우며, 삶의 즐거움과 도전들을 좀 더 아우를 수 있는 방법으로 삶에 일을 통합하는 편이 좀 더 현실적인 목적이다.
- 삶과 일을 통합하기 위해서 두 가지 모두에 대해 다르게 생각할 필요가 있다. 먼저 일과 삶을, 고유의 공간에 깔끔하게 맞춰진 두 개로 분리된 개념으로 생각하지 말라. 때로는 많은 일을 해야 하지만 또

다른 시간에는 많이 놀 수도 있다는 사실을 받아들여라. 삶이 일에 대해 부차적일 필요가 없듯이, 일은 삶을 위한 공간 만들기를 막을 필요가 없다.

- 캘린더를 이용해 삶과 일의 통합을 시작해 볼 수 있다. 일과 삶 사이에 인공적인 경계를 두지 말고 일정표에 접근할 필요가 있는 사람들을 기본으로 캘린더를 설정하라.

- 일이 천천히 진행될 때, 일과 시간 동안 스스로를 위한 시간을 즐겨라. 휴식을 취하고 마음을 비우는 데 도움이 될 것이다. 그 다음 몇 시간 뒤에 일을 챙기게 된다면, 너무 많이 포기해야 하는 것처럼 느끼지 않아도 된다. 필요한 만큼 일을 열심히 하지 않아도 된다. 뇌가 쉬면서 재충전할 수 있는 기회를 만들었기 때문에 더 현명하게 일할 수 있다.

- 주말 내내, 대기 시간, 혹은 판에 박히거나 아무 생각 없는 일을 하는 동안 작은 일을 주의하면, 분한 감정을 덜 느끼게 될 것이다. 그리고 생산적인 일을 하는 시간에 지루한 일로 돌아올 것이다.

- 하루 일과를 체계적으로 잘 정리하지 않으면, 뇌에게 휴식을 주지 않은 채 단지 연장시킬 뿐이다. 주어진 업무 시간에 집중하고 체계적으로 정리하면서 임무를 다 하면 친구나 가족 혹은 스스로가 즐길 수 있는 좀 더 질 높은 시간을 얻게 된다.

- 휴가 때 메시지를 확인해야 하나, 아니면 부재중임을 알리고 휴식을 취해야 하나? 해답은 휴가, 여러분의 요구, 제약 조건에 대한 목적에 달려 있다. 어떤 해답이든 떠나기 전에 계획을 세워라.

- 잦은 해외 출장은 일과 삶의 가장 큰 과제 가운데 하나다. 가능하다

면 호텔 방에서 간단한 운동을 하고 일찍 잠자리에 들고, 사랑하는 사람들과 접속하기도 하면서 스스로를 챙기는 것이 중요하다. 필요 이상으로 뇌가 부담을 가질 필요는 없으니 말도 안 되는 일은 걸러 내라. 과도한 정신적 능력을 줄여야 한다면, 머릿속의 내용을 바로 끄집어 내라. 전화기나 수첩 등 손에 잡을 수 있는 어떤 것에든 해야 할 일들을 저장하고 상기하자.

14장
예기치 못한 일

평화로운 어느 날 따사로운 햇살 아래에서 오토바이를 타고 여기저기 돌아다니던 중, 갑자기 검은색 SUV 차량 운전자가 내가 달리던 차선 쪽으로 방향을 틀었다.

충돌을 피하기 위해 브레이크를 세게 밟자 끼익 소리가 났다. 앞쪽 타이어에서는 연기가 났고, 몸이 휘청여서 거의 균형을 잃을 정도였다. 눈 앞에 지난 삶이 펼쳐지는 동안 심장은 쿵쿵 소리를 내며 뛰었고 그 순간 아드레날린도 느낄 수 있었다. 나는 길 한 쪽으로 빠져 나와 심호흡을 하며 스스로를 진정시키려고 애썼다. 그 날 이후로, 아직까지는 오토바이를 탈 수가 없다.

오토바이를 타든 안 타든, 여러분도 아마 갑자기 예기치 못한 두려움을 만난 적이 있을 것이다. 내가 묘사한 상황과 같은 일을 겪었을지도 모른다. 하지만 때로는 발 밑에서 지진이 나도 (적어도 그 순간만큼은) 알아채지 못하기도 한다. 점점 흔들리는 강도가 강해지기 시작했지만, 그렇다고 그 순간을 대비해 준비해놓은 대응책이 있을 리 만무다. 마침내 지진이 멈추고 머리가 제대로 돌아가기 시작한다. 순간 여러분은 너무나 두려웠고 무엇을 해야 할지 자신감을 잃었을 것이다. 여러분은 왜 더 나은 대응을 하지 못했나? 왜 여러분의 체계적인 정리 방법은 실패에 머물렀나?

크고 예기치 못한 과제에 직면하면, 여러분이 속한 세상의 모든 것은 시험에 든다. 내가 우리는 결정 내리는 데 취약하다고 이야기했던 것을 기억하고 있나? 거기다 걱정이 계속 이어질 때는 합리적이고 감정적이지 않은 결정을 내리기가 더 어렵고 집중할 수도 없다. 스트레스를 받았기 때문에 그 상황을 잊어 버리고, 그 상황을 잊어버렸기 때문에 스트레스를 받으면서 점점 다시 나락으로 떨어진다. 알코올 중독자 재활 모임에서 쓰는 언어로, 그야말로 '바닥에 떨어지는 단계'다.

나는 매일 불행에 장난을 걸어
- 몰리 해쳇, 〈Flirtin' with Disaster〉

경제 침체와 병, 사랑하는 사람의 죽음과 같이 삶에서 만나는 가장 큰 과제들은 우리가 조절할 수 없는 사건들이다. 여러분이 삶 속에서 크고 예기치 못한 과제를 피할 수 있는 없듯이, 나 또한 갑자기 차선을 바꿔 내 앞에 와 있던 운전자를 그대로 내버려둘 수밖에 없었다. 예기치 못한 시련에 스트레스를 덜 받을 수 있는 방법이 있을까?

가능할 수도 있고 불가능할 수도 있다. 핵심은 위기가 닥치기 전에 체계적으로 정리하는 데 시간을 투자하는 데 있다. 체계적인 정리는 예기치 못한 상태에서 다가오는 일에 대비하도록 도움을 줄 것이다. 체계적인 정리 방법을 정면에서의 충돌을 막아주는 보험처럼 생각하자.

나는 내 삶 가운데 유난히 노력을 많이 했고 힘들었던 시기에 겪었던 부담스러운 과제를 통해 이 교훈을 얻었다.

오해의 연속

이야기는 2006년 2월 어느 아침에 시작된다. 잔과 나는 몇 년 동안 샌프란시스코 베이 지역에서 함께 살고 있었다. 나는 마운틴 뷰에 있는 구글에서 일하고 있었고 잔은 샌디에이고 소재 제약회사에서 이제 막 새로운 일을 시작했던 때였다.

우리는 마운틴 뷰에 있는 구글 본부 근처에 아파트를 구할 계획을 세우고 베이에 있는 집은 팔았다. 잔과 나는 샌디에이고에 집을 샀고 나는 주말마다 그 집으로 갔다.

어느 특별한 날 아침, 나는 출장 준비를 하다가 잔의 파란 눈에 노란 빛이 돈다는 걸 알아챘다. 그리고 잔의 등 아래쪽에는 발진이 생기기 시작했다. 두 가지 모두 이상해 보였지만 우리 둘 다 심각하게 생각하지 않았다. 잔은 샌디에이고에 있는 담당 의사에게 전화해 보겠다고 약속했고 우리는 계획대로 각자의 길을 갔다. 나는 출장을 떠났고 잔은 샌디에이고로 향했다.

잔은 다음 날 의사와 만나기로 했다. 의사는 잔을 진찰한 뒤에, 간염이 의심된다면서 몇 가지 혈액 검사를 해보자고 했다. 24시간이 지난 뒤, 검사 결과가 나왔는데 의사는 잔의 자가면역 체계가 무너져서 간이 많이 상했다고 설명했다.

그리고 의사는 간 이식을 추천했다. 그때까지만 해도 우리가 기대할 수 있는 평균 수명은 약 10년이었다.

잔은 무서워하면서 속상해했고 나도 완전히 힘이 빠졌다. 내가 뭘 해야 하는지 잘 알고 있었던 만큼 온라인에서 간 이식에 대해 알아보고, 당연히 내가 잔에게 간을 기증할 수 있는지 알아보는 검사도 받았다. 잔에게 꼭 맞는 기증자를 찾겠다는 바람으로, 알고 있는 모든 사람에게 이야기를 했고 간 기능과 이식에 대해서도 열심히 공부했다. 그러면서도 언제나 잔의 기운을 북돋워 주려고 애썼다.

며칠이 지났다. 여전히 출장 중이었던 나는 중서부 어딘가의 공항에서 피닉스Phoenix로 가는 비행기를 기다리고 있었다. 잔이 전화를 걸어서 진단을 확인하기 위해 샌디에이고의 간 전문가를 만나러 갈 예정이라면서 친구와 함께 가겠다고 말했다. 나는 사랑한다고 말했고 나중에도 잔에게 사랑한다고 말하려 했다.

그날 밤 잔의 휴대폰에 전화를 걸었는데 음성 메시지로 연결됐다. 나는 잔이 잘 것이라고 예상하면서 전화를 달라고 문자 메시지를 보냈지만 다음날 아침까지도 문자 메시지나 음성 메시지로 회신을 주지 않았다. 나는 도대체 어떤 일이 벌어지고 있는지 알 수 없었다. 나한테 화가 났나? 괜찮은 걸까? 안 좋은 소식이 있는 건가? 나는 거의 스토커처럼 매시간 전화를 걸었다. 그때마다 음성 메시지, 음성 메시지, 음성 메시지라는 똑같은 답변만 되돌아왔다.

이틀이 훨씬 지났다. 나는 피닉스에 머물면서 일에 집중하려고 했지만 스스로를 붙잡지 못한 채 점점 더 제정신이 아닌 듯한 기분이 들었다. 나는 로스엔젤레스에 있는 친한 친구에게 전화를 걸어 무슨 일이 있는 건지 물었다. 그 친구는 망설이지도 않고 샌디에이고에서 날 만났으면 한다며 가능하면 오라고 말했다. 공항으로 향하면서 나는 비로소 잔과 내가 샌디에이고에서 도대체 뭘 했는지 깨달았다. 나는 잔의 친구 연락처를 몰랐다. 사실 그 친구의 이름도 몰랐을뿐더러 잔이 만나기로 한 간 전문가의 이름도 몰랐다.

이런 생각을 하면서 끔찍한 장면이 내 머리를 스쳐 지나갔다. 스스로에게 화를 내기도 전에, 어떤 이유로든 잔이 죽고 나면 그 누구도 만날 자신이 없다는 두려움이 들기 시작했다.

비행기에 타기 위해 기다리는 동안 내 휴대폰이 울렸다. 잔이었다. "왜 전화 안 했어?"라고 묻는 내 목소리는 두려움에서 화로 바뀌어 냉정했다.

잠시 정적이 흘렀다. 잔이 입을 열었을 때 그 목소리는 가늘고 기운이 없었다. 숨 쉬는 것조차 힘들게 느껴졌다.

잔은 검사를 받기 위해 병원에 갔을 때, 친구에게 자신의 옷가지와 컴퓨터, 휴대폰을 갖고 있어달라고 부탁했다며 천천히 설명했다. 병원 관계자는 초음파 검사를 실시했고, 잔의 간이 건강하다는 사실을 알아냈다.

관계자들은 또 쓸개에 있는 관이 8cm 가량 심하게 막혀 있다는 사실을 발견했다.

잔은 대단위 조직 검사와 더불어 담즙이 간을 빠져나갈 수 있도록 관을 깨끗이 하기 위한 긴급 수술을 받았다. 수술은 몇 시간이나 걸렸다. 잔은 휴대폰을 친구가 갖고 있었기 때문에 전화할 수 없었다고 설명했다. 그 친구는 잔의 수술이 진행되는 동안 전화기를 켜지 않았다. 잔은 쉽지 않은 수술이라는 점을 내게 말하고 싶었지만 그 사실을 친구에게 충분히 설명하지 못했고, 그 친구는 잔이 무엇을 원하는지 이해하지 못했다. 그리고 서로 다른 상황이라는 오해가 계속되면서 잔과 나는 서로 만나지도 못한 채 3일이라는 끔찍한 시간을 보냈다.

그 당시, 나는 잔과 이야기할 계획을 세우지 못했다. 많은 일이 순식간에 일어났던 그때까지 서로 같은 걸 원했다는 사실도 알지 못했다. 뒤늦게야 깨달은 나는 잔을 진찰했던 의사의 이름뿐만 아니라 잔의 주변에 있는 모든 친구의 이름과 휴대전화 번호를 한데 모아 목록을 만들었다. 또 자연재해가 빈번하게 일어나는 캘리포니아에 살게 되면서는 긴급한 상황에서 서로 대화할 수 있도록 계획을 만들어야 했다.

전쟁에서의 싸움, 그리고 승리

수술은 시작에 불과했다. 잔의 공식적인 진단은 담관암종이었다. 집에서 게임할 때조차 받고 싶지 않은 진단이었다.

잔은 바로 혈액요법을 시작했고, 스탠포드 암 센터에 있는 수혈 센터에서 컴퓨터로 영화를 보거나 앨튼 존의 음악을 들으며 시간을 보냈다. 잔은 치료에 최선을 다했다.

5월까지, 잔은 초기 예후보다 오래 살았다. 잔의 두 눈은 여전히 밝은 파란색이었지만 체중이 9kg 가까이 줄었고 진주빛 하얀 피부는 반점과 함께 누래졌으며 좀처럼 웃지 못했다.

그래도 그녀는 여전히 아름다웠다.

하지만 혈액요법이 말을 듣지 않는 암 말기에 다다르고 말았다. 우리가 할 수 있는 일은 서로 사랑하면서 잔의 두려움과 고통을 다스리려고 애쓰며 기다리는 일이었다. 호스피스 치료를 시작하면서 집에 머무는 전일제 간병인을 고용했다. 잔의 어머니도 잔을 잘 돌보기 위해 우리와 함께 머물렀다.

6월 23일, 잔은 나에게 회사에 가지 말라고 애원했다. 오후 1시 반쯤, 잔은 이따금씩 의식을 되찾으면서 침대에 누웠다. 나는 잔의 손을 잡고 사랑한다고 말하며 이제 가야 할 시간이라고 했다. 그 순간 우리 모두 행복했다.

몇 분 후에 잔은 나를 바라보면서 미소를 지어 보였다. 희미했지만 내게는 지금까지 봤던 잔의 미소 가운데 가장 아름다운 모습으로 남아 있다. 내 눈은 눈물로 가득 찼고, 목 안에서부터 흐느끼는 울음이 올라왔다.

> 은빛 날개를 가진 천사들은 / 고통을 알지 못하네
> - 디페쉬 모드, 〈Precious〉

잔은 "좋아. 이제 준비됐어요."라고 말했다. 나는 작별인사를 하며 내 인생에 함께 해줘서 고맙다고 말했다.

오후 1시 40분, 잔 미셸 러셀은 세상을 떴다. 잔은 암과의 전쟁에서 싸웠고, 승리했다.

친구들의 도움

잔이 투병하는 동안 내가 얼마나 많은 것들을 이해하지 못했는지 생각하면 놀랍기만 하다. 가끔은 얼마나 많은 것을 잘못 알고 있었는지 대해 아직도 내 자신에게 화가 난다. 그리고 잔이 떠난 지금, 잘못된 일을 바로 잡을 기회조차 없다는 사실에 분하기만 하다.

하나의 예를 들자면, 투병이 끝나가면서 잔은 복도에 있는 침실에서, 잔의 어머니는 밤새도록 잔 옆에 있는 의자에서 잠을 잤다. 그래서 나는 복도에 있는 내 침실에서 잠을 잤다. 나중에 소냐는 밤새 잔과 함께 할 수 있었을 텐데 왜 잔이 머물던 방에 다른 침대를 놓지 않았는지 물었다.

당시엔 그런 생각이 없었기 때문이다. 잔의 투병을 지켜보며 내 일 또한 함께하던 나는 당시 너무 피곤했으며 스트레스를 많이 받았다. 덕분에 정신은 나약해져갔고 내 뇌는 제대로 사고를 하지 못했다. 물론 이 부분에 대해 나는 영원히 내 자신을 질타할 것이

나는 혼란의 바다에서 허우적대고
있었네
- 쉐릴 크로, 〈Every Day is a Winding Road〉

며 지금도 여전히 이 사실은 나를 괴롭힌다. 하지만 나는 적어도 이 경험을 통해서, 스트레스를 받은 상황에서는 결정을 내리거나 마주치게 될 과제를 제대로 준비할 수 없다는 한 가지 교훈을 얻었다.

우리가 할 수 있는 최선의 방법은 삶 속에서 비교적 중요하지 않은 스트레스를 최소화하는 것이다. 그래야 정말 중요한 사항에 정신적인 에너지를 집중할 수 있다. 그리고 스트레스를 받는 시간만큼 실수도 많아진다는 사실을 알아야 한다. 일상적인 환경에서는 그런 실수들이 아마 더 크게 느껴질지도 모른다. 하지만 그 실수를 극복하기 위해 스스로를 자책하기보다는, 그 실수를 문제 해결 과정의 하나로 받아들이도록 애써야 한다.

너무 많은 정보

엄청난 과제와 마주쳤을 때 전형적인 해결책은 더 많은 정보를 찾는 일이다. 정보는 감정 조절과 함께 한 번에 문제를 다루도록 도움을 준다. 불행하게도, 특히 우리 지식의 범위에서 벗어나거나 알고 있는 것과 대치된다면, 오히려 많은 정보는 부작용을 일으킨다. 앞에서 언급했듯이, 엄청난 양의 정보를 다뤄야 했던 잔의 투병 과정에서는 다양한 체계적인 정리 방법이 필요했다. 체계적인 정리 체계는 현장에서 자동차 충돌을 막아줄 수도, 피해를 줄여줄 수도 없지만 스트레스와 귀찮은 상황을 최소화하면서 사고 처리를 도와주는 자동차 보험과 같다.

잔이 만난 모든 의사의 명단과 잔이 받았던 많은 종류의 치료법은 그대로 관리하기가 굉장히 어려웠다. 올바른 치료를 하기 위한 일정을 확실하게 잡고 그 쪽으로 이동하는 스케줄을 만들어야 하는 체계적인 정리 과제는 말할 것도 없었다. 그리고 일상에서 변화가 생기는 순간마다 잔을 돌봐주는 수많은 사람과 대화를 해야 했다.

약물 치료의 각 단계에서, 우리는 새로운 일련의 설명서를 작성했다. 하지만 그것조차도 어려웠다. 많은 약물 치료의 이름은 생소했으며 겉으로는 철자가 무작위로 놓여 있는 것처럼 보이는 데다, 어떤 치료법은 이름이 비슷하기도 했다. 의사의 처방은 어떤 약일까? 잔은 이 약을 하루에 몇 번이나 먹어야 할까? 언제 그 약 복용을 멈춰야 할까?

이 과정에서 도움이 되도록, 우리는 대부분의 진찰 날짜를 테이프에 녹음하고 메모하기 시작했다. 나는 그 메모들을, 잔의 가방에 넣을 수 있는 문서와 지메일 등 두 개로 복사해 여러 곳에 저장하려고 애썼다. 지메일로 보낼 때는 잔은 물론 나와 잔의 어머니, 그리고 내가 생각할 수 있는 누군 가에게 동시에 보내도록 했다. 내가 어디에 있든 이 메모에 접근할 수 있도 록 하는 것이 내 목적이었다. 아직도 그 당시 어떤 약이 어디에 있는지 기 억하지 못하는 내 자신이 떠오르곤 한다.

　나는 잔의 치료와 관련돼 있는 모든 사람이, 잔을 진찰한 모든 의사의 본명과 접촉 정보를 반드시 갖고 있도록 했다. 다른 사람들과의 정보 공유 는 병을 치료하는 동안 더욱 중요해졌다. 요즘 쉽고 저렴하게 정보를 공유 할 수 있도록 하는 도구가 많다는 점은 행운이다. 예를 들어, 그룹별 전화 목록을 설치할 수 있는 웹 사이트들이 있다. 다양한 사람들에게 긴급 정보 를 돌려야 할 때, 하나의 번호에 전화를 걸어 하나의 음성 메시지를 남긴 다. 그러면 여러분이 전화를 끊자 마자, 그룹별 전화 목록에 있는 모든 사 람이 전화를 받게 된다. 그 사람들은 전화를 받으면서 여러분의 메시지를 들을 수 있고, 전화를 받지 못하면 그 메시지는 음성 메시지로 남겨진다. 물론, 매일 이어지는 업무에서도 이런 서비스를 사용할 수 있다. 가령 방금 회의가 취소됐다는 정보를 해당 분야에 관련된 영업부 직원들에게 알리려 고 할 때도 한 번에 연락할 수 있다. 하지만 병든 부모님의 최근 건강 상태 를 형제들에게 빨리 전해야 할 때처럼 긴급한 상황에서 요긴하게 사용할 수 있다. 이와 관련해서는 몇 가지 커뮤니케이션 도구들을 다룬 부록 '우리 가 사랑한 것들'을 참고하자. 사실상 내가 이 책에서 윤곽을 보여준 많은 도구와 전략은 위기 상황에서 엄청나게 유용하다. 예기치 않은 일들이 일 어나기 전에 그 전략과 도구들을 제자리에 챙겨 두어야 하는 이유다.

현재 중심형 능력

굉장히 어려운 상황에 처하게 되면, 나는 먼저 생각하려고 노력한다. 하지만 모두가 알고 있듯, 우리는 미래를 예측할 수 없다. 뭔가 안 좋은 일이 생기거나 일어날 것 같은 방향을 겨우 인식할 수 있고, 걷잡을 수 없는 상태가 시작되면, 마음 속에 몇 가지 행동 과정을 갖도록 할 수 있는 만큼 노력을 하려고 한다.

하지만 그 과정을 지나칠 수도 있다. 곧 일어날 듯한 모든 위기를 예견하려다 너무 앞서서 계획을 많이 세우면, 지금 이순간에 부담을 준다. 다시 말해, 다음에 어떤 일이 생길지 너무 많이 생각하면 종종 우리가 어느 시간에 있는지 잊어버린다. 철학적인 이야기로 보일 수도 있지만 적어도 나에게는 사실이다.

잔이 아플 때 나는, 우리에게 다가오고 있는 끔찍한 순간에 대한 준비를 하고 싶었다. 그 상황이 왔을 때 평화롭고 싶었다. 그래서 미리 생각하고 스스로 정신적인 준비를 했지만 결국은 시간 낭비였다. 어쨌든 잔이 죽었을 때 나는 만신창이였다. 혼자만의 준비보다는 오히려 잔과 함께 보낼 수 있었던 시간을 낭비했다고 생각한다.

결국 체계적인 정리는, 위기가 닥쳤을 때도 현재를 살도록 하는 현재 중심형 능력을 갖게 된다는 의미다. 제대로 정리할 수 있다면, 절대 해낼 수 없는 미래를 예측하려고 노력하거나 스스로 준비하는 데 시간과 정신적인 에너지를 낭비하지 않는다. 실제로는 어떤 일이 나타날지 모르는 만큼 다음에 일어날지도 모르는 일에 대해 재촉하거나 스트레스를 받으면 역효과를 낳는다.

현재 중심형 능력을 발전시키려면 연습이 필요하다. 에필로그에서 볼 수 있겠지만 나는 아직도 연습을 하고 있다. 하지만 잔의 죽음으로 인해 내가 이용해 왔던 것보다 더 많은 그림을 그리고 있다. 별로 내키지 않는다고 생각할 때조차 새로운 일들을 시도하면서, 내가 가졌던 행운과 내 삶에 주어진 선물에 좀 더 감사하고 있다.

그리고 머릿속에 있는 것들을 끄집어내고 현재를 살아야 한다고 생각할 때 나는 오토바이를 탄다. 오토바이가 무서울 수도 있다. 그리고 삶 속에 있는 다른 것과 마찬가지로 언제나 충돌의 위험이 도사리고 있다. 하지만 오토바이를 타면서 세상 속에 나를 던져 넣는다.

내가 종종 상상하는 그림은 어느 늦여름 오후다. 나는 캘리포니아 홀리스터Hollister 밸리에서 오토바이를 타고 있다. 마

정말 기분 좋아 / 마침내 자유를 느끼네
- 밥 시거, 〈Roll me Away〉

지막 레이스에서 나는 딸기밭 쪽으로 방향을 꺾는다. 곧 수확의 시기가 다가오는 계절이다. 밭은 불타듯 붉게 물들었고 공기 중에는 달콤한 향기가 진동한다.

평화로운 어느 날 햇살이 얼굴에 비칠 때 오토바이를 타고 여기저기 돌아다니고 있었다.

요약

- 크고 예기치 않은 과제에 직면하면, 여러분이 속한 세상의 모든 것은 시험에 든다. 합리적이고 침착한 결정을 하기조차 어렵다. 집중할 수도 없다. 스트레스를 받았기 때문에 그 상황을 잊고, 그 상황을

잊었기 때문에 스트레스를 받는다. 알코올 중독자 재활 모임이 쓰는 언어로, 바닥에 떨어지는 단계다.

- 스트레스를 받는 동안은 실수할 수 있다는 사실을 받아들여라. 일상적인 환경에서는 그런 실수들이 아마 더 크게 느껴질지도 모른다. 그 실수에 대해 스스로 자책하지 말라. 특히 친구와 동료, 혹은 여러분이 신뢰하는 누군가의 작은 도움을 받아 해결할 수 있는 만큼 이런 제약 조건들을 체계적으로 정리하라.

- 어려운 시기에는, 자신과 다른 상황에 있는 주변 사람들을 확보하는 것이 더욱 중요하다. 나약할 때는 강하게, 판단력이 흐릴 때는 분명히 생각하기 위해 그 사람들이 필요하다. 친구는 서로를 위해 무언가를 하는 자체로 훌륭하다.

- 엄청난 과제와 마주쳤을 때, 전형적인 해결책은 더 많은 정보를 찾는 일이다. 불행하게도, 특히 우리 지식의 범위에서 벗어나거나 알고 있는 것과 대치된다면, 오히려 압박을 줄 수 있다. 가능한 한 여러분의 정보를 체계적으로 정리할 수 있도록 각자가 고안한 도구를 이용하라. 메모를 많이 하고 걸러낸 뒤, 도움을 줄 수 있을 것 같은 누군가와 함께 온라인으로 그 메모를 공유하라.

- 여러분은 미래를 예측할 수 없다. 하지만 어떤 나쁜 일이 일어날 수 있다는 방향을 정의할 수는 있다. 그리고 어떤 일이 일어났을 때 그 상황을 어떻게 다뤄야 할지에 대한 계획을 세울 수도 있다.

- 하지만 어쨌든 '현재를 살기' 위해 노력하라. 위기가 일어나기 전에 스스로를 체계적으로 정리해 두면, 여기 지금 이 순간을 위해 더 많은 정신적인 에너지와 더 넓은 공간을 가질 수 있다.

15장
체계적인 정보 정리를 위한 21가지 원칙

이 책에서 나는 체계적인 정리에 대한 원칙 21가지를 소개했고, 이 장의 마지막에 다시 정리해두었다. 몇몇 원칙은 여러분이 완벽하게 이해했을 수도 있고 그렇지 않을 수도 있다. 무엇이든지, 이제는 최근에 만났던 과제에 어떤 원칙이 가장 잘 맞는지 체험할 수 있도록 삶 속에 이 원칙 몇 개를 적용해 보는 것도 좋겠다.

어떻게 하면 좋을지 우리가 직장 생활을 할 때 필수적으로 거쳐야 하는 구직활동을 예로 들어보자. 구직활동은 이해관계가 달려 있는 데다 전체 과정 자체가 극도의 스트레스이자 압박이 될 수 있기 때문에 중요한 작업이다. 물론 구직활동은 효과적인 네트워킹과 인상적인 이력서, 면접에 대비해 최선을 다하는 자세가 필수적이다. 그렇다 해도 궁극적으로 이 활동 역시 체계적으로 잘 정리하는 동시에 많은 정보를 관리해야 한다. 새로운 일을 구할 때 적용할 수 있는 몇 가지 원칙을 여기에 소개한다.

4번째 원칙: 이야기를 활용해 기억을 떠올리자. 구직 면접에서는 일하고자 하는 회사의 배경 지식과 관련된 질문을 받을 수 있다. 일부 인코딩이 필요한 작업이다. 회사 또는 그 회사가 속해 있는 산업에 대한 핵심 자료를 기억하려고 할 때, 관련 내용을 이야기에 엮도록 노력하라. 또한 면접을 담당하는 사람들에게 주구장창 늘어놓는 게 아니라 일화를 의미하는 몇 가지 '이야기'를 신중하게 골라 이야기하는 것도 도움이 된다. 특히 이야기 중 하나에서는 다른 분야에서 어떤 일을 얼마나 성공적으로 해냈는지를 보여주면 좋다. 결국 많은 구직자와 이야기를 나누는 면접관들에게 있어 여러분의 이야기는 여러분을 기억하는 데 도움을 줄 것이다.

5번째 원칙: 항상 같은 방식을 고수할 필요는 없다. 다시 말하자면 일하고자 하는 회사가 당면한 문제들에 대해 창의적으로 생각하라. 건설적인 방법으로 신선한 관점을 보여줄 수 있다면, 여러분의 가치를 보여주는 것은 물론 일자리를 얻을 수 있는 기회에도 좀 더 가까워질 수 있다.

7번째 원칙: 현실적인 제약 조건을 정리하라. 특정 직업에 필요한 경험과 기술, 또 학력이 부족한가? 그렇다면 그 사항은 실질적인 제약인가, 아니면 여러분이 바꿀 수 있는 내용인가? 일부 직종에서는 더 많은 사람이 지원하도록 하기 위해 필요한 자격을 과장한다는 사실을 염두에 두자. 구직활동을 시작하기 전에 현실적인 제약들을 정의해 두면 시간 낭비를 피하는 것은 물론, 최대한 실망하지 않고 집중하는 데 도움이 된다. '목표 수행 방법에 유연해지라'는 11번째 원칙은 말할 것도 없이, 제약 조건을 무시할 수 있는 시기를 파악하라는 9번째 원칙도 염두에 둘 필요가 있다.

15번째 원칙: 주요 정보를 검토할 수 있도록 매주 시간을 내라. 구직활동을 할 때는 지금까지 치렀던 면접과 만났던 사람들에 대한 메모를 검토하고, 특정 회사에 대해 북마크 해둔 웹 페이지와 온라인에서의 구인 목록을 다시 읽어볼 수 시간을 한 시간씩 따로 만드는 것이 좋다. 이 원칙은 또 큰 덩어리는 작은 하나로 쪼개라는 14번째 원칙과도 잘 어울린다. 보통 구직활동은 한 번에 한 단계씩 씨름을 해야 하는 엄청난 프로젝트이기 때문이다.

17번째 원칙: 익숙한 도구들을 활용하라. 어떤 회사에 지원했는지, 언제 어떤 사람들을 만났는지, 첫 질문에 대한 답변이 무엇이었는지, 다음 절차가 무엇인지 등 구직활동을 하는 동안 모으게 될 모든 정보를 어떻게 관리할까? 데이터베이스 애플리케이션을 사거나 온라인 프로젝트 관리 도구를 찾을 수도 있다. 하지만 새로운 도구를 찾게 되면, 비용이 추가될 뿐만 아니라 적어도 어느 정도의 학습 시간이 필요하다. 나 같으면 구글 문서도구 스프레드시트처럼, 모든 정보를 모을 때 친숙한 도구를 사용해 정리를 시작하겠다. 스프레드시트에서는 모든 직종에 대한 검색 내용을 행과 열의 형태로, 순서에 따라 시각적으로 저장할 수 있다. 그리고 어디에 있든지 구글 문서도구 스프레드시트에 내용을 추가하거나 열어볼 수 있다. 나는 동기화의 대단한 신봉자는 아니지만, 윈도우 모바일이나 다른 스마트폰에 마이크로소프트 엑셀 스프레드시트가 동기화되도록 설정하는 방법도 있다. 구직활동처럼 대단한 과제를 풀어야 할 때는 먼저 사용 방법을 이미 알고 있는 도구들을 활용하라는 점을 다시 강조하고 싶다. 그 도구가 만족스럽지 않다면 그때 다른 도구를 찾아보는 것도 좋다.

18번째 원칙: 디지털 정보에 연관 핵심어를 추가해 두면 나중에 쉽게 찾아볼 수 있다. 구직활동의 경우라면 나는 이 원칙을 디지털 정보에 관련 있는 키워드를 더하면 잠재적인 구인 담당자들이 쉽게 여러분을 찾을 수 있다고 수정하고 싶다. 오늘날 우리가 하는 많은 일에서 검색은 필수적인 작업이고 특히 구직활동에 중요하다. 대부분 회사들은 그 기업이 받은 많은 이력서들을 걸러내도록 고안된 소프트웨어 도구를 이용한다. 여러분의 이력서가 분명한 검색어를 담고 있지 않으면, 그 회사에 누군가 지인이 있지 않는 한 담당자 눈에 띄지 않을 수 있다. 그게 바로 구직 활동에 있어 관련 핵심어를 주의 깊게 포함시키고, 이력서와 커버 레터에 가장 관련 있는 키워드를 담아야 하는 중요한 이유다.

체계적인 정리에 대한 내 모든 원칙이 여러분이 만나는 모든 과제에 통하지 않을 것이라는 점을 알고 있다. 하지만 그 원칙들 가운데 적어도 일부는 적당한 시기, 적당한 과제와 관련 있을 것이라고 장담한다. 그런 상황을 만날 때마다, 그 각각의 새로운 상황 속에서 체계적인 정리에 대한 이 원칙들을 어떻게 적용할지 혹은 그 차이점이 뭔지 알아낼 때 이 책이 도움이 되길 바란다.

체계적인 정리의 원칙들 돌아보기

1. 뇌의 부담을 최소화하자.

2. 가능한 한 빨리 머릿속에서 버려라.

3. 멀티태스킹은 효율적이지 않다.

4. 이야기를 활용해 기억을 떠올리자.

5. 항상 같은 방식을 고수할 필요는 없다.

6. 지식은 힘이 아니다. 지식의 공유가 힘이다.

7. 현실적인 제약 조건을 정리하라.

8. 스스로에게 솔직해져라.

9. 제약 조건을 무시할 수 있는 시기를 파악하라.

10. 시동을 걸기 전에 여러분이 어디로 가는지, 어떻게 갈 것인지 명확히 알자.

11. 목표 수행 방법에 유연해져라.

12. 정보를 쌓아 두지 말고 검색하라.

13. 정말 필요한 정보만 기억하라.

14. 큰 덩어리는 여러 개의 작은 덩어리로 쪼개라.

15. 주요 정보를 검토할 수 있는 시간을 매주 만들어라.

16. 완벽한 정리 시스템은 없다.

17. 익숙한 도구를 사용해라.

18. 나중에 쉽게 찾을 수 있도록 디지털 정보에 연관 핵심어를 추가하라.

19. 나중에 상황 전환할 때 도움이 되도록 메모하라.

20. 유사한 업무는 묶어서 처리하자.

21. '일과 삶의 균형'을 맞추는 대신 삶과 일을 통합하라.

에필로그

친애하는 독자 여러분, 이제 우리가 함께한 여행의 막바지에 이르렀다. 내 어린 시절 이야기부터 시작한 이 여행에서, 나는 여러분에게 수학 공부를 잘하는 방법을 이야기하지 않았다. 그저 우리 각자는 서로 다른 존재이므로, 누구나 고유의 방법으로 체계적인 정리 체계를 갖추고 더 효율적으로 살아가야 한다는 사실을 전달하고 싶었다.

> 이 노래가 와닿을 누군가에게 / 떠나기 전 이 노래를 당신에게 받칩니다
> - 크로스비, 스틸스 앤 내시,
> 〈Just a Song Before I Go〉

이 책을 통해 내가 알려준 팁 가운데 일부는 여러분에게 잘 맞을 수도 있지만 어떤 사람들에게는 전반적으로 잘 맞지 않을 수도 있다. 상관 없다. 여러분에게 어떤 것이 옳고 그른가에 대한 생각과 함께, 전략과 도구, 여러분의 뇌와 성격, 그리고 인생과 가장 잘 맞는 고유의 시스템을 만들 때 필요한 지식을 주는 것이 핵심이기 때문이다.

수많은 정보에 파묻혀 정신 없이 빠른 속도로 흘러가는 요즘 세상에

서 우리는 먹고 살기 위해 고군분투한다. 우리는 또 모든 정보와 할 일, 그리고 매일 우리 앞에 놓이는 모든 과제를 다루기 위해 믿을 수 없을 만큼 많은 양의 정신적인 에너지를 쓴다. 그런 다음 예기치 않은 일이 발생하면 예비로 남겨놓는 에너지가 하나도 없다. 왜 그럴까? 지금까지 분명히 이해했듯이, 여러분은 양쪽 귀 사이에 있는 1.36kg상당의 놀라운 덩어리에 감사할 수 있다. 뇌는 놀라울 정도로 강력하지만, 넘치는 많은 정보와 함께 세상을 다루기엔 적합하지 않다. 뇌는 뭔가에 주목할 때는 훌륭하지만 종종 실수하기도 쉽다는 것을 기억하자. 그리고 뇌는, 성공적이지는 않더라도 머릿속에 담으려고 노력하는 수많은 정보를 기억하는 데에는 한계가 있다.

이런 뇌를 도와주지 않는다면, 세상을 살아가기가 끔찍해질 수도 있다. 따라서 더 이상 갖고 있지 않거나 가질 필요가 없는 문제를 해결하기 위해 체계적으로 정리를 한다. 때로 해야 할 일이 아닌 일을 하며 고생해 개인과 가족의 삶을 희생하는 상황에 처해서는 안 된다. 그렇다. 열심히 일하는 것이 항상 현명한 대처는 아니다. 그리고 하루의 끝에는 성취감을 느끼는 대신 스트레스를 받는다. 이 스트레스는 그날그날 꾸려가는 일을 마치고 체크 표시를 해도 줄어들지 않는다. 오히려 더 큰 스트레스를 부르기도 한다. 아, 두려운 추락의 소용돌이가 고개를 들기 시작한다.

그런 소용돌이에서 어떻게 탈출해야 할까? 정보를 저장하고 처리하는 능력에 한계를 갖지 않도록 우리 뇌를 재설계 할 수 있다면 도움이 될지도

되감기 버튼을 찾을 수 있는 사람은 아무도 없어
- 안나 날릭, 〈Breathe(2 AM)〉

모른다. 혹은 우리가 실제로 생각하고 살아가고 일하는 방식에 맞도록 우리 사회적인 구조와 규범을 교체할 수 있다면 도움이 될 수 있다.

하지만 이 두 가지 모두 가까운 미래에 일어날 것 같지 않다. 그래서 이 정돈되지 않고 스트레스 많은 세상에서, 가능한 한 체계적으로 정리하고 스트레스 없는 상태로 우리를 지키기 위해서 우리 고유의 도구와 정리 체계를 활용해 새로운 삶의 방식을 배우는 자세가 중요하다.

우리 뇌의 모든 힘을 정말로 필요한 곳에 집중할 수 있도록 머릿속 내용들을 꺼내는 것이 왜 그렇게 중요한지 보여줄 마지막 이야기가 있다.

몇 년 전에 나는 가까운 친구와 스키 여행을 갔다. 그 당시 나는 여전히 스키를 배우는 중이었지만, 순간 어려운 지형을 모험하기에는 충분히 능숙해졌다고 판단했다. 나는 곧 굉장히 가파른 경사면의 맨 꼭대기에 올라 포즈를 취했다. 갑자기 엄청난 두려움이 올려왔다. 발 옆에 이상한 모양새를 한 두 개의 스틱을 붙이고 꼭대기에 서서, 나는 팔다리를 잃지 않고 얼마나 멋지게 산을 내려갈 수 있을지 확신할 수 없었다.

다이아몬드 반지를 마주하고 있는 보석 세공사처럼, 신중하게 내 앞에 높인 경사면을 연구했다. 경사면 맨 꼭대기에서 아래쪽까지 모든 충돌 사고의 갈라진 틈을 만들어 보려고 애썼다. 언제 무게 중심을 바꿔야 하고, 언제 속도를 더 내며, 바짝 엎드려야 할지도 모르는 순간 등 산으로 내려가는 여정을 시각화하기 위해 가능한 회전 동작을 기억하려고 했다.

하지만 이런 철저한 계산에도, 나는 달리는 데 대한 확신이 더욱 작아지고 있었다. 제 자리에 얼어붙어 꼼짝도 하지 않는데, 친한 친구이자 훌륭한 스키어인 내 친구가 아주 쉽게 내 옆을 미끄러져 내려갔다.

그 친구는 활짝 웃으며 "인마, 그만 생각하고 스키만 타."라고 말했다.

지혜로운 한 마디를 남긴 그 친구는, 내가 어떤 것도 생각할 겨를 없이 껑충 뛰어 경사면으로 몸을 재빨리 돌리더니 비탈 아래로 거침없이 빨려 들어갔다.

그래서 나는 시도했다. 비탈 아래로 스키를 타겠다는 목표를 세우고 심호흡을 하고 발길을 뗐다. 생각하지 않고 양 무릎이 더 많이 부딪치도록 내버려 두는 동시에, 언덕 아래쪽으로 무게 중심을 잡으며, 통제 속에, 아니, 그 당시 '통제'는 포기한 채, 스스로를 유지하도록 방향을 잡으면서 그저 스키를 탔다.

그 날의 스키는 내가 한 번도 해보지 못한 최고의 달리기 중 하나였다.

나중에 나는 비로소 모든 충돌을 예견하거나 해야 했던 모든 방향을 계획하고 기억하지 못했다는 사실을 깨달았다. 정확한 눈의 상태를 가늠할 수 없었거나, 예상치 못하게 나와 충돌했다고 하더라도 달리고 있는 다른 스키어들의 궤도를 예측할 수 없었다. 나는 열심히 생각하기를 멈추고 두 다리를 편안히 한 채 앞쪽으로 기울이면서 단지 양쪽 스키를 떨어뜨린 상태로 유지했기 때문에 아주 신나게 달릴 수 있었다.

나는 그 경험을 종종 돌아본다. 직접 부딪치기 전에 모든 충돌을 예견할 수 있는 사람은 우리 가운데 아무도 없다. 스키장의 나무를 옮겨 심을 수도 없고, 언덕의 단계적인 차이를 바꿀 수도 없다. 다만 우리 스스로를 앞쪽으로 나아가게 하고, 모든 감각을 통해 신나게 달리면서 해롭지 않은 산 아래까지 갈 수 있다는 믿음을 가질 수 있을 뿐이다.

이 책을 통해 나는 삶을 체계적으로 정리하는 작업의 가장 큰 이점은 스스로를 좀 더 효과적이고 생산적이며 스트레스를 덜 받게끔 만들어주는 것이라고 말하고 싶었다. 위기와 과제들이 다가올 때 여러분 스스로 준비하기 위해서다.

자, 지금까지 내가 여러분에게 한 말은 모두 사실이다. 체계적으로 정리된 삶을 살아간다면, 여러분은 진정 자유로운 삶을 누릴 수 있으리라 믿는다.

너는 이 이야기가 끝이라고 생각하겠지 / 하지만 이제 시작일 뿐이야
- 비스티 보이즈, 〈Paul Revere〉

이렇게 체계적인 정리에 익숙해지려면 노력이 필요하다. 하지만 그 노력과 수고에는 반드시 충분한 보상이 따른다고 약속한다.

좋다. 이제 준비가 되었나? 여러분의 스키를 눕힌 다음 무릎을 구부리고 앞쪽으로 몸을 기울였나? 훌륭하다. 이제 깊은 심호흡을 한 뒤 생각은 내려놓고 스키를 타라.

리프트에서 다시 만나자.

추천 서비스

지금까지 내가 개인적으로 체계적인 정리 시스템으로 활용하는 제품과 서비스를 이야기했다. 그 가운데 상당수는 구글 서비스다. 그 곳에서 일했기 때문이 아니라, 요즘의 도구들 가운데 우리에게 필요한 것에 대한 나의 철학과 잘 맞기 때문에 구글 제품을 매우 좋아한다. 컴퓨터나 장치에 상관 없이 똑같이 정보에 접근할 수 있도록 중요한 정보를 클라우드에 저장해야 한다. 우리에게는 사용하기 쉽고, 정보를 지울 필요가 없도록 많은 저장 공간을 제공하는 도구가 필요하다. 그리고 우리가 가장 잘 이해하는 방식으로 저장하고 검색하며 걸러내고 정보를 공유하는 유연함이 필요하다. 일반적으로 구글 도구들은 이러한 여러 가지 목적에 가장 잘 부합한다.

이어지는 내용에는, 내가 개인적으로 가장 선호하는 서비스와 제품을 포함한 대안과 일부 선호하지 않는 도구들에 대한 설명을 담았다. 내가 말했듯이, 체계적인 정리는 두루 적용되는 것이 아니어서 나한테 잘 맞는 도구가 여러분에게는 잘 맞지 않을 수도 있고 그 반대일 수도 있다. 공동 저자인 짐, 기술에 가장 뛰어난 지식을 지닌 전문가 친구들, 동료들의 추천 내용도 포함시켰다. 시간이 흐르면서 기술도 빠른 속도로 발전하므로, 여러분이 이 책을 읽을 때쯤에는 이들 도구가 바뀌고 확장되거나 업데이트되어 있을 수도 있다. 그렇기는 하지만 내가 이 도구들을 추천하거나 추천하지 않은 이유는 그때나 지금이나 차이는 없을 거라 생각한다.

그리고 재미를 더하기 위해 이 안내에는 음악 정보도 곁들였다. 이 책을 쓰면서 들었거나 동기를 부여한 곡들 중 일부를 함께 묶었다. 이 노래들이 여러분의 체계적인 정리에 도움을 줄 가능성은 없다. 하지만 여러분에게 영감을 주고 햇살 좋은 날 차의 창문을 내리고 낮게 흥얼거리며 삶을 즐기는 데 함께하길 바란다.

검색 엔진

강추

- **구글(google.com)**은 정돈된 인터페이스와 더불어 검색 속도가 매우 빨라 광범위하게 이용된다. 최상의 알고리즘을 사용한 엔진 때문에 일반적으로 여러분이 찾는 내용을 결과물의 한두 페이지 내에서 검색할 수 있다. 브라우저에서 검색창으로 바로 바뀌는 구글 툴바는, 어떤 웹 페이지에서도 구글 검색을 편리하게 이용하도록 해준다. 구글 검색은 이미지와 지도, 정의, 그리고 태양 아래 있는 사소한 정보

의 일부까지도 매우 훌륭하게 검색해낸다.

좋다

- **야후!(yahoo.com)**는 또 다른 대중적인 검색 엔진이다. 야후! 홈페이지는 너무 복잡하기 때문에 검색 페이지(search.yahoo.com)에서 집중할 수 있다.
- **코스믹스(kosmix.com)**는 비디오와 뉴스, 사진과 같은 카테고리에 검색 결과를 체계적으로 정리한다.[*]
- **빙(bing.com)**은 마이크로소프트의 예전 검색 도구인 윈도우 라이브 검색에서 상당히 개선된 서비스다. 빙은 특히 연구 조사와 여행 계획에 유용하다. 하지만 전체적으로 검색 결과의 품질은 구글만큼 좋지 않다. 어쨌든 웹 페이지(bing-vs-google.com)에서 구글과 빙의 결과를 나란히 비교할 수 있다.

별로

- **애스크(ask.com)**는 애스크 지브스Ask Jeeves로 시작했다. 이 엔진은 "구름 모양은 어떤가요"와 같이 분명한 말로 질문해서 검색하도록 한다. 아이들을 위한 버전(AskKids.com)도 있다. 좋은 생각이지만 엔진이 질문 해석을 별로 잘하지 못하기 때문에 항상 훌륭한 결과가 나오지는 않는다.

---

[*] 2011년 인수 합병되면서 2012년 현재 www.walmartlabs.com로 접속할 수 있음 - 옮긴이

데스크탑 검색

강추

- **퀵실버(quicksilver.en.softonic.com/mac)**는 생산성을 중시하는 이들 사이에서 인기가 좋다. 맥을 위한 데스크톱 검색 도구지만, 강력한 관리 애플리케이션이자 설치 도구이기도 하다. 예를 들어, 메일 애플리케이션을 처음 설치하고 키보드를 몇 번 두드리는 것만으로 누군가에게 이메일을 보낼 때 퀵실버를 이용할 수 있다. 퀵실버는 약간의 설정이 필요하지만 굉장히 유용하다.

좋다

- **구글 데스크탑(desktop.google.com)**은 컴퓨터의 하드 드라이브에 있는 컨텐츠를 검색하기 위해 구글의 기술력을 이용하는 무료 다운로드 서비스다. 윈도우와 맥, 리눅스 장치에서 구동되며 모든 형태의 파일을 검색한다. 하지만 색인 과정이 느려질 수 있고 컴퓨터 동력을 많이 소비한다. 사실상 나는 컴퓨터 리소스를 아끼기 위해 가끔 구글 데스크탑을 꺼두기도 한다.[*]
- **맥과 윈도우 운영 시스템**은 각 운영 시스템에 마련해 놓은 고유의 검색 도구가 있으며, 상태가 좋다. 이 시스템을 구동시키고 효과를 보지 못하면, 구글 데스크탑으로 시도하라. 윈도우 비스타에서는 시작 메뉴를 설치하고 메뉴 아래의 시작 검색창에 궁금한 내용을 타이핑해서 검색할 수 있다. 맥에서 검색을 하려면 항상 화면 오른쪽 상단

---

[*] 2011년부터 구글 코리아는 데스크탑 서비스를 제공하지 않음 - 옮긴이

구석에 있는 돋보기 아이콘을 클릭하라.

이메일

강추

- **지메일(mail.google.com)**은 이상적인 지지체로, 정보를 저장하고 하나의 중심 장소에서 그 정보를 검색하도록 해준다. 자동으로 라벨을 붙이고 이메일을 걸러낼 수 있으며, 구글 검색을 이용하므로 내용을 쉽게 검색할 수 있다. 지메일은 엄청난 용량의 저장 공간을 무료로 제공하기 때문에 어떤 메시지도 절대 삭제할 필요가 없다. 또 대화를 그룹별로 관리할 수 있도록 이메일을 줄기 안에 체계적으로 정리한다. 스팸에 대비한 지메일의 기술은 골치 아프게 하는 이메일들을 조금 덜 받을 수 있게 할 정도로 훌륭하고 가치 있다. 지메일은 메일과 더불어 메신저와 문자 메시지, 화상 채팅 기능을 통해 대화 허브가 될 수도 있다. 다양한 이메일 계정을 하나의 지메일 계정으로 쉽게 통합할 수 있고, 오프라인 기능은 네트워크에 연결하지 않아도 메시지를 읽게 해준다.

좋다

- **조호 메일(mail.zoho.com)**은 모두 함께 구동되는 클라우드 생산성과 공동 작업 서비스에 적합한 조호의 일부분이다. 웹 사이트(zoho.com)에서 이 모든 서비스를 볼 수 있다. 여기에 썼듯이, 조호 메일

은 화상 채팅 기능과 같이 내가 좋아하는 지메일의 기능들을 제공하지 않는다. 하지만 구글 기술을 활용해 구글처럼 오프라인 모드를 제공하기 때문에 인터넷 연결 없이도 메시지에 접근할 수 있다. 조호 메일은 저장 공간의 한계나 광고가 없으며, 지메일로 할 수 있듯이 라벨이나 폴더, 또는 둘 다를 통해 메시지들을 체계적으로 정리할 수 있다. 대화를 그룹핑하는 것은 물론 한 번에 하나의 메시지를 보여주는 방식으로 이미지를 좀 더 평범하게 볼 수 있다. 이 사이트는 아이폰과 블랙베리, 그리고 다른 휴대 전화기 사용에도 최적화되어 있다.

별로

- **윈도우 라이브 핫메일(mail.live.com)**은 클라우드 이메일 서비스로 갈아 탄 마이크로소프트 아웃룩 이용자들 사이에서는 특히 대중적이다. 여러분이 찾던 서비스라면 시도해보라. 하지만 이 서비스를 추천하는 사람을 별로 보지 못했다. 먼저 마이크로소프트는 용량면에서 경쟁적이지 못하다. 받은 편지함이 많이 차 있다면, 윈도우 라이브 핫메일은 이메일을 윈도우 라이브 핫메일에서 데스크톱으로 옮기거나 오래된 일부 이메일을 지우도록 요청하는 이메일을 보낼지도 모른다. 윈도우 라이브 핫메일은 또 구글에서 볼 수 있는 눈에 덜 띄는 문자 광고와 비교해 지겹도록 크고 복잡한 광고 덩어리가 메시지 옆에 나타난다.
- **야후!메일(mail.yahoo.com)**과 AOL 메일(mail.aol.com) 또한 대중적인 클라우드 이메일 서비스다. 두 가지 모두 이메일 저장 용량이 무

제한으로 제공된다. 하지만 윈도우 라이브 핫메일처럼, 몇 가지 지루한 광고를 펼쳐 보이기 때문에 나는 이 서비스를 별로 좋아하지 않는다.

- **아웃룩**(office.microsoft.com) 나는 몇 가지 이유로 아웃룩을 싫어한다. 종종 마이크로소프트 익스체인지와 결합해서 이용된다는 점이 가장 중요하다. 익스체인지 이메일 시스템은 일반적으로 서버 환경에서는 잘 구동한다. 하지만 이메일 서버가 비싸기 때문에 이용자들은 때로 수년 간의 메시지를 관리할 만한 저장 공간을 충분히 갖지 못한다. 또한, 익스체인지 이메일 시스템에서 이메일에 대한 원격 접근은 지메일처럼 클라우드 서비스에서 이메일에 접근하는 것보다 더 어려울 수 있다. 더구나 아웃룩 2007에는 이메일을 저장하기 위한 어설픈 시스템이 있다. 한 장소 이상에서 이메일에 다양한 라벨을 붙이거나 저장할 수 없어서 나중에 찾아보기 힘들어진다.

그렇긴 하지만, 이메일을 좀 더 체계적으로 정리하도록 돕기 위해 마이크로소프트 아웃룩에 추가할 수 있는 수많은 유틸리티가 있다. 여기에 내가 알고 있는 두 개의 플러그인을 소개하겠지만 그에 대해서는 잘 모른다.

- 클리어콘텍스트(clearcontext.com)는 아웃룩에서 여러분이 가장 자주 회신을 한 사람이 누군지 찾아서 자동으로 메시지의 우선 순위를 매긴다. 그 다음 어떤 내용이 가장 중요한 지 빨리 찾는 데 도움이 되도록 메시지에 색상 코드를 입힌다.
- 솝니(xobni.com)는 아웃룩 내에 있는 사이드바에 표시해서

여러분과 연락하는 사람들에 대한 정보를 더 준다. 메시지를 클릭하면, 아웃룩 연락처에 저장돼 있을 경우 그 사람의 전화번호와 그 사람과 자주 연락하는 횟수, 가장 최근의 대화 등을 보여줄 것이다.

아웃룩 플러그인, 아웃룩 애드온, 아웃룩 유틸리티, 또는 아웃룩 애드인과 같은 용어로 구글링해서 또 다른 부가 소프트웨어를 찾을 수 있다.

기타 커뮤니케이션 도구

강추

- **아디움(adiumx.com)**은 무료로 다운로드할 수 있는 맥 도구로, 한 곳에서 다양한 메신저 서비스에 접근하도록 해준다. 취향에 따라 인터페이스 겉모습을 바꿀 수도 있다. 나는 보라색을 좋아하기 때문에 지금 내 아디움은 만화 같은 보라색 새 모양을 하고 있다. 맥 이용자가 아닌 경우, 피진(www.pidgin.im)이라고 하는 윈도우 PC용 무료 자매 프로그램을 사용하면 된다.

좋다

- **구글 보이스(google.com/voice)** 구글 보이스는 지메일처럼 판도를 바꾸는 혁신적인 서비스다. 이 서비스는 무료로 컴퓨터나 휴대 장치

에 많은 세련된 전화 기능을 바로 제공한다. 서비스에는 음성 메시지를 이메일로 전환하는 서비스, 회의 통신 호출, 통화 중 녹음, 번호 하나로 전화기 여러 대에 전화를 울리는 기능 등이 포함된다. 한계가 있다고 하더라도, 구글 보이스는 정말 최고의 커뮤니케이션 도구로 성장 중이다.

- **스카이프(skype.com)**는 양질의 화상 채팅과 메시저, 그리고 무료 IP 전화를 통해 다른 스카이프 이용자들과의 통화 기능을 혼합해 제공한다. 스카이프아웃 서비스와 함께 이용하기 쉽고, 아주 저렴한 비용으로 일반 전화와 휴대 전화에 전화할 수 있다. 아이폰과 윈도우 모바일, 그리고 다른 휴대 운영 시스템용 스카이프 버전을 마련해 두고 있다.

- **트위터(twitter.com)**는 그 자체가 생산적이거나 체계적인 정리 도구는 아니다. 마이크로블로그 서비스인 트위터는 어떤 내용에 대해 140글자로 작성한 다음 팔로어들에게 뿌리도록 해준다. 사람들은 아이폰과 컴퓨터, 또는 업데이트된 페이스북 화면에서 여러분의 트윗을 받을 수 있다. 예전 트윗이나 실시간 트윗까지 검색할 수 있기 때문에, 사람들이 어떤 주제에 대해 어떻게 생각하는지 알아볼 때 좋은 방법이다. 나는 활동 흔적처럼 트위터를 사용하고, 지금 뭘 하고 있는지 또는 방금 뭘 봤는지에 대한 간단한 문장을 자주 업데이트한다. 트위터 업데이트 내용을 보내기 위해 아이폰의 트위티(atebits.com/tweetie-iphone)를 쓴다. 하지만 트위터 툴바(thetwittertoolbar.com)와 같이, 모질라 파이어폭스와 마이크로소프트 인터넷 익스플로어의 브라우저 페이지에서 트윗을 올리고 팔

로우할 수 있도록 하는 다른 휴대 전화와 컴퓨터용 트위터 도구는 로딩이 걸린다. 그리고 핑(ping.fm)은 트위터와 페이스북, 링크드인과 다른 많은 소셜 네트워크를 동시에 업데이트하도록 해주는 무료 서비스다.

- **폰바이트(phonevite.com)** 공동 저자인 짐과 나는 한 번에 많은 사람에게 음성 메시지를 보낼 때 편리한 방법으로 폰바이트를 추천한다. 계정과 그룹 연락처 목록을 설정한 다음, 하나의 번호에 전화를 걸어 메시지를 남긴다. 몇 초 안에, 그 메시지는 특정한 그룹에 있는 모든 전화번호에 자동으로 보내진다. 많은 사람에게 똑같은 음성 메시지를 동시에 남기는 작업은 긴급한 정보를 빨리 퍼뜨릴 때 유용하다.

온라인 백업, 저장 공간 그리고 파일 동기화

강추

- **드롭박스(dropbox.com)**는 클라우드에 살아 있는 '디스크'를 공유할 때 훌륭하다. 공식화하고 싶은, 다시 말해 다른 사람과 공유하고 싶거나 개인적으로 보관하고 싶은 정보를 저장할 때 사용할 수 있다. 나는 이 장과 같이 다양한 컴퓨터에 접근해 편집하고 싶을 경우 파일을 저장하고 백업할 때 드롭박스를 쓴다. 특히 회사 이메일 시스템에 첨부 내용에 대한 용량 제한이 있다면 동료들과 대용량 파일을 공유하거나 저장할 때도 매우 좋다. 나는 이 기능을 항상 활용한다.

- **윈도우 라이브 싱크(sync.live.com)** 윈도우 라이브 싱크와 같이 특히 일부 좋아하는 마이크로소프트 제품들이 있다. 짐은 여러 대의 맥과 윈도우 컴퓨터 사이에 지정된 폴더들을 동기화하는 무료 도구로 이 서비스를 추천한다. 맥에 있는 파일을 바꿀 때 이 서비스를 사용하면, 수초 내에 윈도우 컴퓨터의 동일한 파일이 업데이트된다. 기본적으로 여러 대의 컴퓨터를 사용하고 있다면, 윈도우 라이브 싱크가 여러분의 삶을 단순화할 것이다. 약점은 내가 언급했듯이 동기화가 취약할 수 있다는 점인데, 윈도우 라이브 싱크는 버전이 충돌하면서 발생할 수 있는 혼란을 막는 데 꽤 훌륭한 작업을 한다.[*]

좋다

- **구글 싱크(www.google.com/mobile/sync)**는 아이폰과 블랙베리 또는 구글 계정으로 연결된 다른 전화기에 있는 연락처와 캘린더 일정을 동기화 해준다. 무료인데다, 애플의 모바일미 같은 서비스가 필요하지 않을 정도로 잘 구동된다.
- **모바일미(apple.com/mobileme)**는 이메일과 연락처, 그리고 맥과 윈도우, 아이폰, 그리고 아이팟 터치 이용자들 사이의 캘린더를 동기화하는 애플의 클라우드 서비스다. 사진과 파일을 저장하고 공유할 때도 모바일미를 사용할 수 있다. 소냐와 나는 다양한 장치에 있는 주소록을 동기화할 때 모바일미를 사용하는데, 모바일미는 이런 몇 가지 작업에 훌륭하게 활용되며, 다른 작업도 그럭저럭 소

---

[*] 윈도우 라이브 싱크는 라이브 메시(Live Mesh 베타), 윈도우 라이브(Windows Live 툴바)와 더불어 2011년 3월 31일부터 서비스가 중단됐음. 후속 서비스로 윈도우 라이브 메시(Windows Live Mesh)가 제공됨 – 옮긴이

화한다. 나는 개인적으로 모바일미 캘린더보다 구글 캘린더를 더 선호한다.[*]

- **모지(mozy.com)** 짐은 온라인 백업을 할 때 모지를 사용한다. 모지는 윈도우와 맥 컴퓨터에서 구동되며, 저렴한 연회비로 하드 드라이브에 있는 모든 파일을 클라우드에 백업할 수 있다. 나중에 그 파일을 다시 찾아야 할 필요가 있을 때 온라인에서 다운로드할 수 있다. 또는 추가적인 비용을 들여서 모든 백업 파일을 DVD에 담아주는 모지 서비스를 받을 수도 있다.

- **슈가싱크(sugarsync.com)**는 여러 대의 맥과 윈도우 컴퓨터 사이의 파일을 동기화하고, 온라인 백업/원격 접근 서비스로 구동된다. 윈도우 모바일과 아이폰, 블랙베리에 적합한 버전들도 있다. 모지(mozy.com)보다 다양한 기능을 제공하지만 가격 또한 좀 더 비싸다.

별로

일반적인 동기화 좋은 동기화 서비스와 훌륭한 장치가 있다 해도 동기화는 에러가 생기는 취약한 과정이며, 종종 복잡한 방식으로 파손된다. 불행하게도 유비쿼터스 네트워크 접근이 있는 한 계속 동기화에 매달리게 될 것이고, 우리는 클라우드라는 한 곳에 모든 정보를 완전히 지켜낼 수 있다.

---

[*] '모바일미'는 후속 서비스로 인해 더 이상 서비스되지 않으며 기존 회원에 한해 2012년 상반기까지 사용할 수 있도록 했다. - 옮긴이

해야 할 일의 목록 관리자와 생산성 도구

강추

- **띵스(culturedcode.com/things)**는 업무와 할 일의 목록을 체계적으로 정리할 때 훌륭한 도구다. 책임감이 필요한 업무 영역을 나누고, 매일의 의제 속에서 모든 중요한 일을 살피며 쉽게 검색할 수 있도록 태그를 붙일 수 있다. 띵스는 맥에 있는 아이캘린더, 아이폰 띵스 앱과 동기화한다. 띵스는 아마 내가 지메일과 트위터 이상으로 가장 많이 활용하는 애플리케이션이다.

좋다

- **리멤버 더 밀크(rememberthemilk.com)**은 여러분도 추측할 수 있듯이 쇼핑 목록을 만들기 위해, 본래 꽤 기본적인 할 일 목록으로 개발됐다. 아이폰과 블랙베리, 그리고 다른 장치를 이용해 접근할 수 있는 웹 기반 도구다. 내가 선택한 할 일 목록의 애플리케이션은 아니지만 내 친구 알렉스가 이 서비스를 항상 이용한다.

- **지메일 할 일 목록**은 굉장히 단순한 할 일 목록의 관리자지만 여러분이 원하는 모든 것일 수도 있다. 이 도구는 클릭 한 번으로 이메일로부터 업무를 생성하게 한다. 다양한 업무 목록을 유지하면서 각 임무에 날짜를 배분할 수도 있다. 마감이 임박한 할 일들도 구글 캘린더에 나타나는 목록처럼 보여질 것이다. 내용을 보려면 지캘린더 브라우저창의 왼쪽 상단 구석에 있는 '할 일'을 클릭한다.* 지캘린더는

---

* 국내에서는 왼쪽에 나타나는 '내 캘린더' 카테고리 아래에서 '할 일 목록'을 찾을 수 있다. - 옮긴이

'할 일 목록'이라는 별도의 지캘린더 일정을 자동으로 만들어낸다. 하지만 지메일 할 일 목록은 띵스를 비롯해 할 일의 목록과 관련된 다른 애플리케이션의 몇 가지 체계적인 정리 기능을 제공한다.

- **조트(jott.com)** 짐은, 우리가 계속 일해야 할 때 유용한 생산적인 도구로 조트를 추천한다. 조트의 무료 번호로 전화를 걸어 스스로에게 메시지나 알림 내용을 남기면, 그 서비스는 몇 분 안에 문자 메시지와 이메일로 메시지를 옮겨줄 것이다. 전화기에 말하는 방법을 통해 새로운 약속과 알림 기능을 생성하도록, 구글 캘린더나 마이크로소프트 아웃룩에 '조트'를 통합할 수도 있다. 음성 메시지를 문자로 바꿔주는 기능과 아이폰용 애플리케이션도 있다.[*]

웹 브라우저와 플러그인

강추

- **모질라 파이어폭스(mozilla.com/firefox)**는 여러 가지 이유로 칭찬을 받는다. 파이어폭스는 페이지를 검색하고 체계적으로 정리하며, 주석을 달 수 있도록 쉽게 북마크를 만든다. 브라우저는 빠르고 안전하며 수많은 유용한 플러그인을 포함한다. 맥과 윈도우, 그리고 리눅스 컴퓨터에서 이용 가능하다.

---

[*] 조트 서비스는 다른 회사와 인수 합병 과정을 거치면서 2011년 5월 이후로 서비스가 중단됨 - 옮긴이

- **엑스마크(xmarks.com)** 유용한 브라우저 플러그인을 이야기할 때 엑스마크는 최상위 목록 가운데 하나다. 어디에서든지 그 내용에 접근할 수 있도록, 클라우드에 있는 파이어폭스 북마크 버전을 저장하고 여러 대의 맥과 윈도우 장치 전체를 자동으로 동기화한다. 예전에는 폭스마크였던 엑스마크는 마이크로포스트 인터넷 익스플로러와 애플 사파리 브라우저에서도 구동된다.

좋다

- **구글 크롬(google.com/chrome)**은 인터넷 익스플로러와 파이어폭스, 그리고 사파리 이후에 선보인 브라우저 형태로 비교적 새롭다. 인터페이스는 몇 가지 익숙한 모양새를 띠고 있다.
- **그리스몽키(greasespot.net)**는 다양한 브라우저에서 접근 가능한 무료 플러그인이다. 여기 소개한 URL은 내가 쓰고 있는 것 중 하나인 파이어폭스 버전이다. 그리스몽키는 자바스크립트를 이용해 웹 페이지를 원하는 대로 지정할 수 있도록 하는 스크립팅 언어다. 일반적으로 특정 웹 페이지의 모양새를 띠도록 바꾸거나 그 페이지에 기능을 추가할 때 사용돼 왔다. 예를 들어, 그리스몽키 스크립트를 이용하면 별도의 페이지로 이동하거나 MP3 파일을 다운로드받을 필요 없이, 검색 결과 페이지에서 구글 검색으로 찾아낸 MP3 파일을 쉽게 들을 수 있다. 최대한의 이점을 얻기 위해서 그리스몽키는 많은 사람에게 장애물이 되는 약간의 스크립팅을 필요로 한다. 하지만 다운로드에 대해 접근 가능한 무료 그리스몽키 스크립트가 많기 때문에, 이 도구를 배우려는 의지만 있다면 유용한 도구다.

RSS 리더

강추

- **없다.** 훌륭한 유저 인터페이스와 가장 쉬운 피드의 개인화 방법 등 내가 원하는 체계적인 정리 도구를 갖고 있는 서비스가 없기 때문에 어떤 RSS 리더도 좋아하지 않는다. 나는 재미를 느끼거나 동의하지 않는 의견들을 읽을 수 있는 주제에 대해 더 많이 알기 위해 블로그를 읽는다. 그 포스트를 작성한 사람과는 상관없이 내가 신경 쓰고 있는 주제에 대한 포스트를 읽을 수 있기를 원한다. 누군가 블로그 검색과 다른 도구를 조합해서 이용할 수 있다고 해도 작업하기가 간단하지 않다.

좋다

- **구글 리더(google.com/reader)** 나는 컨텐츠를 만들어낸 웹 사이트를 직접 찾기보다는 많은 뉴스와 업데이트된 블로그, 그리고 RSS 피드와 같은 다른 웹 컨텐츠를 받는다. 구글 리더는 다양한 사이트를 통해 파헤쳐내거나 흥미로운 내용을 잃어버릴 필요 없이 새로운 것들을 보도록 해준다. RSS 피드 관리자인 구글 리더는 이 부분에서 매우 좋기 때문에 나는 매일 이 서비스를 쓴다. 구글 리더는 친구와 기사들을 공유하도록 해주고 빨리 훑어볼 수 있는 기능을 제공한다. 유저 인터페이스에 대해서는 만족스럽지 않지만 그 정도야 문제 없다.

클라우드에 있는 문서 공유

강추

- **역시 없다.** 나는 다양한 편집 기능, 이용하기 쉬운 인터페이스, 그리고 풍부한 기능을 통해 변화를 따르는 풍부한 도구를 원한다. 창업을 고려하는 사람이라면 이 서비스를 꼭 한 번 생각해보길 바란다.

좋다

- **구글 문서도구**(docs.google.com)는 변화 추적 기능과 같은 마이크로소프트 오피스 애플리케이션에서 얻을 수 있던 많은 기능을 놓치고 있다. 하지만 문자와 스프레드시트, 프리젠테이션과 형태 등의 클라우드 소프트웨어 애플리케이션들은 기본적으로 실시간 문서 공동 작업에 유용하다.
- **고투미팅**(gotomeeting.com)과 **웹엑스**(webex.com) 같은 다른 선택 사항도 있다. 일반적인 데스크톱을 이용하는 참석자들과의 웹 회의를 운영하는 작은 기업에 유리하다. 그런 서비스는 다른 참석자가 누군지 목록을 보고, 그룹에 있는 사람들에게 메신저를 보내는 작업 등을 할 수 있게 한다. 하지만 컨텐츠 개발에 대한 공동 작업을 하고 싶을 때는 구글 문서도구가 빠르고 간편하며 필요한 많은 기능을 제공해줄 것이다.

캘린더

강추

- **구글 캘린더(google.com/calendar)**는 다른 사람들과 캘린더를 공유하기 쉽고 아이폰에 있는 캘린더와 바로 동기화하기 때문에, 구글 도구를 이용해 이 서비스를 검색할 수 있다. 개인적으로 SMS를 통해 알림 기능을 받을 수 있는 기능을 가장 좋아한다. 장소에 상관없이, 항상 전화기를 갖고 다니면 언제든 일정을 찾을 수 있다.

좋다

- **칼렌구(calengoo.dgunia.de)**는 구글 캘린더와 함께 구동하는 아이폰 앱이다. 최근에는 아이폰에서 제공하지 않는 주간 캘린더 보기 같은 몇 가지 기능을 제공한다. 몇 푼 안되기는 하지만 구글 캘린더와 달리 무료 앱이 아닌 것이 약점이다.

별로

- **아웃룩(office.microsoft.com)**은 우리가 살면서 일하는 방법에 있어 필요한 캘린더의 나쁜 예다. 한 가지 이유는 아웃룩이 회사 밖에 있는 사람들과 일정을 공유하도록 하지 않아서 일과 삶 사이의 구분을 강화하기 때문이다. 좀 더 나은 체계적인 정리를 하기 위해 이 서비스가 어떻게 도움을 줄 수 있을까?

전자책 리더

강추

- **아마존 킨들(amazon.com/kindle)** 하나의 장치 안에 휴가 내내 책 다발을 옮길 수 있는 기능을 갖추고 있어서 좋아한다. 킨들 상점에서 책을 살 수 있고 바로 장치에 다운로드한다. 또 뉴욕타임스와 월스트리트 저널, 그리고 뉴스위크와 같은 주요 언론 매체의 킨들 버전을 구독할 수도 있다. 나는 어디든지 킨들을 갖고 다닌다.

별로

- **소니 이북 리더(sonystyle.com)** 나는 소니 이북 리더도 좋아하고 싶다. 장치의 몸체가 내 가방에 잘 맞는 완벽한 형태로 멋지게 설계돼 있기 때문이다. 여러분이 세상에 있는 최고의 장치 중 하나라고 기대하듯이 이 제품 자체가 정말 사랑스럽다. 하지만 책을 찾아서 장치에 다운로드할 때 사용해야 하는 소프트웨어는 대단히 충격적이고, 검색 기능은 끔찍하며, 그 소프트웨어는 PC에서만 구동된다. 상상할 수 있듯이 내가 선호하는 기능이 하나도 없다. 그래서 내 소니 리더는 회사에 있는 몇 개의 박스에 들어 있다.

노트북

강추

- 애플 맥북 에어(apple.com/macbookair)는 내장 DVD 드라이브와 같이 다른 노트북이 갖고 있는 몇 가지 기능을 놓치고 있는 데다 비싸기까지 하다. 하지만 매끈하고 초경량이며 아주 멋진 노트북 중 하나기 때문에 모든 기능을 다룰 수 있다. 물론 이 서비스는 대부분의 일반적인 소프트웨어를 구동시키기에 충분할 만큼 매우 효과적인 맥 OS 컴퓨터의 모든 기능을 갖추었다. 하지만 생각해보니 그 무게가 우리 뇌와 비슷한 약 1.36kg 정도다. 어디에나 가지고 갈 수 있는 데다 디자인이 훌륭해, 나는 뇌와 맥북 에어 모두를 좋아한다. 여러분은 맥북에 붙어있는 스티커를 통해 어떤 맥북 에어가 내 것인지 찾아낼 수 있다. 지금 나는 '광대가 날 삼킬지 모르니 잠들 수 없어'라고 씌어 있는 리퍼웨어Reaperwear 스티커를 붙이고 있다. 다소 비뚤어진 심리가 있었다고 확신하지만 뭔지는 모르겠다.

좋다

- 레노버 X시리즈 태블릿 PC(shop.lenovo.com)는 윈도우를 쓰고 있다면 이동할 때 굉장히 좋다. 이 제품은 가볍고 배터리 수명이 적절하며, 설치해둘 만한 정기적인 장소가 있다면 접근 가능한 도킹 장치도 있다. 이 제품은 내가 쓰는 유일한 윈도우 장치다.

건강 정보의 체계적인 정리 도구

강추

- **구글 헬스(google.com/health)** 잔의 이야기를 통해 여러분도 상상할 수 있듯이, 나는 중요한 건강 관리 정보의 체계적인 정리에 도움을 주는 도구를 조바심 내며 기다려왔다. 먼저, 이 도구는 최근 건강 관리 위치를 기입하고 업데이트하기 위한 간단한 방법을 제공한다. 게다가, 복용한 약의 이름과 그 약으로 인해 나타난 어떤 반응, 여러분이 만난 의사의 이름과 전화번호, 어떤 수술과 검사, 백신과 치료 목록, 또는 겪었거나 받았던 과정과 시기 등 마지막 건강 진단 날짜를 포함한 여러분의 모든 과거 의학 활동의 궤적을 관리하도록 도와준다. 정보들은 클라우드에 저장되기 때문에, 어디에서나 그 정보를 얻을 수 있고 데이터를 확인하기 위해 복사본을 항상 가지고 다닐 필요가 없다. 약물 목록과 가능성을 관리하기 위해 몇 가지 온라인 약국과 통합할 수도 있다. 나는 잔이 아팠을 때 이런 도구가 있었으면 어땠을까 하는 바람을 갖곤 한다.*

---

* 구글 헬스는 이제 서비스되지 않는다. 구글 측은 2013년 1월 1일 이전까지 이미 저장한 정보를 내려 받거나 삭제하라고 공고한 바 있다. – 옮긴이

추천 음악

여러분도 분명히 눈치챘듯이, 나는 음악광이다. 책에서 거의 모든 단어를 쓸 때, 그 배경에는 음악이 흐르고 있었다.

우리가 함께 한 여행을 마치기 위해, 내가 좋아하는 몇 가지 음악 목록을 함께 수록한다. 곡을 만든 음악가들과 작곡가, 작사가를 언급하지 않은 이 음악들은 이 책을 쓰는 동안, 그리고 내 인생의 많은 부분에서 나에게 도움을 줬다. 이 모든 곡들에 감사를 표한다.

그러면 여기 몇 가지 청각적인 예술 작품을 소개한다. 여러분도 이 곡들을 즐기기 바란다. 그리고 꼭 합법적으로 음악을 다운로드해 듣길 바란다. 고맙습니다, 여러분!

휴식할 때 듣는 음악

1. 안나 날릭, 〈Breathe(2 AM)〉
2. 건스 앤 로지스, 〈Patience〉
3. 앨러나 마일스, 〈Black Velvet〉
4. 낸시 그리피스, 〈I Would Bring You Ireland〉
5. 닐 영, 〈Thrasher〉
6. 록시 뮤직, 〈Avalon〉
7. 앨리슨 크라우스, 〈Down to the River to Pray〉

스트레스에서 벗어날 때 듣는 음악

1. 몰리 해쳇, 〈Flirtin' with Disaster〉

2. 너바나, 〈Smells Like Teen Spirit〉

3. 디스터브드, 〈Down with the Sickness〉

4. 러시, 〈Limelight〉

5. 킬러스, 〈Spaceman〉

6. 밤트랙, 〈Rage Against the Machine〉

7. 나인 인치 네일스, 〈Head Like a Hole〉

울고 싶을 때 듣는 음악

1. 쉐릴 크로, 〈Home〉

2. 크로스비, 스틸스 앤 내시, 〈Wasted on the Way〉

3. 엘튼 존, 〈Captain Fantastic and the Brown Dirt Cowboy〉

4. 밥 딜런, 〈Boots of Spanish Leather〉

5. 디페시 모드, 〈Precious〉

6. 더 스미스, 〈Last Night I Dreamt That Somebody Loved Me〉

7. 야즈, 〈Mr.Blue〉

휴가 중이라고 상상하면서 듣는 음악

1. 앨리스 쿠퍼, 〈School's Out〉

2. 알란 파슨스 프로젝트, 〈Games People Play〉

3. 쉐릴 크로, 〈Every Day Is a Winding Road〉

4. 밥 시거, 〈Roll Me Away〉

5. R.E.M. 〈Driver 8〉

6. 더 스트리츠, 〈Two Nations(The Streets)〉

7. 워즈(낫 워즈), 〈Hello, Dad...I'm in Jail〉

글을 쓸 때 듣는 음악

1. 콜드플레이, 〈Viva La Vida〉

2. 더 폴리스, 〈Synchronicity 2〉

3. 인큐버스, 〈Pardon Me〉

4. AC/DC, 〈Back in Black〉

5. 어레스티드 디벨롭먼트, 〈Tennessee〉

6. 마이 라이프 위드 더 스릴 킬 컬트, 〈Kooler Than Jesus〉

7. 스매싱 펌킨스, 〈1979〉

음악 리스트

관심이 있다면, 저작권을 비롯해 내가 이 책에서 사용한 모든 노래 가사의 완벽한 정보가 여기있다. 모든 데이터는 내가 가지고 있는 음반에서 가져온 만큼, 일부 노래는 다른 버전으로 바뀌었을 수도 있다.

노래는 알파벳 순서에 따라, 음악가별로 정리했다. 훌륭한 작품에 대한 모든 저작권자에게 감사를 표한다.

- The Alan Parsons Project, 〈Games People Play〉 "Where do we go from here··· And how do we spend our lives?" Copyright 2007, Sony BMG Music Entertainment, Inc. Composed by Alan Parsons and Eric Woolfson.
- Beastie Boys, 〈Paul Revere〉 "You think this story's over/But it's ready to begin." Copyright 1986, Def Jam Recordings. Composed by Ad-Rock, Darryl "D.M.C."

McDaniels, Rick Rubin, and Joseph Simmons.

- Tracy Chapman, ⟨Fast Car⟩ "You got a fast car/But is it fast enough so we can fl y away?" Copyright 1988, Elektra/Asylum Records. Composed by Tracy Chapman.

- The Church, ⟨Under the Milky Way⟩ "I got no time for private consultation." Copyright 1999, Buddha Records. Composed by Karin Jansson and Steve Kilbey.

- The Church, ⟨Under the Milky Way⟩ "Wish I knew what you were looking for." Copyright 1999, Buddha Records. Composed by Karin Jansson and Steve Kilbey.

- Coldplay, ⟨Yellow⟩ "I drew a line for you/And it was all yellow."Copyright 2000, EMI Records. Composed by Guy Berryman, Will Champion, and Chris Martin.

- Coldplay, ⟨The Scientist⟩ "Running in circles/Chasing our tails." Copyright 2002, EMI Records. Composed by Guy Berryman, Jon Buckland, Will Champion, and Chris Martin.

- Coldplay, ⟨Lost!⟩ "I just got lost/Every river that I tried to cross." Copyright 2008, EMI Records. Composed by Guy Berryman, Jon Buckland, Will Champion, and Chris Martin.

- Coldplay, featuring Jay- Z, ⟨Lost+⟩ "Is to have had and lost/Better than not having at all?" Copyright 2008, EMI

Records. Composed by Guy Berryman, Jon Buckland, Will Champion, Chris Martin, and Jay- Z.

- Coldplay, ⟨Viva La Vida⟩ "One minute I held the key/ Next the walls were closed on me." Copyright 2008, EMI Records. Composed by Guy Berryman, Jon Buckland, Will Champion, and Chris Martin.

- Alice Cooper, ⟨Under My Wheels⟩ "The telephone is ringing/You got me on the run." Copyright 2005, Warner Bros. Records. Composed by Michael Bruce, Dennis Dunaway, and Bob Ezrin.

- Counting Crows, ⟨Angels of the Silences⟩ "Little angels of the silences/That climb into my bed and whisper." Copyright 2003, Geff en Records. Composed by Counting Crows, Adam Duritz, and Charlie Gillingham.

- Crosby, Stills & Nash, ⟨Wasted on the Way⟩ "So much time to make up... Time we have wasted on the way." Copyright 2005, Atlantic Recording Corp. Composed by Graham Nash.

- Crosby, Stills & Nash, ⟨Just a Song Before I Go⟩ "Just a song before I go/To whom it may concern." Copyright 2005, Atlantic Recording Corp. Composed by Graham Nash.

- Sheryl Crow, ⟨Everyday Is a Winding Road⟩ "I've been

swimming in a sea of anarchy." Copyright 2003, A&M Records. Composed by Sheryl Crow, Brian MacLeod, and Jeff Trott.

- Dead Kennedys, ⟨Take This Job and Shove It⟩ "Take this job and shove it/I ain't working here no more." Copyright 2004, Manifesto Records. Composed by Jello Biafra and David Allan Coe.

- Depeche Mode, ⟨Precious⟩ "Angels with silver wings/ Shouldn't know suff ering." Copyright 2005, Sire/Reprise. Composed by Martin L. Gore.

- Disturbed, ⟨Down with the Sickness⟩ "Don't try to deny what you feel." Copyright 2000, Giant Records. Composed by Disturbed.

- Bob Dylan, ⟨Blowin' in the Wind⟩ "The answer my friend/ Is blowin' in the wind." Copyright 1963, Sony Music Entertainment. Composed by Bob Dylan.

- Eminem, ⟨My Name Is⟩ "My brain's dead weight, I'm trying to get my head straight." Copyright 2005, Aftermath Entertainment/Interscope Records. Composed by Dr. Dre, Eminem.

- Fine Young Cannibals, ⟨I'm Not Satisfied⟩ "Keep on working/till you're fi t to drop." Copyright 1989, London/ Sire Records. Composed by Roland Gift and David Steele.

- Aretha Franklin, 〈Think〉 "Let your mind go/Let yourself be free." Copyright 1985, Atlantic Recording Corp. Composed by Aretha Franklin and Ted White.

- Guns N' Roses, 〈Patience〉 "All we need is just a little patience." Copyright 2004, Geff en Records. Composed by Izzy Stradlin.

- Herman's Hermits, 〈I'm Henry VIII, I Am〉 "Second verse same as the first." Copyright 2004, ABKCO Music & Records, Inc. Composed by Fred Murray and R. P. Weston.

- Human League, 〈Human〉 "I'm only human/Born to make mistakes."Copyright 2005, Virgin Records. Composed by James Harris and Terry Lewis.

- Incubus, 〈Pardon Me〉 "I'll never be the same."Copyright 1999, Sony Music Entertainment, Inc. Composed by Brandon Boyd, Mike Einziger, Alex Katunich, Chris Kilmore, and Jose Antonio Pasillas II.

- Incubus, 〈Pardon Me〉 "Pardon me while I burst into fl ames." Copyright 1999, Sony Music Entertainment, Inc. Composed by Brandon Boyd, Mike Einziger, Alex Katunich, Chris Kilmore, and Jose Antonio Pasillas II.

- Iron Maiden, 〈Still Life〉 "Now it's clear/And I know what I have to do." Copyright 1998, Iron Maiden Holdings Ltd.

Composed by Steve Harris and David Murray.

- James Gang, ⟨Walk Away⟩ "You just turn your pretty head and walk away." Copyright 1985, UMG Recordings, Inc. Composed by Joe Walsh.

- Jeff erson Airplane, ⟨White Rabbit⟩ "Feed your head." Copyright 2003, BMG Heritage. Composed by Grace Slick.

- Elton John, ⟨Tiny Dancer⟩ "Looking on, she sings the songs." Copyright 1971, This Record Company Ltd. Composed by Elton John and Bernie Taupin.

- K.C. & The Sunshine Band, ⟨Get Down Tonight⟩ "Get down tonight." Copyright 1980, T. K. Records, a label of Warner Strategic Marketing. Composed by Harry Wayne "K.C." Casey and Richard Finch.

- The Killers, ⟨Spaceman⟩ "The spaceman says, 'Everybody look down/It's all in your mind.'" Copyright 2008, The Island Def Jam Music Group. Composed by Brandon Flowers, Dave Keuning, Mark Stoermer, and Ronnie Vannucci, Jr.

- Lady Antebellum, ⟨I Run to You⟩ "I run my life/Or is it running me?" Copyright 2007, Capitol Records Nashville. Composed by Tom Douglas, Dave Haywood, Charles Kelley, and Hillary Scott.

- Lagwagon, ⟨The Kids Are All Wrong⟩ "Heroes die off

every day." Copyright 1998, Fat Wreck Chords. Composed by Joey Cape, Lagwagon.

- Cyndi Lauper, 〈True Colors〉 "I see your true colors shining through." Copyright 1983, Sony Music Entertainment. Composed by Tom Kelly and Billy Steinberg.

- Lindsay Lohan, 〈I Decide〉 "I'm gonna make my own mistakes." Copyright 2004, Walt Disney Records. Composed by D. Warren.

- Molly Hatchet, 〈Flirtin' with Disaster〉 "I'm fl irtin' with disaster every day." Copyright 1979, 2001 Sony BMG Music Entertainment. Composed by Danny Joe Brown, Dave Hlubek, and Banner Thomas.

- Alanis Morissette, 〈You Learn〉 "Wait until the dust settles/You live, you learn." Copyright 1995, Maverick Recording Company. Composed by Glen Ballard and Alanis Morissette.

- Alannah Myles, 〈Black Velvet〉 "The sun is settin' like molasses in the sky." Copyright 1989, Atlantic Recording Corporation. Composed by David Tyson and Christopher Ward.

- Anna Nalick, 〈Breathe (2 AM)〉 "No one can fi nd the rewind button." Copyright 2005, Sony BMG Music

Entertainment. Composed by Anna Nalick.

- Nazareth, ⟨Love Hurts⟩ "Love hurts." Copyright 1975, A&M Records. Composed by Boudleaux Bryant.

- Nine Inch Nails, ⟨Hurt⟩ "I hurt myself today/To see if I still feel." Copyright 2002, TVT Records. Composed by Trent Reznor.

- Nirvana, ⟨Smells Like Teen Spirit⟩ "Here we are now/ Entertain us." Copyright 1991, Geff en Records Inc. Composed by Kurt Cobain, Dave Grohl, and Krist Novoselic.

- Pink Floyd, ⟨Mother⟩ "Mother did it need to be so high?" Copyright 2000, Harvest/Capitol. Composed by Roger Waters.

- Pink Floyd, ⟨Time⟩ "You run and you run to catch up with the sun/But it's sinking." Copyright 1984, Capitol. Composed by David Gilmour, Nick Mason, Roger Waters, and Rick Wright.

- The Police, ⟨Synchronicity II⟩ "Another working day has ended/Only the rush hour hell to face." Copyright 2003, A&M Records Ltd. Composed by Sting.

- Elvis Presley, ⟨Jailhouse Rock⟩ "Everybody in the whole cell block/Was dancin' to the jailhouse rock." Copyright 2002, BMG Music. Composed by Jerry Leiber and Mike

Stoller.

- The Psychedelic Furs, 〈Love My Way〉 "I follow where my mind goes." Copyright 1980, Sony Music Entertainment (UK) Ltd. Composed by John Ashton, Richard Butler, Tim Butler, and Vince Ely.

- Diana Ross, 〈Theme from Mahogany〉 "Do you know where you're going to?" Copyright 1976, Motown Records, a Division of UMG Recordings, Inc. Composed by Michael Masser and Gerald Goffi n.

- Bob Seger, 〈Roll Me Away〉 "Felt so good to me/Finally feelin' free." Copyright 1975, Sony Music Entertainment. Composed by Bob Seger.

- Bob Seger, 〈Roll Me Away〉 "Gotta keep rollin'/Gotta keep ridin.'" Copyright 1975, Sony Music Entertainment. Composed by Bob Seger.

- Paul Simon, 〈Kodachrome〉 "I got a Nikon camera/I love to take a photograph." Copyright 2007, Warner Bros. Records, a Warner Music Group company. Composed by Paul Simon.

- Steely Dan, 〈Rikki Don't Lose That Number〉 "Rikki don't lose that number…. Send it off in a letter to yourself." Copyright 1985, UMG Recordings, Inc. Composed by Walter Becker and Donald Fagen.

출판사 서평

체계적으로 정리하는 방법. 쉽다고 생각하지만 항상 좌절감을 맛보게 하는 삶의 기본 요소 중 하나다. 허점 많은 기억력과 판단력이 좋지 않을 때 접하는 멀티태스킹에 대한 강요, 또는 어려운 시간 관리가 약점이긴 하지만 우리 모두는 스트레스를 느끼게 하고, 체계적으로 정리하지 못하도록 방해하는 한계와 마주친다.

하지만 전 구글 정보 책임자였던 더글라스 메릴은 우리 책임이 아니라고 지적한다. 문제의 근원은 뇌로, 우리 뇌는 빠른 속도로 움직이면서 정보로 가득 차 있다. 또 세상의 연결이 걸려 있는 현대 사회에서, 시간과 관심사에 대한 경쟁적인 수요를 다루는 방식으로 만들어지지 않았다. 게다가 9시부터 5시까지라는 칸막이로 구분된 일과처럼 우리 사회 구조는 낡아서, 체계적으로 정리하는 데 대한 최상의 노력에서 벗어나 추가적인 압박을 강요한다.

다시 말해, 놀랍고 새로운 수많은 디지털 도구, 빠르고 강력한 검색 엔진부터 손쉬운 디지털 캘린더 관리와 RSS 피드, 화상회의까지 이들 기술에 접근할 수 있는 것은 요즘 우리에게 행운이다. 이 도구들은 전에 없이 좀 더 체계적으로 정리하고 효율적이며 생산적으로 만들도록 도와줄 수 있다. 관건은 이 도구들을 언제 어떻게 활용하는지 아는 방법이다. 난독증과 싸우면서 인지과학 분야의 박사 학위를 따고 결국 '세상의 정보를 체계적으로 정리하라'는 구글의 대형 프로젝트를 진두 지휘했던 메릴보다, 더 좋은 방법을 우리에게 알려줄 수 있는 사람이 누구일까? 메릴은 손가락 끝으로 작업을 끝낼 수 있는 도구를 가장 잘 활용하도록 도움을 주는 참신한 팁과 기술 그리고 전략을 풍부하게 제공한다. 그 가운데 메릴은 다음의 방법으로 설명한다.

- 어떤 작업이 중요하고 시간상 어떤 작업이 가치가 없는지 결정하라
- 필요할 때 언제 어디서나 내용을 찾는 검색의 놀라운 힘을 활용하라
- 중요한 정보를 기억하기 위해 이야기를 이용하라
- 일과 삶의 균형을 맞추는 불가능한 작업을 시도하는 대신 두 가지를 통합하라
- 업무와 목록, 약속과 그 외 모든 것들을 순차적으로 유지하기 위해 클라우드 컴퓨팅과 디지털 장치 등을 활용하라

천편일률적으로 만들어진 체계적인 정리에 대한 접근법의 해결책으로, 『삶을 180도 바꾸는 구글의 마법』은 정보 기술혁명의 기발하고 획기적인 방법을 통해 양쪽 귀 사이에 있는 1.36kg가량의 놀라운 덩어리, 즉 뇌와 결합하도록 도와줄 것이다. 복잡한 현대 사회에서 체계적으로 정리된 상태에 머무르는 방법을 찾을 수 있다.

저자소개

더글러스 메릴 Douglas C. Merrill

최근 EMI 레코드 뮤직의 새로운 음악 부문 COO이자 디지털 담당 사장인 더글러스 메릴은 2008년 4월까지 구글 최고 정보 책임자를 지냈다. 예전에는 찰스 슈왑 앤 코에서 수석 부사장을, 랜드 코퍼레이션에서 정보 과학자로 일했다. 프린스턴 대학에서 인지과학 분야 박사학위를 취득했다. www.DouglasCMerrill.com

제임스 마틴 James A. Martin

제임스 마틴은 PC월드와 워싱턴포스트 닷컴, 뉴욕타임스, 트래블 앤 레저, 엔터테인먼트 위클리 등에 글을 기고하는 작가다. 비즈니스에 대한 검색 활용 컨텐츠를 개발하고, 검색 엔진 최적화와 소셜 미디어에 대한 글을 썼다.

감사의 글

더글러스 메릴 :

감사의 글을 쓰게 되어 무척 기쁘다. 언젠가 쓸 수 있게 되기를 바라면서, 어린 시절에 내가 읽은 모든 책에서 감사의 글을 읽곤 했다. 그리고 이제 그렇게 할 수 있어서 몇몇 분들에게 감사하고 싶다.

먼저, 가장 최고의 공동 저자인 짐 마틴에게 감사해야 할 것 같다. 여러분도 책을 통해 놀랐듯이, 짐은 구성과 유머 감각, 글을 아주 재미있게 표현하는 능력을 선보였다.

구글 PR팀, 특히 카렌 웍커와 검색 팀 전체, 그리고 이 모든 내용을 담아 〈멘즈 헬스〉 기사를 써 준 조 키타에게도 감사의 마음을 전한다.

담당 편집자들인 로저와 탈리아의 값진 도움 없이는 이 책의 집필 작업은 이뤄질 수 없었다. 1년에 걸친 과정을 잘 가이드해줘서 고맙다.

마지막으로, 읽고, 지적해주고, 농담하고, 위로하고, 그리고 기본적으로 나를 완벽하게 만들어주는 사랑스러운 소냐가 없었다면 이 작업은 시작하지 않았고 즐거운 작업과도 거리가 멀었을 것이다. 고맙습니다.

제임스 마틴 :

나에게 이 프로젝트를 제안해 준 카렌 워커, 이상적인 공동 작업자가 될 수 있는 기회를 준 더글러스 메릴, 프로젝트에 전반에 걸쳐 전문적으로 이 두 명의 초보 저자들을 이끌어준 탈리아 크론과 로저 숄, 초고를 읽고 도움이 되는 관점을 제공해 준 마가렛 하인들과 사이몬 블랙스타인Simon Blackstein, 무엇보다도 내 파트너이자 탁월한 코치이며 희극 배우로 살아가는 닉 파함에게 진심 어린 감사를 전한다.

옮긴이 소개

문은주 transism@gmail.com

한국외국어대학교에서 이탈리아어와 스페인어를 공부했다. 인터넷 커뮤니티 회사를 거쳐 IT 트렌드 전문지 〈월간 w.e.b.〉에서 3년간 취재하며 IT 트렌드에 관심을 가졌다. 그 후 〈한국정책방송 KTV〉에 방송기자로 입사해 2년 동안 교육과학기술분야를 두루 취재했다. 현재 프리랜스 번역가로 활동하고 있다.

옮긴이의 말

'일과 삶의 병행.' 현대를 살아가는 누구나 꿈꾸는 목표지만 실현하기는 어렵다. 일터와 집에서는 끊임 없이 할 일이 생기고, 주변 환경을 정리하기도 벅찰 만큼 하루하루가 바쁘다. 도움을 얻기 위해 관련 정보를 찾아 보지만, 책과 신문은 물론 웹 사이트와 블로그, SNS 서비스까지 너무 많은 정보가 매일같이 쏟아지니 어디서부터 손을 대야 할지 모를 지경이다. 그렇지 않아도 스트레스를 받는데 정리가 안되니 스트레스는 더 많이 쌓이고, 스트레스 정도가 높아지니 정리는 더더욱 안 된다. 어쩌면 우리가 피곤한 이유는 간 때문이 아니라 정보가 너무 많기 때문일 지도 모르겠다.

구글에서 CIO(최고정보관리책임자)를 지낸 저자, 더글라스 메릴은 애초에 '일과 삶의 병행'은 없다고 잘라 말한다. '일과 삶의 병행'이라는 이름으로 '일을 조금만 덜 했으면' 하는 꿈을 꾼다면, 애써 고생하지 말고 차라리 삶에 일을 녹이는 쪽으로 생각을 바꾸는 것이 현실적이라고 강조한다. 세상이 많이 변했는데도 좀처럼 유연해지지 않는 사회구조와 한 번에 10개도 채 기억하지 못하는 우리 뇌의 한계라는 전제 하에, 일할 땐 일하고 쉴 땐 쉬면서 사는 것이 현명하다는 이야기다.

그렇게 하기 위해서, 정보 관리의 달인인 저자가 제안하는 정보 정리의 키워드는 '디지털 도구'다. 디지털 도구를 하나 골라 이른바 '중앙 관제 센터'로 두고 그 지지체를 중심으로 모든 정보를 관리하자는 것인데, 특히 현대인들의 요구를 가장 잘 충족시켜주는 도구는 '구글'이라고 강조한다. 직관적인 인터페이스로 사용성이 편리한 데다 다른 사람들과 쉽게 공유할 수 있고, 스마트폰이나 휴대용 기기와의 동기화, 클라우드와의 연동도 무척 쉽다는 것이 그 이유다. 이제는 밥 먹듯이 이뤄지는 검색 작업에 대한 수행 능력도 타의 추종을 불허하고, 남다른 접근법으로 관련 구글 서비스를 돋보이게 하는 것도 사실이다. 솔직히 지금이야 이메일 서비스에서 대용량 스토리지를 제공하는 일이 일반화되는 추세지만, 지메일이 처음 론칭할 당시만 해도 이메일 서비스가 1GB 용량을 무료로 제공한 것은 굉장히 획기적이었다. 저자의 표현대로 '무료인데다 제공되는 용량도 많은데' 더 망설일 이유 없이 사용해볼 만한 것 같다.

그러나 저자는 의외로 특정 서비스에 집착하지 말고, 이미 본인에게 익숙한 도구를 활용하라는 조언도 잊지 않는다. 지금까지의 천편일률적인 정보 정리 방법으로는 진정한 정리를 할 수 없으니, 본인의 제약 조건을 파악하고 그에 맞는 목표를 정한 뒤 그 목표에 맞춰 움직이자는 이야기다. 디지털 도구는 우리 삶을 굉장히 편리하게 해주지만, 간단한 메모를 하거나 갑자기 아이디어가 떠올랐을 때는 여전히 종이 수첩이 유용한 것도 같은 원리다. 이러한 저자의 제안이 더 와 닿는 이유는, 뜬 구름 잡는 이론에만 머물러 있는 것이 아니라 개인적인 경험을 토대로 하고 있기 때문이다. 사실 저자는 어린 시절 난독증을 앓으면서 남들보다 몇 배나 많은 노력을 해야 했다. 당연히 정보 관리는 선택이 아니라 생존 방식이었을 터다. 평범한 우리에게도 희망이 생기는 부분이다.

이 책은 또 두 가지 면에서 우리를 위로한다. 하나는 우리가 지금까지 주변을 제대로 정리하지 못한 것은 게을러서가 아니라 어쩔 수 없는 환경 때문이었음을 인정한다는 점에서, 또 하나는 지면 곳곳에 담긴 음악을 통해 잠시나마 흥미를 느낄 수 있다는 점에서다. 자칭 음악광인 저자는 문맥에 맞게, 때로는 익살스러운 제목만 골라 자칫 지루할 수 있는 책 내용에 생기를 불어 넣고 있다. 눈으로 읽는 것뿐만 아니라 귀로 들을 수 있는 점도 이 책의 관전 포인트이므로, 여유가 된다면 꼭 해당 페이지를 읽을 때 관련 추천곡을 들어보길 바란다. 물론 업무 시간이나 공부할 때는 지양하길 저자도 바랄 것이다.

개인적으로 이 책을 통해 효율적인 정리 방법뿐만 아니라, 번역 작업에 대한 접근법에 대해서도 새삼 학습할 수 있었다. 당연히 그 과정의 일등 공신은, 인내를 갖고 기다려준 에이콘 출판사 관계자 여러분들이다. 권성준 사장님, 김희정 부사장님, 황지영 과장님, 특히 부족한 역자의 가이드로서 책임을 다 해주신 김수정 편집자님께 감사드린다. 늘 묵묵히 지켜봐 주시는 어머니, 동생 은희에게도 고맙다는 인사를 전하고 싶다. 무조건적인 지지와 응원으로 든든하게 해주는 친구들, 선후배들에게도 고마움 이상의 마음 속 빚이 있음을 전한다. 마지막으로 이 책을 보셨으면 고생했다고 술 한 잔 사주셨을 아버지, 故 문석신 님께 이 책을 바치고 싶다.

문은주

참고자료

서문

1. http://www.google.com/corporate/

2. Wall Street Journal, May 2, 2008, http://online.wsj.com/article/
   SB120965705088459637.html

1장

1. http://wiki.answers.com/Q/How_much_does_a_human_brain_
   weigh

2. http://en.wikipedia.org/wiki/Cocktail_party_effect

3. http://en.wikipedia.org/wiki/Waiting_for_Godot

2장

1. Industrial Revolution. Encyclopadia Britannica. 2008. Encyclopadia Britannica Online. 17 June 2008 http://www.britannica.com/eb/ article- 9042370

2. http://en.wikipedia.org/wiki/ Eight- hour_day

3. Frederick W. Taylor. Encyclopædia Britannica. Retrieved January 4, 2009, from Encyclopadia Britannica Online. http://www.britannica.com/EBchecked/topic/584820/ Frederick- W- Taylor

4. http://en.wikipedia.org/wiki/Scientifi c_management

5. Henry Ford. Encyclopædia Britannica. Retrieved July 1, 2008, from Encyclopadia Britannica Online. http://www.britannica.com/EBchecked/topic/213223/ Henry- Ford

6. http://en.wikipedia.org/wiki/Frederick_Winslow_Taylor

7. Frederick W. Taylor. Encyclopædia Britannica. Retrieved June 23, 2008, from Encyclopadia Britannica Online. http://www.britannica.com/eb/ article- 9071464

8. http://en.wikipedia.org/wiki/Frederick_Winslow_ Taylor#Scientifi c_management

9. http://www.amazon.com/ The- Principles- of- Scientifi c-Management/dp/B0010538DU/ref=sr_1_4?ie=UTF8&s=books &qid=1231098768&sr= 8- 4

10. http://www.infoplease.com/spot/schoolyear1.html

11. http://www.infoplease.com/spot/schoolyear1.html

12. http://www.psparents.net/Year_Round_School.htm

13. Karl Benz. Encyclopædia Britannica. Retrieved June 22, 2008, from Encyclopadia Britannica Online. http://www.britannica.com/eb/article-9078681

14. http://en.wikipedia.org/wiki/Interstate_highway

15. http://abcnews.go.com/Technology/Traffi c/Story?id=485098&page=1

16. http://www.nytimes.com/2009/03/27/world/europe/27bus.html?_r=1

17. http://en.wikipedia.org/wiki/Journeyman

18. http://www.scribd.com/doc/6920228/NASDAQ-Ringers

3장

1. http://customwire.ap.org/dynamic/stories/C/CAR_NEWMANS_PASSION?SITE=WIMIL&SECTION=ENTERTAINMENT&TEMPLATE=DEFAULT&CTIME= 2008-09-28-00-24-25

6장

1. http://www.hitwise.com/ press- center/hitwiseHS2004/googlenears-searches- oct.php

2. http://en.wikipedia.org/wiki/PageRank

8장

1. http://www.irs.gov/businesses/small/article/0,,id=98513,00.html
2. http://www.businessweek.com/technology/content/may2008/ tc20080526_547942.htm

12장

1. http://en.wikipedia.org/wiki/Scrum_(development)

찾아보기

번호

9시부터 5시까지 47
360 다면 평가 기법 77

ㄱ

가상 73
검색 32
관심사 24
구글 62
구글 리더 231
구글 문서도구 167, 221
구글 캘린더 184, 210
기억 23
기업 공개 64

ㄴ~ㅁ

난독증 72
단기 기억 27, 42
드롭박스 169
띵스 185, 214
라벨 143, 191
리허설 31, 139
멀티태스킹 28, 42
목표 41, 90

ㅂ~ㅅ

북마크 131, 228
빙 301
사무엘 베케트 37
상황 전환 165
선택의 혼란 39
스트레스 84

ㅇ

아디움 306
아마존 킨들 전자책 리더 147
아웃룩/익스체인지 방식 210
애스크 301
애플 맥북 에어 318
윈도우 라이브 스카이드라이브 169
이야기 33, 43
인코딩 30, 32, 43, 91, 136, 181
일과 삶의 균형 258
일정 212

ㅈ

장기 기억 30, 42
정보 그룹핑 145
정보 필터링 111

제약 조건 41, 68
조립 라인 49
지메일 108, 148, 184

ㅊ~ㅌ

초보자가 전문가가 되기까지 37
칵테일 파티 효과 25
캘린더 46
크롤러 119
크롬 233
클라우드 169
클라우드 컴퓨팅 113
테일러 51
테일러리즘 49

ㅍ~ㅎ

파이어폭스 228
페이지랭크 120
프레데릭 테일러 60
프레드릭 윈슬로 테일러 48

피에디부스 60
필터 143
필터링 41, 191
현실 73

영문

AOL 메일 304
culturedcode.com/things 214
dropbox.com 170
Frederick Winslow Taylor 48
google.com/calendar 210
IPO 64
PageRank 120
piedibus 60
Really simple Syndication 231
RSS 231
Satisfice 53
skydrive.live.com 169

에이콘출판의 기틀을 마련하신 故 정완재 선생님 (1935-2004)

삶을 180도 바꾸는 구글의 마법

스마트 라이프 플래닝을 위한 시간관리 제안

인 쇄 | 2012년 4월 13일
발 행 | 2012년 4월 20일

지은이 | 더글라스 메릴 • 제임스 마틴
옮긴이 | 문 은 주

펴낸이 | 권 성 준
엮은이 | 김 희 정
　　　　김 수 정
　　　　황 지 영
표지 디자인 | 그린애플
본문 디자인 | 박 진 희

인 쇄 | (주)갑우문화사
용 지 | 페이퍼릿

에이콘출판주식회사
경기도 의왕시 내손동 757-3 에이콘플레이스 (437-081)
전화 02-2653-7600, 팩스 02-2653-0433
www.acornpub.co.kr / editor@acornpub.co.kr

이 도서의 국립중앙도서관 출판시도서목록(CIP)은 e-CIP 홈페이지(http://www.nl.go.kr/cip.php)에서
이용하실 수 있습니다. (CIP제어번호: 2012001738)

책값은 뒤표지에 있습니다.